Meg Patterson
Der sanfte Entzug

Ein neues biomedizinisches Verfahren

Klett-Cotta

Verlagsgemeinschaft Ernst Klett Verlag–
J. G. Cotta'sche Buchhandlung
Die Originalausgabe erschien unter dem Titel
»Hooked? NET: The new approach to drug cure«
bei Faber and Faber, London
Aus dem Englischen übersetzt von Ruth Ensslin-Frey

Printed in Germany 1988
Umschlag: Klett-Cotta-Design
Gedruckt auf säurefreiem Werkdruckpapier von
Clairefontaine bei Gutmann, Heilbronn,
gebunden bei Röck, Weinsberg

CIP-Titelaufnahme der Deutschen Bibliothek

Patterson, Meg:
Der sanfte Entzug : e. neues biomedizin. Verfahren / Meg
Patterson. [Aus d. Engl. übers. von Ruth Ensslin-Frey]. –
Stuttgart : Klett-Cotta, 1988
Einheitssacht.: Hooked? <dt.>
ISBN 3-608-95507-0

Für Lorne, Sean und Myrrh,
die geduldige und verständige Weggenossen
waren und nun auch Mitstreiter sind.

Inhalt

Vorwort

Thema dieses Buches ist die Behandlung und Heilung stoffgebundener Suchtformen – die Befreiung aus der Abhängigkeit von Drogen jedweder Art. Der Titel (die englische Originalausgabe erschien unter dem Titel ›Hooked‹ – drogenabhängig, Anm. d. Übers.) knüpft an zwei *BBC*-Fernsehdokumentationen an: ›Off The Hook‹ (1975) und ›Still Off The Hook‹ (1977). In der ersten Sendung wurde der Verlauf der zehntägigen neuroelektrischen Therapie (NET) bei einem amtlich registrierten Drogenabhängigen gezeigt. Der zweite Fernsehbericht ging der Frage nach, wie diese Person zwei Jahre nach ihrem Entzug mit dem Leben zurechtkam. Im Februar 1981 wurde schließlich eine dritte *BBC*-Fernsehdokumentation über die NET mit dem Titel ›The Black Box‹ gesendet, in deren Mittelpunkt weniger die Wirkung der NET auf den einzelnen Suchtkranken als vielmehr ihre wissenschaftlichen Grundlagen standen.

Das Buch ist in drei große Abschnitte unterteilt. Der erste Teil ist der Problematik des körperlichen Entzugs nach Drogenmißbrauch gewidmet und enthält eine, wie ich hoffe, auch für medizinische Laien verständliche Beschreibung der neuroelektrischen Therapie (NET). Im zweiten Teil schildere ich, wie es zur ›Entdeckung‹ der NET kam, und gebe einen Überblick über Forschungsergebnisse, die zur Erklärung des Wirkungsprinzips der NET beitragen. Dieser Teil, der sich an den wissenschaftlich interessierten Leser wendet, enthält außerdem die Ergebnisse einer Nachuntersuchung aller Patienten, die sich zwischen 1973 und 1980 in Großbritannien einer neuroelektrischen Therapie unterzogen hatten. Im dritten Teil befasse ich mich mit den tieferliegenden, psycho-spirituellen Wurzeln der Sucht und skizziere einen Lösungsweg. Da alle drei Abschnitte in sich abgeschlossen sind, kann der Leser nach seinem speziellen Interessengebiet wählen, welchem Teil er sich zuwendet bzw. über welchen Teil er in das Buch einsteigt.

Dem Begriff ›Heilung‹ haftet eine seltsame Doppeldeutigkeit an, wenn von ihm mit Bezug auf süchtige Abhängigkeit die Rede ist. Spricht man im Zusammenhang mit anderen körperlichen Leiden – etwa einer Erkältung oder einer Hepatitis – von ›Heilung‹, so versteht man darunter in aller Regel die vorübergehende Beseitigung der Krankheit. Das heißt, die Erkältung wird mit Arzneimitteln behandelt und verschwindet daraufhin für einen Monat oder für ein Jahr, um dann erneut aufzutreten; und auch die Hepatitis kann nach erfolgreicher Behandlung wieder auftreten, wenn sich der Patient ein weiteres Mal an schmutzigen Nadeln infiziert. Bei derartigen Zustandsbildern kann es also immer nur um eine von bestimmten Randbedingungen abhängige, zeitlich beschränkte Heilung gehen. Ganz anders bei der Sucht: Was Ärzte und Patienten wie auch die breite Öffentlichkeit gewöhnlich unter ›Heilung von der Sucht‹ verstehen, das entspricht der »vollständigen Beseitigung sämtlicher Krankheitssymptome, wobei die Möglichkeit eines Rückfalls grundsätzlich ausgeschlossen ist, ganz gleich wie sich der Patient verhält«.

Wenn ich in diesem Buch von ›Heilung‹ spreche, so meine ich damit zunächst einmal die Entgiftung nach Drogenmißbrauch, die mit Hilfe der NET rasch und ohne nennenswerte Beeinträchtigung des körperlichen Wohlbefindens durchgeführt werden kann. Soweit befinde ich mich in Einklang mit den gängigen – medizinischen, wissenschaftlichen und statistischen – Definitionen von ›Heilung‹. Wer jedoch, wie ich, in der Sucht mehr als eine Vergiftung des Körpers mit chemischen Substanzen sieht und das Krankheitsbild ›Sucht‹ um mitwirkende psycho-spirituelle Ursachen erweitert, der muß eine Reihe anderer Faktoren als Kriterien für eine ›Heilung von der Sucht‹ heranziehen. Mit diesen über den üblichen Suchtbegriff hinausführenden Faktoren befasse ich mich im dritten Teil.

Diejenige Definition von ›Heilung‹, die für mich verbindlich ist und an der ich mit meiner Arbeit gemessen werden möchte, beruht auf der Überzeugung, daß Menschen, die aufgrund ihres Drogenmißbrauchs nicht mehr imstande sind, verantwortlich zu handeln, einzig durch einen ganzheitlichen, Körper, Seele und Geist erfassenden Erneuerungsprozeß geheilt werden können. Richtschnur dieses Erneuerungsprozesses ist ein neues Lebenskonzept, das dem individuellen Lebensraum der Patienten angemessen ist – ein Lebenskonzept, das den Patienten ermöglicht, den Anforderungen des Alltags standzuhalten, so daß sie nicht länger Sklaven einer stoff- oder verhaltensgebundenen Sucht sind, sondern als freie, liebende und geliebte Mitglieder der Familie und der Gemeinschaft leben können.

Bei jenem neuartigen Ansatz in der Suchtbehandlung, mit dem sich die drei *BBC*-Fernsehdokumentationen befaßten und der nun in diesem Buch ausführlich beschrieben wird, handelt es sich um eine nachweislich erfolgreiche Therapieform, die in Hongkong entdeckt und in England weiterentwickelt wurde. Um so unverständlicher muß das staatliche Desinteresse erscheinen, auf das die neuroelektrische Therapie in Großbritannien stößt. Während des gesamten Zeitraums, in dem ich die NET zu der wirksamen Entzugsmethode entwickelte, die sie heute darstellt, war ich auf die Unterstützung durch Privatleute und die Industrie angewiesen. Zu danken habe ich all den Wissenschaftlern, die mich ermutigt und beraten haben. Zu Dank verpflichtet bin ich auch der *Rank Foundation*, die unseren Klinikversuch an der *Pharmakon Clinic* in Sussex finanzierte, und besonders Norman Stone, dessen Fernsehfilme den Vorsitzenden der Stiftung, Major Cowen, auf die NET aufmerksam machten. Danken möchte ich allen Mitarbeitern der *Pharmakon Clinic* für ihre Hingabe und ihren Enthusiasmus; Olivia Timbs für ihre Hilfe bei der Fertigstellung dieses Buches; dem Herausgeber des Wissenschaftsmagazins *Omni* für die Erlaubnis, einen Artikel über die NET wiederzugeben; und der Autorin dieses Artikels, Kathleen McAuliffe, für ihre ebenso zeitraubenden wie sorgfältigen Recherchen, in deren Verlauf sie zu der Überzeugung gelangte, daß die NET ein wirksames therapeutisches Verfahren sei, das der Öffentlichkeit vorgestellt werden müsse. Danken möchte ich an dieser Stelle auch allen meinen Patienten: Jeder einzelne von Euch hat mein Wissen über die NET und das Leben bereichert. Unsere Forschungs- und Entwicklungsarbeit wäre nicht möglich gewesen ohne die praktische Hilfe und den Zuspruch unserer Freunde, vor allem nicht ohne die Rockgruppe *The Who* und deren Chefgitarrist, Pete Townshend, der den Mut hatte, in aller Öffentlichkeit über seine Drogenprobleme und seine NET-Behandlung zu sprechen. Den größten Dank schulde ich jedoch meinem Mann George Patterson – nicht nur für seine Mitarbeit an einigen Kapiteln dieses Buches, sondern vor allem auch für seine rückhaltlose Unterstützung und seine nie versiegende Inspiration.

Es entbehrt nicht einer gewissen Ironie, daß diese Form der Suchtbehandlung ausgerechnet in Hongkong bzw. in China entdeckt wurde. Denn schließlich war Hongkong das Tor, durch das britische Händler im neunzehnten Jahrhundert ein Rauschgift – Opium – einführten, das vor allem in China Millionen Menschen ins Elend stürzen sollte. Im zwanzigsten Jahrhundert fand nun ein Heilverfahren für diese Sucht den Weg von China über Hongkong zurück nach England.

So sind wir bald am Ende jener ›Weltreise‹ angekommen, die 1972 in Hongkong mit einem ›Katzensprung‹ ihren Anfang nahm; und ich möchte allen danken, die mich auf dieser Reise begleitet haben. Sie sind weiterhin Weggenossen und teilen mit mir die einzigartige Erfahrung, daß wir unser Leben im Glauben und in der Bindung an Gott auf ein visionäres Ziel hin ausrichten. Doch noch viele andere müssen mithelfen, wenn wir die Aufgaben bewältigen wollen, vor der wir stehen: die Umwandlung einer materialistischen Ellenbogengesellschaft in eine Gesellschaft, die von Mitgefühl mit dem Nächsten geprägt ist – in eine Gesellschaft, die sich an spirituellen Werten und Zielen orientiert.

Meg Patterson
London 1985

Teil I: Sucht und die Möglichkeit einer Heilung

1 Einleitung – Beschreibung einer legalen und einer illegalen Sucht

Heroin*: Pamela, 23 Jahre alt, hatte seit ihrem siebzehnten Lebensjahr Heroin gespritzt. Dieses Interview gab sie drei Wochen nach Beendigung einer zehntägigen Behandlung mit NET.

Mit fünfzehn rauchte ich meinen ersten Joint, und mit siebzehn fing ich dann an, Heroin zu drücken. Ich bin der Typ, der sich einer Sache gleich mit Haut und Haaren verschreibt, und deshalb ging es mit mir schnell bergab. Ich habe niemals etwas in Maßen getan.

Ich fälschte die Schecks meiner Mutter. Ich beklaute meine Familie und manchmal auch meinen Freund, und ich dealte mit Heroin.

Mein Vater hatte einige Jahre nicht zuhause gelebt; und selbst als er da war, hätte er genausogut wegbleiben können. Manchmal frage ich mich, ob das einen Unterschied gemacht hätte. Er trat überhaupt nur dann in Erscheinung, wenn es ums Geld ging.

Im Prinzip mag er Kinder – sie sind ein Beweis seiner Männlichkeit. Aber trotzdem fühlte ich mich von ihm total abgelehnt. Ständig motzte er rum: »Was machen diese Kinder denn hier, warum bringen sie ihre Freunde mit, warum immer diese Geburtstagsparties?«

Jetzt sieht man ihm an, daß er einsam ist. Er und seine Frau haben sich nichts mehr zu sagen. Den Kontakt zu seinen Kindern hat er verloren. Mein Vater trinkt jeden Abend so seine sechs oder sieben Gläser Gin. Ich bin nicht sicher, ob er Alkoholiker ist, aber es wür-

* Alle mit * versehenen Begriffe werden im Glossar auf Seite 333 erläutert.

de mich mal interessieren, was passiert, wenn man ihm seinen Schnaps wegnimmt.

Meine Mutter ist einfach großartig. Sie ist ganz fabelhaft, aber trotzdem gibt sie mir das Gefühl, irgendwie minderwertig zu sein. Beide – mein Vater und meine Mutter – haben mir zuviel durchgelassen, haben mich zu sehr verwöhnt. Mein Vater hat das wohl aus Schuldgefühlen getan.

Mein Bruder ist querschnittsgelähmt. Er brach sich das Genick bei einem Reitunfall vor drei Jahren. Wie kann Gott so etwas nur zulassen? Mein Bruder sah gut aus. Er rauchte nicht, er trank nicht. Er war ein guter Sportler und hatte eine hübsche Freundin; aber jetzt ist er ein total verbitterter Mensch.

Ich habe wirklich alles versucht, vom Heroin loszukommen: Langzeitprogramme, Entzugsprogramme (wo sie dich austrocknen), Psychiater, Hypnotherapie, Primärtherapie. Jedesmal haben sie mich wieder weggeschickt. Ich habe entzogen und dann innerhalb von Wochen oder Monaten wieder angefangen. Es war ein ewiger Kreislauf von Geldbeschaffen und Drücken, Geldbeschaffen und Drücken.

Dann, vor fast drei Jahren, wurde ich schwanger, natürlich ohne es zu wollen. Ich war noch nie schwanger gewesen und eine Abtreibung kam für mich einfach nicht in Frage. Es war mir klar, daß ich für das Kind sorgen muß, und ich traute mir das auch zu.

Damals dachte ich, wenn ich dieses Baby kriege, wird es mich gesund machen. Aber diese Vorstellung war völlig falsch. Es machte mich nicht gesund. Ich dachte, es wäre schön, jemanden zu haben, der mich wiederlieben würde. Aber so funktioniert das nicht. Allein die Tatsache, daß dieses Kind in mir drinnen wuchs, nahm mich völlig in Anspruch. Ich nahm regelmäßig Methadon*, als ich im siebten Monat war. Das Baby mußte nach der Geburt erstmal entgiftet werden.

Ich dachte, das Baby würde einen besseren Menschen aus mir machen – sein Leben würde meines retten.

Von Methadon kam ich runter, als das Baby sechs Wochen alt war. Zu der Zeit war mein Freund in so einem Entzugsprogramm und meinte, die Familie sollte vereint sein. Da zog ich zu ihm; aber dort schrien ständig irgendwelche Leute rum, und ich konnte das Baby nicht in Ruhe stillen. Sie wollten mich zwar nicht direkt loswerden, aber nach einer Woche schien es mir ratsamer, mich mit dem Baby aus dem Staub zu machen.

Danach war ich wieder auf Methadon drauf, aber es war schwierig dranzukommen: Es ist eigentlich nur für Schwangere und wirklich hoffnungslose Fälle gedacht. So landete ich bald wieder bei Heroin.

Die ganzen Jahre über habe ich nie mehr als 35 Pfund am Tag für Stoff gebraucht. Aber nun drückte ich täglich für mindestens 100 Pfund.

Wissen Sie, vor drei Monaten bin ich in einer Bahnhofstoilette »gestorben«. Als man mich fand, schauten meine Füße unten heraus. Das Mädchen, mit dem ich gedrückt hatte, war mit meinem Geld abgehauen. Zweimal war ich für drei Minuten quasi tot, sagten sie mir hinterher. Als ich wieder zu mir kam, dachte ich zuerst an das Baby. Was habe ich da bloß getan? Ich darf jetzt nicht sterben. Ich bin doch verantwortlich für das Leben eines anderen Menschen. Wie egoistisch! Da merkte ich zum ersten Mal, daß mein Junge nicht bloß so ein niedliches kleines Knuddelding ist, sondern eine wirkliche Aufgabe für mich darstellt. Ich hatte vorher schon oft überdosiert – jedesmal aus Versehen. Meiner Familie machte das mehr Angst als mir. Ich habe auch gar nicht den Mumm, mir etwa die Pulsadern aufzuschneiden. Und eigentlich ist Selbstmord ja eine feige Lösung.

Es ist jetzt ganz wichtig für mich, daß ich mich selbst um das Baby kümmern kann. Ich möchte einfach die Mutter meines Kindes sein. Noch ist es ja bei mir.

NET war meine letzte Chance. Das Bedürfnis nach Heroin beherrschte mein ganzes Denken. Es hatte mich total im Griff. Es bringt einen so weit, daß man alles um sich herum vergißt. Dadurch hatte ich meine ganze Selbstachtung verloren.

Mit der NET war es nicht viel anders als die Male, bei denen ich kalt entzogen habe. Der einzige Unterschied war, daß der Apparat einem die ganze Angst nahm. Mit schmerzenden Armen und Beinen und einer triefenden Nase kann man fertig werden, aber das schlimmste ist die Angst. Genau wie vor einem Wettlauf oder einer Prüfung, wenn man das große Flattern kriegt. Der Magen dreht sich um und um. Normalerweise macht einen das so rasend, daß man nicht mehr anders kannals abhauen und wieder drücken.

Diesmal war mein Magen völlig in Ordnung, ich war nicht nervös oder aufgedreht. Ich fühlte mich ein bißchen krank, aber mehr oder weniger normal. Ich war wieder mehr an dem interessiert, was um mich herum geschah. Es war viel weniger schlimm, als ich erwartet hatte und wunderbar verglichen mit früheren Malen. Die Behandlung dauert normalerweise sieben bis zehn Tage.

Ich weiß, die Behandlung ist nicht alles; wichtig ist, was danach kommt. Das heißt, wie kann ich die 24 Stunden ausfüllen, die ich damit verbrachte, mir Stoff zu beschaffen? Bis jetzt waren meine Mißerfolge auch irgendwie bequem für mich. Das kommt vielleicht daher, daß ich mich als Versager in gewisser Weise sicherer fühle – so als unzurechnungsfähiger Idiot, der eben auf Unterstützung angewiesen ist. Von dieser Haltung muß ich unbedingt loskommen. Eigentlich halte ich mich selbst für stark, aber warum ist dann aus mir so ein Häuflein Elend geworden, das total an der Nadel hängt?

Ich habe mir vorgenommen, für das Baby zu sorgen. Ich würde gern eine Ausbildung machen. Ich fände es toll, Wissenschaftlerin zu sein. Nochmal ganz von vorne anfangen. Aber kann ich das auch schaffen?

Die einzigen Leute, die es wirklich geschafft haben, clean zu bleiben, glauben an Gott; aber ich war nie religiös und bin durch und durch Atheistin.

An irgend etwas muß aber auch ich glauben. Gott ist für mich sehr weit weg. Ich versuche, an das Baby zu glauben. Immerhin besser als an gar nichts zu glauben.

An Megs Stelle wäre ich auf die Art, wie sie ihre drei Kinder großgezogen hat, wahnsinnig stolz. Es ist wunderbar, eine glückliche, liebevolle Familie zu erleben. Eine echte Familie. Wir sind halt nur ein Haufen von Einzelpersonen, die im selben Haus wohnen. Da gibt es keine echte Nähe.

Ich bin ganz besessen von der Idee, das Baby zu einem unbeschädigten Menschen zu erziehen. Jemand, der stark ist und keine Drogen braucht; der eben kein Schwächling wird. Darüber mache ich mir ziemlich viele Gedanken.

Das Allerschrecklichste bei der ganzen Geschichte ist, daß einem keiner mehr traut. In meiner Familie würden sie mir ihr Leben anvertrauen, aber nicht ihre Brieftaschen. Dieses Vertrauen muß ich wiederherstellen, und das wird noch sehr schwer werden.

Tavor*: Susan, Ende dreißig, schaut auf eine zehnjährige Erfahrung mit Tranquilizern zurück. Ihr Bericht entstand drei Monate nach ihrer NET-Behandlung.

Es begann 1973, als ich mich im Sprechzimmer eines Arztes wiederfand und über Panikzustände und Gefühle von Niedergeschlagenheit und Verwirrung klagte. Ich war gerade mit meinem Mann und meinen beiden Kindern von Nordengland nach London gezogen, um einen Filmlehrgang zu machen. Ich hetzte mich ab, schlief nachts kaum länger als vier Stunden. Kurzum, ich war total überarbeitet.

Zurückblickend ist mir klar, daß man mir einfach ein paar Wochen Ruhe hätte verordnen sollen. Statt dessen gab man mir eine Droge, die sich auf mein ganzes Leben verheerend auswirken sollte. Niemals werde ich vergessen, wie ich zum erstenmal ein Rezept bekam. Nach einem ziemlich ausführlichen Gespräch entschloß sich der Arzt, mir *Tavor* zu verschreiben. Er war der festen Überzeugung, daß es harmlos sei und nicht süchtig mache. Als völliger Laie auf diesem Gebiet vertraute ich eben seinem ärztlichen Wissen. Warum auch nicht, dachte ich, er ist ja der Experte.

Nachdem ich einige Wochen lang brav jeden Tag meine sechs Tabletten *Tavor* (6 mg) geschluckt hatte, wurde mir klar, daß ich ohne sie überhaupt nicht mehr auskommen konnte. Sobald ich meine Ration an blauen Pillen nicht intus hatte, kehrten die Panikzustände und Anfälle von Benommenheit sofort zurück. Einige Monate nach diesem ersten Arztbesuch bat ich um ein Rezept, das für sechs Wochen reichen würde, da ich mit meinen Kindern Urlaub in Marokko machen wollte. Ich muß meinen Arzt in einem schlechten Moment erwischt haben, denn er schrie irgend etwas von »verfluchten Drogenabhängigen« ins Telefon. Ich knallte den Hörer hin, und damit begann meine zehnjährige Suche nach einem Weg, von den Tabletten loszukommen.

Entstanden durch *Contergan* physische Krüppel, so entstehen durch Tranquilizer emotionale Krüppel. Nachdem ich zwei Jahre lang *Tavor* genommen hatte, begann ich eine Psychotherapie in der Hoffnung, dadurch von den Tabletten unabhängig zu werden. Die sah in der Praxis jedoch so aus, daß mein Psychiater mir nicht nur weiterhin *Tavor* verschrieb, sondern meiner Diät noch *Tranxilium* hinzufügte und mir obendrein auch noch zu therapeutischen Zwecken wöchentliche *Ritalin*spritzen verpaßte. Wegen der unglaublichen Hochstimmung, die das *Ritalin* erzeugte, konnte ich diese Spritzen bald kaum noch erwarten. Nicht ein einziger der vielen Ärzte, die ich während der nächsten zehn Jahre aufsuchte, teilte meine Einschätzung, daß ich unter einer schweren körperlichen Abhängigkeit litt, obwohl ich mir dessen ganz sicher war.

Allgemein stellte sich aus ärztlicher Sicht das Problem wohl so dar, daß ich eben eine etwas willensschwache und hysterische Frau bin, die ihre Beruhigungspillen braucht. Ich war tablettensüchtig geworden und hatte mein Selbstvertrauen völlig verloren.

Eines wurde mir bald klar: Der Entzug von Tranquilizern ist eine langwierige Sache und fast noch schlimmer als Heroinentzug. Ich sah einfach keinen Ausweg. Ich dachte auch daran, eine Entziehungskur zu machen, hatte dann aber doch zu starke Bedenken. Ein Unsicherheitsfaktor war für mich die Unfähigkeit der Ärzte, mit den psychischen Begleiterscheinungen umzugehen; auf jeden Fall würde der Entzug die Einnahme anderer Medikamente und somit die Möglichkeit erneuter Abhängigkeit mit sich bringen. Darüber hinaus konnte ich aus finanziellen und praktischen Gründen von meinen Kindern und meiner Arbeit einfach nicht so lange wegbleiben.

Meinen Zustand damals könnte man als Quasientzug bezeichnen. Ich litt ständig unter Kopfweh und Übelkeit, fühlte mich abwechselnd mal schlaff mal angespannt und neigte zu Anfällen von Jähzorn. Im Laufe der Jahre wurden meine Versuche, von den Tabletten unabhängig zu werden, immer ernstgemeinter. Einmal kam ich sogar runter auf 0,5 mg am Tag. Da überfiel mich eines Tages am Arbeitsplatz – ich hatte eine

Stelle als Redaktionsassistentin bei der BBC – eine Art Krampfanfall, der mir vom Hals ausgehend in alle Glieder fuhr, bis ich am ganzen Körper heftig zitterte. In einem Taxi wurde ich nach Hause gebracht, wo ich vor meiner Haustüre keuchend und nach Hilfe rufend auf die Straße fiel. Meine Hände und Füße waren blau angelaufen, ich hatte stechende Schmerzen in der Brust, und mein Mund stand sperrangelweit auf. Ich hatte panische Angst, denn so etwas war mir noch nie passiert, und in dem Krankenwagen, in den man mich verfrachtete, nannte mich der Sanitäter höhnisch grinsend »hysterisches Frauenzimmer«. Als ich in der Ambulanz eintraf, war mein Körper stocksteif. Der behandelnde Arzt war einfach nur wütend auf mich, weil ich versucht hatte, von den Tabletten loszukommen, und bestand darauf, daß ich auf der Stelle eine schluckte. Danach schickte er mich wieder nach Hause.

Mein nächster Versuch verlief sogar noch katastrophaler. Ich war absolut entschlossen, ein für allemal von den Tabletten loszukommen. Ich war wieder bei 0,5 mg täglich angelangt und hatte mir in jener verhängnisvollen Nacht vorgenommen, aufzubleiben und bis zum Umfallen im Haushalt zu arbeiten. Denn ich hatte das sichere Gefühl, durch körperliche Betätigung noch am ehesten mit dem Entzug fertig zu werden. Um fünf Uhr morgens wurden die Entzugserscheinungen jedoch so unerträglich, daß ich meinen Mann bitten mußte, mir die Tabletten zurückzugeben.

Ohne die NET hätte ich den Entzug nie durchgestanden, vor allem deshalb, weil sie die Entzugsdauer stark verkürzt. Der Entzug bewirkt im Grunde, daß man wieder zu sich selbst findet; es ist wie eine Wiedergeburt. Und diese Wiedergeburt ist ein sehr schmerzhafter Prozeß. Meine Wahrnehmungsfähigkeit war so gesteigert, daß ich es anfangs kaum aushalten konnte. Nach der Behandlung war ich einen Monat lang auf ständige Begleitung angewiesen. Dieses Gefühl, auf einem ausgedehnten LSD-Trip zu sein, war ziemlich beängstigend, zumal es ja mehrere Wochen anhielt. Ohne die NET hätte es Jahre dauern können, und mein Leben wäre zweifellos total ruiniert gewesen.

Mich der Behandlung mit der NET zu unterziehen, war die größte Herausforderung, der ich mich je stellen mußte. Nur eine Person, die die Behandlung schon hinter sich hatte und mich von ihrer Wirksamkeit überzeugte, war eingeweiht.

Um drei Uhr nachmittags wurde ich in die Klinik aufgenommen. Bis zu diesem Zeitpunkt hatte ich mit Meg Patterson nur am Telefon gesprochen. Mein erster Eindruck von ihr, als sie an diesem Nachmittag in mein Zimmer kam, war der einer zerbrechlichen Schönheit; aber da war auch so ein schelmischer Ausdruck in ihren Augen, der mir Sicherheit gab. Ihr Sohn Lorne brachte die Elektroden an meinem Kopf an. Nun war ich mit der »Black Box« verbunden. Ich leerte meine Handtasche und händigte meinen gesamten Vorrat an *Tavor* Lorne aus, der das Zeug, das mich in den vergangenen zehn Jahren total im Griff hatte, wortlos zum Waschbecken hinunterspülte.

Zehn Tage war ich in der Klinik. Der Entzug, so wie ich ihn erlebte, war wahrscheinlich, was die körperlichen Symptome angeht, um die Hälfte weniger traumatisch als das beim kalten Entzug der Fall gewesen wäre – einer meiner Freunde nannte es treffend »lauwarmen« Entzug. Tagsüber war Lorne ständig bei mir, und nachts hatte ich eine Schwester für den Fall, daß Krämpfe auftreten sollten. Diese blieben jedoch dank der »Black Box« aus.

Ohne die NET hätte ich den körperlichen Entzug niemals überstanden. Und auch die schlimme Zeit, die ich nach dem Entzug durchmachen mußte, hat sich am Ende gelohnt: Ich habe wieder angefangen zu leben.

Fünf Monate später schrieb sie:

> Seit meinem Klinikaufenthalt habe ich einiges an Gewicht zugelegt und fühle mich kerngesund. Nachts schlafe ich wie ein Murmeltier, und tagsüber bin ich ruhig und ausgeglichen... Ich kann es immer noch kaum fassen, daß ich nach zehn Jahren ständigen Benebeltseins meine fünf Sinne wieder beieinander habe und auf mein Gedächtnis wieder verlassen kann. Die Leute, mit denen ich zu tun habe, sind beeindruckt von meinem Optimismus und meiner Zielstrebigkeit. Mich erschüttert so leicht nichts mehr – ich fühle mich wie ein kampferprobter alter Krieger.

2 Überblick über Suchtformen

Sucht – ein schillerndes Phänomen

Sucht ist immer noch etwas Geheimnisvolles. Niemand kennt genau ihre Ursachen, aber fast jeder von uns wird ihr irgendwann im Leben in irgendeiner Form zum Opfer fallen. Abhängigkeit wird nun auch weltweit als eines der drängendsten sozialen Probleme offiziell anerkannt. Möglicherweise sind davon genauso viele Menschen betroffen wie von Erkältungskrankheiten. Ist es jedoch keine Schande zuzugeben, daß man einen Schnupfen hat, so sind wohl nur wenige bereit, sich als Süchtige zu erkennen zu geben.

Neben den Abhängigkeiten, die durch illegale Drogen wie Heroin, Kokain und Haschisch hervorgerufen werden, und dem Mißbrauch von Arzneimitteln wie Tranquilizern, Amphetaminen und Sedativa gibt es noch eine Vielzahl anderer abhängigkeitserzeugender Substanzen und Gewohnheiten. Dabei werden Alkohol und Zigaretten für viele Menschen an erster Stelle stehen.

Nicht zu vergessen die Millionen Tee- und Kaffeesüchtigen, die acht oder mehr Tassen täglich brauchen, »um das Müdewerden hinauszuzögern und um einen schnelleren und klareren Gedankenfluß, eine gesteigerte motorische Aktivität und eine schärfere Wahrnehmung sensorischer Stimuli zu erreichen«, wie es in einer medizinischen Definition heißt. Werden Tee und Kaffee entzogen, so kann es zu den typischen Symptomen einer Abhängigkeit kommen: »Anfälle von Erregtheit, Niedergeschlagenheit, Blässe, ausgemergelte Erscheinung, Appetitlosigkeit sowie Herzklopfen und Herzrhythmusstörungen.« In einem von der US-Regierung durchgeführten Laborexperiment mit Koffein, dem süchtigmachenden Bestandteil von Kaffee und Tee, entwickelten sich bei einem ungewöhnlich großen Anteil der Nachkommenschaft von Ratten, denen täglich eine 12 bis 24 Tassen Kaffee entsprechende Dosis Koffein verabreicht wurde, Gliedmaßen mit fehlenden oder mißgebildeten Zehen. Selbst die Nachkommenschaft von Ratten, die täglich nur mit einer zwei Tassen Kaffee entsprechenden Menge gefüttert wurden, zeigte eine verzögerte Skelettentwicklung.

Damit ist die Liste der Suchtformen aber keineswegs abgeschlossen. Da gibt es noch die Arbeitssüchtigen, die den Feierabend fürchten, weil sie ihn physisch und psychisch nicht ertragen. Da sind die Zocker, die auf Pferde setzen oder beim Kartenspiel, beim Bingo, an Spielautomaten ihr Glück versuchen. Es gibt Fernsehsüchtige (eine Untersuchung erbrachte, daß während einer dreißigtägigen Fernsehabstinenz schon regelrechte Entzugserscheinungen auftreten) und Menschen, die von Videospielen nicht mehr loskommen. Da gibt es die oft blinden Anhänger der verschiedensten sektiererischen Gemeinschaften; und schließlich gibt es zwanghaft Eßsüchtige.

Britische Zeitungen haben vor ein paar Jahren, wohl aus Sorge um ihre fallenden Auflagen, das ›Zeitungsbingo‹ eingeführt. Das Ergebnis war laut einem Bericht des Londoner *Observer* »phänomenal«: »Die Auflage konnte monatlich um 100000 gesteigert werden.« Weiter heißt es dort: »Bingo ist nicht einfach eine nationale Gewohnheit, es hat süchtigmachende Qualitäten. Einmal in ein Spiel hineingezogen, bleiben die meisten bis zum Ende dabei.« Die Sucht ist ernstzunehmender als die meisten anderen Krankheiten: Sie ist eine zerstörerische, monomanische Antwort auf die Sinnentleertheit unseres zwanzigsten Jahrhunderts.

Zigaretten: Das Rauchen ist die am weitesten verbreitete Suchtform, einfach weil das Nikotin das Bedürfnis zu rauchen verstärkt und dadurch weiter aufrechterhält. In Großbritannien leben über 17 Millionen süchtige Raucher, wobei diese Definition von Nikotinabhängigkeit nur solche Raucher einschließt, die mindestens drei fehlgeschlagene Versuche, das Rauchen aufzugeben, hinter sich haben.

> Die fünfzigjährige Judy hatte 30 Jahre lang täglich 30 Zigaretten geraucht. Wiederholt hatte sie versucht, sich das Rauchen abzugewöhnen. Jedoch ganz gleich welche Methode sie dabei anwandte, ob Hypnose oder »Gegenprogrammierung«, es endete damit, daß aus ihr eine, wie sie selbst sagt, »hysterische, durchgedrehte Geisteskranke« wurde. Mit Beginn der NET-Behandlung stellte sie das Rauchen ein, überstand jedoch trotzdem die gesamte fünftägige Kur in ruhigem entspannten Zustand und ohne Schlafstörungen.

Eine von *National Opinion Poll (NOP)* durchgeführte Umfrage erbrachte, daß der Anteil der Raucher unter den 18 bis 24jährigen von 37 Prozent im Jahr 1981 auf 42 Prozent im Jahr 1984 angestiegen ist.[18]

Bei einer anderen Umfrage von 1980 gaben 43 Prozent der Jugendlichen, die älter als 16 waren, an, Zigaretten oder Zigarren zu rauchen. Dieser Anteil der Raucher an der Gesamtbevölkerung blieb auch 1984 etwa gleich hoch.[18] In einer Untersuchung von 1983 erwies sich jedes vierte Kind unter 16 als gewohnheitsmäßiger Raucher.[56] Jeder fünfte Mann und jede achte Frau rauchen so viel (20 oder mehr Zigaretten täglich), daß sie als starke Raucher gelten.[304] Die mit Nikotingenuß in Zusammenhang stehenden Krankheiten kosten das amerikanische Gesundheitswesen jährlich fünf bis acht Milliarden Dollar, ganz zu schweigen von den durch Lohn- und Produktivitätsausfall verursachten Kosten; diese durch das Rauchen zumindest mitbedingten Krankheits- und Krankheitsfolgekosten werden in Großbritannien für das Jahr 1983 auf 1600 Millionen Pfund geschätzt.[234]

Alkohol: Alkoholismus gehört wohl mit Krebs, psychischen Störungen und Herz-Kreislauf-Erkrankungen zu den vier größten Gesundheitsrisiken für die Menschen in der westlichen Welt.

In Großbritannien haben die Einweisungen in Alkoholiker-Stationen in den vergangenen 20 Jahren bis 1985 um das zwanzigfache zugenommen. In den USA betragen die mit Alkohol in Zusammenhang stehenden Gesundheitskosten jährlich 25 Milliarden Dollar. In der Sowjetunion ist die arbeitsfähige Bevölkerung zu beinahe 60 Prozent von Alkoholismus in irgendeiner Form betroffen. In Venezuela kommen etwa Zweidrittel aller Verkehrsunfälle unter Alkoholeinfluß zustande.

In Großbritannien hat man erst vor kurzem damit begonnen, sich dem Problem des Alkoholismus in seiner ganzen Tragweite zu stellen. Die Bedeutung, die der Alkoholgenuß für den einzelnen im privaten, beruflichen oder sozialen Rahmen hat, ist in solch starkem Maße durch Vorurteile und Konventionen geprägt, daß es schwerfällt festzustellen, was einen Alkoholiker eigentlich ausmacht und wie viele es davon gibt. Die immer wieder zitierte Zahl von 500000 Alkoholikern in Großbritannien ist von Jellineks genialer Formel abgeleitet, die das Auftreten von Alkoholismus und Leberzirrhose zueinander ins Verhältnis setzt. Auf dieser Basis kann man hochrechnen, daß in Großbritannien unter hundert Erwachsenen zwei bis drei Alkoholiker sind, und bei den Alkoholikern auf zwei bis drei Männer eine Frau kommt, wobei die allgemeine Tendenz steigend ist.

> Nancy war eine 51 Jahre alte Alkoholikerin, die sich bei ihrer Klinikeinweisung in einem extremen Rauschzustand befand. Zu den vier Flaschen Sherry, die sie eineinhalb Jahre lang jeden Tag getrunken hatte, kamen noch acht 5-mg-Tabletten *Valium* hinzu, die sie schon fünf Jahre lang täglich geschluckt hatte. Außerdem gehörten zu ihrer täglichen Ration seit neun Monaten drei 25-mg-Kapseln *Sinquan* (Doxepin, ein tricyclisches Antidepressivum) sowie drei 25-mg-Kapseln *Anafranil* (Clomipramin, ein tricyclisches Antidepres-

sivum). Trotz ihres enormen Alkoholkonsums hatte sie weder Schüttelfrost noch Delirium tremens* (eine von schrecklichen Wahnvorstellungen begleitete Form von Delirium, die für Alkoholentzug typisch ist). Ihr Verlangen nach Alkohol verschwand nach drei Tagen NET-Behandlung, und sowohl ihr Aussehen als auch ihr Verhalten hatten sich bis zu ihrer Entlassung sechs Wochen später dramatisch verändert.

Laut einem Bericht der Zeitschrift *Which?* vom Oktober 1984 haben sich in den vergangenen 20 Jahren der Weinkonsum in Großbritannien verdreifacht und der Verbrauch von Spirituosen verdoppelt; auch Bier wird heute um ein Viertel mehr getrunken als noch vor 20 Jahren. »Durch Zirrhose verursachte Todesfälle nehmen stark zu; aber was noch viel gefährlicher ist: Bei tödlichen Verkehrsunfällen waren ein Drittel der Fahrer und sogar ein Viertel der Fußgänger zum Zeitpunkt ihres Todes betrunken.«[91] Die wahre Dimension der Suchtproblematik allgemein und des Alkoholismus im besonderen zeigt sich erst angesichts der weithin bekannten Tatsache, daß es die Ärzte selbst sind, deren Berufsgruppe mit am stärksten von Abhängigkeit betroffen ist. Mag auch die Redeweise aus dem achtzehnten Jahrhundert, derzufolge ein nüchterner Arzt ebenso selten anzutreffen ist wie ein ehrlicher Anwalt, heutigen Ohren zu Recht übertrieben klingen, so wird die Lage doch allgemein als bedenklich eingestuft.

Dazu heißt es in einem Artikel des *British Journal on Alcohol and Alcoholism:*

> Vieles weist darauf hin, daß die Ärzte in bezug auf Alkoholprobleme eine Risikogruppe erster Güte bilden. Dem Problem des exzessiv trinkenden medizinischen Praktikers wird von seiten der Ärzteschaft wie der Öffentlichkeit noch immer erstaunlich wenig Aufmerksamkeit zuteil. Die Einschätzung der Ärzteschaft als einer hoch suchtgefährdeten Gruppe wird durch die

Tatsache untermauert, daß es in England und Wales unter den Ärzten 3,5 mal so viele tödliche Fälle von Leberzirrhose gibt wie in der Gesamtbevölkerung. Nach einer auf dieser Todesrate basierenden Schätzung von Dr. Max Glatt gibt es gegenwärtig in ganz Großbritannien 2000 bis 3000 Ärzte, die Alkoholiker sind. Dazu kommt wohl noch eine große Anzahl von Ärzten, deren Berufsausübung durch Alkoholexzesse beeinträchtigt wird. In dem riesigen klinischen Bereich, wo Heimlichtuerei sowieso zum allgemein üblichen Verhalten gehört, ist es praktisch unmöglich, die schwarzen Schafe zu erkennen...

Um es mit George Orwell zu sagen: »Eine bekannte Tatsache kann dermaßen unerträglich sein, daß sie ständig verdrängt wird und einer rationalen Verarbeitung unzugänglich bleibt.«[229] Eine öffentliche Diskussion ihres Alkoholproblems mag für die betroffenen Ärzte sehr schwer erträglich sein, zumal sich oft auch Verwandte, Freunde und Kollegen an der Verleugnung und Vertuschung der Situation beteiligen. Das Hauptmotiv dabei ist wohl die Furcht vor dem Verlust ihres Ansehens in der Gemeinde und im Beruf. Eine wichtige Rolle spielt sicher auch die Angst vor den Folgen einer Entlarvung: Berufsverbot, Stigmatisierung durch Einweisung in die Psychiatrie, Verlust des Einkommens oder der Pension, vielleicht auch der Verzicht auf Beförderung und Protektion. Findet sich trotz alledem ein betroffener Arzt oder einer seiner Kollegen einmal bereit, einen Fachmann für Suchtprobleme zu Rate zu ziehen, so geschieht dies meist aus Mitgefühl oder purer Loyalität, um eben einen drohenden Gesichtsverlust abzuwenden. Ansonsten gibt man sich der trügerischen Hoffnung hin, das Problem werde sich schon von selbst lösen.[282]

Was hier über die Ärzte geschrieben wurde, trifft in ähnlicher Weise auch auf andere Berufe zu. Statistiker gehen davon aus, daß allein der Alkoholismus die britische Industrie jährlich mindestens 500 Millionen Pfund kostet – und diese Zahl gilt noch als konservative Schätzung. Man weiß von Firmeninhabern, die auch dann noch jedes Alkoholproblem in ihrem Management ableugnen, wenn es schon die Spatzen von den Dächern pfeifen, daß einige ihrer leitenden Angestellten Alkoholiker sind. Mindestens fünf Prozent der Arbeiter sind süchtige Trinker, und davon befinden sich ungefähr ein Drittel bereits im fortgeschrittenen Stadium. Man kann also davon ausgehen, daß es im öffentlichen Dienst 10000 Alkoholiker gibt und daß jede Firma mit einer 20000 Mann starken Belegschaft etwa 1000 Alkoholiker beschäftigt. Laut einer anderen Schätzung werden mindestens 80 Prozent der Alkoholiker an ihrem Arbeitsplatz als solche gar nicht erkannt.[216] In einer Allgemeinpraxis mit 3000 Patienten in einem dichtbesiedelten, urbanen und vorwiegend von Arbeitern bewohnten Einzugsgebiet werden durchschnittlich 30 starke Trinker, 27 Problemtrinker und 25 Alkoholiker behandelt. Als 1976 offiziell die Zahl von einer halben Million Alkoholiker in Großbritannien genannt wurde, schätzte man den Anteil der Frauen auf 150000. Diese Zahlen beschreiben jedoch nur die Spitze des Eisbergs, denn vermutlich sind weitere vier Millionen Menschen von Alkoholismus und exzessivem Trinken indirekt betroffen, wobei die Familien und Freunde der Alkoholiker darin noch nicht einmal eingeschlossen sind.

Alkoholabhängigkeit ist bei Jugendlichen fünfzig mal häufiger als Drogenkonsum: 50 Prozent der Jungen und 30 Prozent der Mädchen zwischen 13 und 15 Jahren nehmen Alkohol »ziemlich regelmäßig« zu sich.[8] Demselben Bericht ist zu entnehmen, daß Frauen schon nach drei Jahren die Schwelle vom kontrollierten zum unkontrollierten Trinken überschreiten. Bei den Männern geschieht dies gewöhnlich erst nach acht bis zwölf Jahren. Überdies »erbrachte die jüngste Forschung... Beweise dafür, daß auch schon der bei sozialen Anlässen übliche, mäßige Alkoholkonsum zu Beeinträchtigungen der intellektuellen Leistungsfähigkeit führen kann.«[249]

Alkohol in Verbindung mit psychotropen Medikamenten: Der Trend der letzten Jahre geht dahin, sich außer Alkohol gleichzeitig noch andere süchtigmachende Substanzen einzuverleiben, wodurch das Problem des Alkoholismus noch sehr viel komplizierter geworden ist. Ein Alkoholiker, der keine anderen Drogen einnimmt – und wenn es nur Schlaftabletten sind –, ist heutzutage äußerst selten.

Alkoholismus ist in Großbritannien zwanzigmal häufiger als die Abhängigkeit von den sogenannten »harten Drogen«. Wenn man jedoch die sogenannten »weichen Drogen« – Barbiturate, Tranquilizer, Amphetamine und Nikotin – miteinbezieht, kehrt sich das Verhältnis um. In diesem Zusammenhang sollte man auch die Schmerzmittelsüchtigen nennen, die Analgetika wie *Aspirin* und Paracetamol überdosieren. Werden diese beiden Stoffe zusammen mit Codein oder Koffein zur Stimmungsaufhellung, bei Stress oder Schlaflosigkeit eingenommen, so können sie genauso süchtig machen wie die harten Drogen.

Sidney Cohen von der *University of California* schreibt über Barbiturate (alle anderen Schlafmittel haben ähnliche Effekte): »Nach Tagen oder Wochen kommt es zu einer Gewöhnung, wodurch immer größere Mengen des Schlafmittels benötigt werden, um denselben Effekt zu erzielen. Wird das Schlafmittel abgesetzt, kommt es während des Schlafs zu ausgedehnten REM-Phasen, an denen nach längerem Schlafmittelgebrauch Nachholbedarf besteht. Dabei werden die Patienten von Alpträumen geplagt, die ihren Schlaf so beeinträchtigen, daß sie alsbald wieder Schlafmittel verlangen.«[62]

> Sam war ein 24jähriger Heroinabhängiger. 11 Jahre lang hatte er täglich mindestens ein Gramm Kokain geschnupft und seit vier Jahren kamen dazu jeden Tag noch zwei Gramm Heroin, die er ebenfalls schnupfte

oder rauchte (davon hatte er ein großes Loch in der Nasenscheidewand). Außerdem hatte er sechs Monate lang täglich 5000 mg (50 Kapseln) des Barbiturats *Tuinal* und 20 Tabletten Paracetamol eingenommen. Letzteres nahm er gegen die quälenden Kopfschmerzen, die von seinem exzessiven Drogenkonsum herrührten. Diese Kopfschmerzen waren so heftig, daß ich ihn zunächst auf einen Gehirntumor untersuchen ließ, jedoch ohne Ergebnis. Sam war damit einverstanden, daß ich die Einnahme sämtlicher Drogen sofort unterband. Und mit Ausnahme eines kurzen, nur wenige Sekunden dauernden Krampfanfalls am fünften Behandlungstag hatte er keine Beschwerden mehr. Als er drei Wochen später entlassen wurde, waren seine Kopfschmerzen restlos verschwunden.

In einem Bericht des in diesen Dingen maßgeblichen *Institute for the Study of Drug Dependence (ISDD)* heißt es:

> Einer Studie von 1977 ist zu entnehmen, daß 12 Prozent der erwachsenen Bevölkerung von England und Wales in einem Zeitraum von 14 Tagen mindestens ein vom Arzt verschriebenes psychotropes Medikament einnahmen und daß für etwa 7 Prozent die erste Verschreibung dieses Medikaments schon ein Jahr oder länger zurücklag. In einer früheren Studie von 1971 wurde festgestellt, daß ein Siebtel der erwachsenen Bevölkerung Großbritanniens im Jahr davor einen Tranquilizer oder ein Sedativum eingenommen hatte und daß von 8 Prozent der Bevölkerung derartige Medikamente mindestens einen Monat lang täglich eingenommen worden waren.[304]

Zweimal soviel Frauen wie Männer nehmen über kürzere oder längere Zeiträume rezeptpflichtige psychoaktive Arzneimittel ein. Eine von *Marplan* durchgeführte Umfrage erbrachte Belege dafür, daß einem

Drittel aller Frauen in Großbritannien Tranquilizer, einem Viertel Schlaftabletten und fast der Hälfte das eine oder das andere irgendwann einmal im Leben verschrieben wurde. Von den Frauen, die je ein Rezept für ein solches Medikament ausgestellt bekamen, gab in dieser Umfrage ein Fünftel an, das Medikament mindestens dreimal die Woche eingenommen zu haben...

Einige Forschungsergebnisse sprechen dafür, daß Schlaftabletten bei 15 bis 20 Prozent der Patienten Abhängigkeit erzeugen und Tranquilizer ihren therapeutischen Wert und ihre Wirksamkeit nach vier Monaten durchgehender Einnahme verlieren.[65]

Der gleiche *ISDD*-Bericht kommt zu dem Schluß, daß etwa fünf Millionen Briten irgendwann einmal Cannabis konsumiert haben und pro Jahr mindestens eine Million diese Droge einnehmen. Beinahe 1,3 Millionen kamen schon mit Amphetaminen (1973) und 650000 mit LSD in Berührung.

Die 1984 veröffentlichten Ergebnisse einer dreijährigen Untersuchung an repräsentativ ausgewählten Patienten einer innerstädtischen Allgemeinpraxis runden das katastrophale Bild vollends ab: Bei 44 Prozent der Verschreibungen psychoaktiver Medikamente handelte es sich um Rezepterneuerungen, die ohne Konsultation vorgenommen wurden.[158]

Cannabis: Die Konsumenten von Cannabis (in Form von Marihuana oder Haschisch) behaupten, ihre Droge sei harmloser als Alkohol und andere suchterzeugende Stoffe, einschließlich Zigaretten, und vieles spricht dafür, daß dies auch zutrifft. Dennoch geben viele Heroinabhängige an, daß sie wahrscheinlich niemals Heroin genommen hätten, ohne vorher die bewußtseinserweiternde Wirkung von Marihuana oder Haschisch erfahren zu haben. Außerdem geben die meisten Dauerkonsumenten von Cannabis zu, daß regelmäßiges Kiffen ihre Tatkraft und ihre Motivation vermindere. Viele sind sich zwar angesichts ihrer Unfähigkeit, ihren täglichen

Cannabiskonsum wieder einzustellen, sehr wohl darüber im klaren, daß sie abhängig sind. Nur relativ wenige jedoch versuchen, mit fremder Hilfe von ihrer Sucht loszukommen, denn immer wieder wird das Argument vorgebracht: Kiffen ist immer noch besser, als sich jeden Abend zu besaufen.

Schließlich stellen sich bei einer beträchtlichen Anzahl dann doch ernstliche Probleme ein. Medizinische Fachblätter berichten von einer wachsenden Zahl von Psychosen, die allein auf den Konsum von Marihuana oder Haschisch zurückzuführen sind.[41,50,307]

> Der fünfunfdreißigjährige James kam aus einer Alkoholikerfamilie und hatte selber schon als Jugendlicher angefangen, exzessiv zu trinken.
>
> Mehrere Entziehungskuren hatte er schon hinter sich, wobei ihm aber immer Ersatzdrogen verabreicht worden waren, die ihn in seiner Funktionsfähigkeit stark beeinträchtigt hatten. Schließlich gelang es ihm, sowohl auf den Alkohol als auch auf die Medikamente zu verzichten, allerdings nur unter der Bedingung, daß er täglich 7 bis 15 Joints rauchte und zur Aufmunterung dazu noch etwa 10 Tassen Kaffee trank. Ohne diese Drogen konnte er mit seiner Angst und seiner Niedergeschlagenheit nicht fertig werden. Eine zehntägige NET-Behandlung ohne Marihuana und ohne Kaffee gab ihm die Kraft, die Probleme anzugehen, die sich fast 20 Jahre lang aufgetürmt hatten.

Viele Cannabiskonsumenten berichten von ungünstigen Effekten, die sich schon unmittelbar nach Einnahme der Droge bemerkbar machen: Ängstlichkeit, Verwirrung, hochgradige Beeinflußbarkeit, starke aggressive Impulse, Panik, paranoide Reaktionen, Halluzinationen und Verzerrungen der Körperwahrnehmung. Jedoch treten diese Effekte eher bei Anfängern auf als bei Langzeitkonsumenten.[222] Armand Nicholi von der *Harvard Medical School* schreibt in seiner scharfsichtigen epidemiologischen Studie über den außertherapeutischen Gebrauch psychoaktiver Substanzen in den USA im Jahr 1983: »Der Cannabiskonsum...hat sich mit enormer Durchschlagskraft zu einer Epidemie von außergewöhnlicher Reichweite entwickelt, von der alle Landesteile, sämtliche Altersgruppen und sozioökonomischen Schichten betroffen sind...Marihuana ist die meistgebrauchte illegale Droge; ein Viertel der gesamten Bevölkerung der USA hatte schon einmal mit der Droge zu tun, und 20 Millionen konsumieren sie täglich.«[222] In Großbritannien soll es mittlerweile 5 Millionen Cannabiskonsumenten geben.[107]

Tranquilizer und Sedativa: Eine vom britischen Gesundheitsministerium 1982 in Auftrag gegebene Untersuchung beschäftigt sich mit Möglichkeiten, den Drogenmißbrauch unter Kontrolle zu bringen. Darin schreibt eines der Forschungsteams:

> Die praktischen Ärzte sollten sich eigentlich weniger mit Heroin als mit dem Mißbrauch von Benzodiazepinen* beschäftigen. Denn es gibt da ein breites Spektrum von Patienten, die überhaupt nicht dem Klischee eines Drogenabhängigen entsprechen, aber trotzdem verschiedene Mixturen von Medikamenten und Alkohol mehr oder weniger gewohnheitsmäßig zu sich nehmen. Darunter sind Mütter, die bei nachmittäglichen Valium-Spezialbräu-Sitzungen, wo *Valium* zusammen mit starkem Lagerbier eingenommen wird, zum erstenmal auf den Geschmack einer Droge kommen... Dieses Problem mag vielleicht nicht so dramatisch erscheinen wie die Heroinabhängigkeit, aber es ist nicht minder beunruhigend.

Nach Meinung medizinischer Fachleute »...führt der Langzeitgebrauch dieser Medikamente zu unerwünschten Symptomen wie Konzentrations- und Gedächtnisverlust, Nachlassen der psychomotorischen Funktionsfähigkeit mit der Folge von Arbeits- und Verkehrsunfällen, Depression und emotionaler Abstumpfung.«[268]

1984 wurde an der Londoner Universität die Gedächtnisleistung von freiwilligen Versuchspersonen nach Verabreichung einer einmaligen kleinen Dosis (2,5 mg) Lorazepam gemessen. »Die Probanden waren in der Wiedergabe von Material, das ihnen vor der Lorazepamgabe gezeigt wurde, nicht beeinträchtigt; präsentierte man ihnen das Lernmaterial jedoch erst nach der Lorazepamgabe, so fiel ihre Gedächtnisleistung stark ab, egal ob sie durch Wiedererkennen oder durch freie Wiedergabe geprüft wurde.«[192] Benzodiazepinsüchtige Ratten leiden manchmal noch lange nach dem Entzug unter dem Verlust von Mechanismen zur Bewältigung alltäglicher Situationen, und diese Beobachtung scheint auch auf Menschen zuzutreffen.[319]

> Der dreißigjährige Johnny hatte seit 10 Jahren getrunken, jedoch nur am Wochenende, denn unter der Woche verlangte seine Arbeit Geschick und Konzentration. Acht Jahre lang hatte er täglich bis zu 100 mg *Valium* genommen, das ihm völlig legal von seinem Arzt wegen seiner Anfälle von »Depression« verschrieben wurde. Durch das *Valium* verlor er zunehmend die Kontrolle über sich, er war ängstlich, gereizt und niedergeschlagen. Als er von sich aus versuchte, das *Valium* abzusetzen, hatte er das lähmende Gefühl, in einen bodenlosen Abgrund zu fallen. Mit Hilfe der NET fiel es ihm leicht, von *Valium* und vom Alkohol loszukommen. Er hatte keine Krampfanfälle zu bestehen, lediglich eine Nacht, in der er schlecht schlafen konnte. Zehn Monate später schrieb er: »Ich kann gar nicht sagen, wie dankbar wir alle für meine Behandlung sind. Sie verschaffte mir Zugang zu einem verschütteten Teil meines Selbst, nämlich dem Bedürfnis, meine Familie zu lieben und für sie zu sorgen.«

In einem Leitartikel des *Britisch Medical Journal* war vor kurzem zu lesen, daß »mehrere Untersuchungen ganz eindeutig gezeigt haben, daß Benzodiazepine« wie *Valium*, *Librium*, *Tavor* und Oxazepam »in therapeutischer Dosierung schon nach sechswöchigem regelmäßigen Gebrauch eine pharmakologische Abhängigkeit erzeugen können«, obwohl »mehr als die Hälfte die Behandlung ohne wesentliche Entzugserscheinungen beenden können«. Tyrer, ein Experte auf diesem Gebiet, merkt weiterhin an: »Das Ergebnis, daß bei 44 Prozent der Langzeitkonsumenten von Diazepam *(Valium)* sich trotz gradueller Zurücknahme der Dosierung Entzugssymptome einstellen, gibt zu denken.« Die Patienten, von denen hier die Rede ist, hatten mindestens drei Monate lang täglich 5 bis 20 mg Valium geschluckt, und ihre jeweilige Dosis war über einen Zeitraum von drei Monaten nach und nach reduziert worden.[323]

Eine schottische Doppelblindstudie von 1985 bestätigte, daß »Diazepam *(Valium)* Rückfälle in gesteigerte Ängstlichkeit sowie Entzugserscheinungen erzeugen kann, selbst wenn es in mäßiger Dosierung und über eine vormals als unbedenklich eingestufte Zeitspanne von 6 Wochen verschrieben wird«.[252] (Mehr über die Symptomatologie des Entzugs verschiedener Drogen ist dem Anhang III zu entnehmen.)

Einem verhängnisvollen Irrtum unterliegen häufig sowohl Patienten als auch Ärzte, wenn es nach dem Absetzen oder der Reduktion von Tranquilizern zu Entzugserscheinungen, insbesondere zu Angstzuständen kommt. Sie neigen leicht dazu, für eine Wiederkehr der ursprünglichen Symptome zu halten, was in Wirklichkeit Entzugserscheinungen sind, mit dem Effekt, daß entweder die Dosis erhöht oder ein zusätzliches Medikament verschrieben wird. Derartige Symptome können sich auch schon während der Einnahme des Tranquilizers einstellen, da sich zum einen eine Gewöhnung an die verabreichte Dosis entwickeln kann und zum anderen hinlänglich erwiesen ist, daß diese Medikamente nach vier Monaten kontinuierlicher Einnahme ihre Wirksamkeit in der Behandlung von Angstzuständen verlieren [65] (siehe Susans Geschichte in der Einleitung). Bei klinischen Versuchen zeigte sich nämlich tatsächlich, daß »Benzodiazepine bei Patienten mit niedrigen Angstniveaus nicht wirksamer sind als Placebos«.[51]

In einem *ISDD*-Bericht heißt es: »Viele teilen die Vermutung, daß die Zahl derjenigen, die von den Tranquilizern und Sedativa, die ihnen ihr Arzt verschreibt, abhängig sind, wohl schon in die Hunderttausende geht.«[264] Diese Aussage bezieht sich weniger auf die Drogenabhängigen im herkömmlichen Sinne, die seit Ende der siebziger bzw. Anfang der achziger Jahre ohnehin meist mehrere Drogen nebeneinander nehmen, als auf »ehrbare, gesetzestreue Bürger«. Eine kürzlich von *MORI* durchgeführte Umfrage läßt den Schluß zu, daß gegenwärtig in Großbritannien 1,5 Millionen Menschen von Benzodiazepinen abhängig sind.

Meine eigene Befragung von 88 Drogen- oder Alkoholabhängigen, die 1980 zu mir in Behandlung kamen, erbrachte eine durchschnittliche Anzahl von 19,8 verschiedenen Substanzen, die von einem einzigen Süchtigen im Laufe seiner Drogenkarriere durchprobiert werden. Zu Beginn der Behandlung nahmen die Patienten durchschnittlich noch drei verschiedene Drogen gleichzeitig ein.[242] In einer anderen Untersuchung gaben von 186 Süchtigen bei ihrer Klinikeinweisung 30 Prozent an, neben Alkohol und anderen Drogen noch regelmäßig ein Beruhigungsmittel (meist *Valium*) einzunehmen. Bei diesem Mehrfachmißbrauch sind die Aussichten auf Entwöhnung erheblich schlechter als bei Mißbrauch eines einzigen Suchtstoffes.[62] Bis zu den jüngst eingetretenen Änderungen der Verordnungsvorschriften mußte der *National Health Service* (das staatliche britische Gesundheitswesen, d. Übers.) für die 50 Millionen Verschreibungen von Tranquilizern und angstlösenden Medikamenten jedes Jahr etwa 20 Millionen Pfund aufwenden.

Kokain: Eine weitere beliebte Drogenkombination ist die Mischung von Heroin und Kokain, die das für Kokain typische Stimmungshoch verlängern und sein rasches Wiederabfallen überbrücken soll. David Smith, der Gründer und ärztliche Direktor der Haight Ashbury Medical Clinic in San Francisco, bemerkte erst kürzlich, daß in den USA immer mehr der Mittelklasse angehörende Konsumenten von Kokain dieses nun mit Heroin mischen, um seine aufputschende Wirkung zu modifizieren – ob sie es nun schnupfen, injizieren oder rauchen. Außerdem geht er mit Bestimmtheit davon aus, daß trotz anderslautender Urteile einiger Forscher in früheren Jahren das Kokain sich als »die stärkste suchterzeugende Droge« entpuppte, zumindest im Vergleich zu anderen weitverbreiteten Drogen. Viele meiner Patienten würden dem wohl zustimmen, trotzdem scheint es so, als würden nicht alle, die es ausprobieren, gleich süchtig werden. Einem Bericht des Nachrichtenmagazins *Time* aus dem Jahr 1981 war zu entnehmen, daß »wenn alle internationalen Dealer, die den amerikanischen Kokainmarkt mit Stoff versorgen – nicht eingerechnet die Wiederverkäufer –, einen einzigen Konzern bilden würden, dieser auf der *Fortune*-Liste der 500 Topfirmen wahrscheinlich auf den siebten Rang käme, zwischen die Ford Company (37 Milliarden Dollar Bruttoeinnahmen) und die Gulf Oil Corporation (26,5 Milliarden)«.[87]

1983 schrieb *Time*:

> Unter den vier bis fünf Millionen Amerikanern, die regelmäßig Kokain nehmen, sind nach Schätzungen von Drogenberatern 5 bis 20 Prozent – also mindestens 200000, vielleicht schon eine Million – mittlerweile vollkommen abhängig; sie bilden eine neue Heerschar von Süchtigen, so zahlreich wie die Heroinabhängigen. Während der letzten zwei Jahre stieg die Zahl der Kokainkonsumenten in den USA von 15 auf 20 Millionen an, und sie nimmt stündlich weiter zu: Jeden Tag ziehen sich etwa 5000 Novizen ihre erste Bahn Koks rein. Kokain ist ein 25 Milliarden-Dollar-Geschäft geworden, ungefähr dreimal so groß wie die Platten- und

> Filmindustrie zusammen. Der Handel mit Kokain ist mit den Worten eines Beamten der amerikanischen Drogenfahndung der lukrativste Geschäftszweig der Unterwelt.[11]

1984 wurden in den USA im Handel mit Kokain, Cannabis und Heroin 80 Milliarden Dollar Umsatz gemacht.[75] In Großbritannien verbreitet sich keine andere Droge so schnell wie Kokain.[107] Beschlagnahmten die britischen Zollbehörden 1982 lediglich 12 kg Kokain, so waren es 1983 schon 71 kg.[92]

Noch bis in die späten siebziger Jahre war Großbritannien für den internationalen Drogenhandel höchstens eine Durchgangsstation, mittlerweile aber bildet es zusammen mit Holland, Frankreich und Westdeutschland ein eigenes Zentrum und einen selbständigen Markt.

In Großbritannien erfreut sich das Kokain in den besseren Kreisen der Gesellschaft einer ständig wachsenden Beliebtheit und Nachfrage. Die gutorganisierten Unterweltsyndikate entdeckten hier einen attraktiven Markt für ihr bereits bestehendes Verteilungssystem, dessen Bekämpfung die Behörden regelmäßig kapitulieren läßt. Mitte der siebziger Jahre wurde Kokain in Großbritannien zum Freizeitvergnügen der reichen Leute; bot man früher seinen Gästen am Ende des Dinners einen Portwein an, so darf es heute auch mal eine Prise Kokain sein. Der aktuelle Preis von Kokain beträgt 55,70 Pfund pro Gramm oder Teelöffel, worin normalerweise 30 bis 70 Prozent reines Kokain enthalten sind, und die durchschnittliche tägliche Dosis eines gewohnheitsmäßigen Kokainkonsumenten liegt bei ein bis zwei Gramm. Das Rauchen der freien Base des Kokains, das Freebasing*, das zwar kostspieliger als das Schnupfen ist, aber schneller und intensiver wirkt, scheint in Großbritannien noch nicht so beliebt zu sein wie in den USA. Die Gründe für die Anziehungskraft von Kokain sind in einem 1984 im *International Journal of Addiction* erschienenen Artikel recht gut beschrieben:

> Kokain ist eine ungemein verführerische Droge, von der eine intensive Sogwirkung ausgeht. Es ist einer der stärksten pharmakologischen Verstärker, die wir kennen...Kokain vermindert die Angst und erhöht das Selbstvertrauen, es macht aggressiver, optimistischer und selbstsicherer. Schwerer... Kokainmißbrauch... erzeugt ein Gefühl, das der Vollkommenheit so nahe kommt, daß ein Zwang zur Wiederherstellung dieses Zustandes entsteht, in der Hoffnung auf eine endgültige Erfüllung, die aber nie eintritt. Der Kokainsüchtige nimmt die widrigen Effekte dieser Droge in Kauf, weil sie ihn für kurze Zeit aus einem Stimmungstief herausholt und vor Selbstzweifeln und Skrupeln bewahrt. Kokain scheint die Befriedigung eines Bedürfnisses nach Gelassenheit und Ganzheit zu verheißen.[293]

> Archie, 35 Jahre alt, hatte 14 Jahre lang Kokain genommen. Nach und nach hatte er seine tägliche Dosis gesteigert, bis er bei seinem Eintritt in die Klinik bei fünf Gramm angelangt war. Außerdem hatte er zehn Jahre lang täglich ein Gramm Heroin geschnupft. Ohne Kokain auskommen zu müssen war für ihn eine ganz schreckliche Vorstellung, denn zwei Jahre lang hatte er keinen einzigen Tag ohne es ausgehalten. Sechs Monate nach dem erfolgreichem Entzug und der Beendigung der NET-Behandlung schilderte er vor einer Ärztegruppe auf einer medizinischen Konferenz, wie die NET ihn nicht nur von seiner Sucht befreite, sondern auch positive Veränderungen seiner gesamten Persönlichkeit bewirkte.

Ähnlich wie bei den Konsumenten von Cannabis gibt es wohl auch unter den Kokainisten viele, die diese Droge nur gelegentlich in ihrer Freizeit nehmen und nicht süchtig werden; aber es ist eben unmöglich vorherzusagen, wen es treffen wird. Oft hörte ich von denen, die sich in Behandlung begeben: »Früher dachte ich immer, ich bin ja nicht so wie die anderen, ich werde das schon unter Kontrolle behalten und nicht abhängig werden.«

Eine typische Geschichte ist die des jungen Geschäftsmannes oder leitenden Angestellten, der von Kokain so aufgekratzt wird, daß er es mit einer Prise Heroin »abschmecken« muß. Seine Freunde werden ihm versichern, daß bei dieser Mischung keine Gefahr bestehe, süchtig zu werden, was sich jedoch alsbald als Trugschluß erweist: Die Talfahrt in den Drogensumpf beginnt. Ins Rampenlicht gerückt wurde die Situation erst neulich durch Mark Gold aus New York, der 1983 mit einigen Kollegen einen landesweiten Notruf für Kokainkonsumenten eingerichtet hatte. Seine Mitarbeiter erhielten täglich bis zu 1000 Anrufe – in den ersten drei Monaten allein 70000 – und befragten von jenen Anrufern, die das Kokain durch die Nase schnupften, 306 zufällig ausgewählte jeweils eine halbe Stunde lang. Die Untersuchung dieser Stichprobe erbrachte folgende Ergebnisse:

> Die meisten Kokainkonsumenten waren berufstätig (77 Prozent) und Weiße (85 Prozent). 37 Prozent verdienten jährlich über 25000 Dollar. Durchschnittlich nahmen die Teilnehmer der Stichprobe seit 4 Jahren Kokain. Zum Zeitpunkt der Befragung betrug der durchschnittliche wöchentliche Verbrauch 4,5 g zum Preis von mehr als 450 Dollar. 65 Prozent gaben an, zusätzlich Tranquilizer, Alkohol oder Heroin einzunehmen, um der Überstimulation bzw. der bei nachlassender Kokainwirkung oft abrupt umkippenden Stimmung, dem Crash, zu begegnen. *Über die Hälfte dieser Kokainschnupfer fühlte sich von Kokain abhängig,* konnte ihm bei Verfügbarkeit nicht widerstehen, empfand eine einmonatige Pause als unzumutbar und die Zeiten ohne Kokain als ziemlich qualvoll. Bei dem Versuch, die Droge abzusetzen, entwickelte die Mehrzahl Entzugssymptome bis hin zu

ausgeprägten Depressionen mit völliger Antriebslosigkeit.

36 Prozent gaben an, mit Kokain zu handeln, und 20 Prozent stahlen bei der Arbeit, zu Hause oder bei Freunden, um die für den Kokainbedarf nötigen Mittel aufzubringen. Fast alle berichteten von unerwünschten... Folgen, darunter: Chronische Müdigkeit (74 Prozent), Schlaflosigkeit (81 Prozent), Nasenbluten (54 Prozent), Kopfschmerzen (58 Prozent), sexuelle Interesselosigkeit (41 Prozent), Niedergeschlagenheit (75 Prozent), Reizbarbeit (78 Prozent), Gedächtnis- und Konzentrationsschwierigkeiten (61 Prozent), Wahnvorstellungen (58 Prozent), verminderte Arbeitsfähigkeit (34 Prozent), Probleme im zwischenmenschlichen Bereich (59 Prozent) und finanzieller Ruin (34 Prozent). Unter dem Einfluß von Kokain kam es bei einigen zu Autounfällen, Selbstmordversuchen und epileptischen Anfällen mit Bewußtlosigkeit.[335]

In einer späteren Veröffentlichung schreibt die gleiche Autorengruppe:

> Die Folgen des Kokainmißbrauchs sind bei Jugendlichen erheblich schwerwiegender als bei Erwachsenen und treten auch rascher auf. Der zeitliche Abstand zwischen dem ersten Kokainmißbrauch und den ersten Anzeichen verminderter Handlungsfähigkeit beträgt bei Erwachsenen durchschnittlich vier Jahre, bei Jugendlichen jedoch nur anderthalb Jahre. Darüber hinaus berichteten die befragten Jugendlichen häufiger von Autounfällen, Selbstmordversuchen, gewalttätigem Verhalten sowie von Krampfanfällen, die sie mit ihrem Kokainkonsum in Verbindung brachten.[336]

Kokain greift die Nasenscheidewand an, wodurch sich für viele Schnüffler unangenehme Nebenwirkungen ergeben. Überdosierung oder Überempfindlichkeit führen zu Krämpfen oder zum Kollaps und im schlimmsten Fall zum Tode.[343]

Stimulanzien und Halluzinogene: Immer wieder kommt es vor, daß Ärzte jungen Mädchen, die – aus Minderwertigkeitsgefühlen heraus, um sich im Sport zu verbessern oder einfach aus Eitelkeit – abnehmen wollen, amphetaminähnliche Medikamente oder andere Appetitzügler verschreiben und dadurch einen abhängigkeitserzeugenden Prozeß in Gang setzen.

Glücklicherweise sind sich immer mehr Ärzte dieser Gefahr bewußt. Werden Aufputschmittel, die unter der Hand ja überall zu haben sind, fortgesetzt mißbraucht – meist als billiger Kokainersatz z. B. von Studenten, um über den Büchern nicht einzuschlafen, oder von Sportlern, um Erschöpfung gar nicht erst aufkommen zu lassen –, so können sie schon in niedriger Dosierung zu starker Erregbarkeit bis hin zu Angstzuständen führen. Durch häufige hohe Dosen kann es zu unwillkürlichem Zähneknirschen, zu Hirnschädigungen, Psychosen und paranoiden Zuständen kommen.[222] Nach einer Schätzung des britischen Ministeriums für Erziehung und Wissenschaft haben ungefähr 10 Prozent der britischen Jugendlichen zwischen 12 und 17 Jahren schon mal versucht, Klebstoffdämpfe zu inhalieren.[107] Obwohl die Einnahme von Halluzinogenen und das Inhalieren von Klebstoff oder anderer bewußtseinserweiternder Substanzen vereinzelt zu Paranoia oder gar zu Todesfällen führen (in Großbritannien stehen jährlich etwa 80 Todesfälle mit dem Mißbrauch von Lösungsmitteln in Verbindung),[76] so gibt es dennoch keinen Beweis für physische oder psychische Abhängigkeit. In der Tat berichteten die meisten meiner Patienten, daß sie mit LSD problemlos aufhören konnten, nachdem sie es ungefähr ein Jahr lang genommen hatten. Manche behaupten zwar, LSD vermittle ihnen psychologische oder gar spirituelle Einsichten, aber denjenigen, der davon durch sein Verhalten oder durch seine besonderen Geisteskräfte Zeugnis ablegen kann, muß man mir erst noch zeigen (siehe Koestlers Kommentar auf S. 297).

Sicher sind alle diese Stoffe alles andere als harmlos. PCP (Phencyclidin, bekannt als Angel Dust) beispielsweise wird häufig mit extremen Gewaltausbrüchen und paranoidem Verhalten in Verbindung gebracht. Vermutlich ist diese Droge, deren Toxizität sich besonders im Verhalten zeigt, indirekt für viele Todesfälle verantwortlich [222]; darauf weist vor allem der erstmals 1983 in den USA beobachtete beunruhigende Trend zum intravenösen PCP-Gebrauch hin.[218]

Heroin: Heroin wird inzwischen in noch schwindelerregenderen Mengen als Kokain nach Großbritannien eingeführt. Einem offiziellen Bericht von 1984 zufolge kommt *jede Woche* Heroin im Wert von sechs Millionen Pfund über Dover und Heathrow ins Land.[136] Zollbeamte kommentieren die Situation folgendermaßen: »Wir sind zur Zielscheibe des Spottes geworden. Wir wissen genau, daß geschmuggelt wird, haben nur leider nicht das notwendige Personal, um dagegen vorzugehen... 90 Prozent der reingeschmuggelten Drogen gehen uns durch die Lappen.«[248]

Die meisten Abhängigen beginnen ihre Drogenkarriere mit Bier in Form von Radlermaß, mit Cannabis (als ›Schokoladenplätzchen‹ oder mit Tabak vermischt als Joint) oder mit den verschiedensten Tabletten. Die Jugendlichen haben oft nicht die geringste Ahnung, was die Pillen überhaupt enthalten. Sogar vor »Skag« schrecken sie nicht zurück, ohne zu wissen, daß es eigentlich Heroin ist. In den letzten Jahren ist »Skag« bei arbeitslosen Jugendlichen sehr in Mode gekommen, weil es billig (ein Beutel kostet etwa fünf Pfund) und leicht zugänglich ist. Da diesen Jugendlichen der Einstieg in das Erwerbsleben verwehrt ist, macht sich bei ihnen leicht allgemeine Hoffnungslosigkeit breit. Das Heroin läßt sie für Augenblicke ihre aussichtslose Situation vergessen.

Heroin erzeugt ein gewaltiges Glücksgefühl und hat deshalb von allen Drogen das höchste Suchtpotential. Prägnanter kann man diesen Zusammenhang nicht ausdrücken als der

Süchtige aus Hongkong in dem von meinem Mann, Adrian Cowell und Chris Menges gedrehten Film »The Opium Trail« mit seiner Frage »Wie kannst du gegen einen Traum ankämpfen?«.

Die Mehrzahl der Heroinabhängigen spritzt sich den Stoff intravenös, sogenanntes Mainlining, um mit der geringsten Menge den größtmöglichen Effekt zu erzielen. Andere Praktiken sind jedoch *genauso* suchterzeugend: Das Schnupfen, bei dem das Heroin mit Hilfe einer zusammengerollten Banknote oder eines manchmal aus Gold bestehenden Metallröhrchens durch die Nase eingezogen wird; oder Chasing the Dragon, eine vormals auf den Fernen Osten beschränkte Methode, die sich bei uns wachsender Beliebtheit erfreut, bei der man das Heroin auf einer Metallfolie erhitzt, indem man ein Streichholz oder ein Feuerzeug darunterhält und den dadurch entstehenden Dampf durch ein zusammengerolltes Papier inhaliert.

Kostete ein Gramm zu 30 bis 60 Prozent reines Heroin, die übliche Tagesration des kriminellen wie des bürgerlichen Süchtigen, 1982 auf der Straße noch 120 Pfund, so war es zwei Jahre später schon für 50 bis 60 Pfund zu haben. Junge Drogenabhängige sagen, es sei mittlerweile genauso einfach, Heroin zu kaufen wie ein Paket Zucker. Vor allem der Anteil der Teenager steigt weiter beängstigend an – von einem gerade 10 Jahre alten Süchtigen war neulich zu hören. Um ihre kostspielige Gewohnheit aufrechtzuerhalten, bleibt den Jugendlichen vielfach nichts anderes übrig als kriminell zu werden, auf den Srich zu gehen oder mit Drogen zu handeln. Und es sind nicht wie allgemein angenommen die professionellen Drogenhändler, die neue Abnehmer rekrutieren, nein, dieses Geschäft besorgen die Abhängigen selbst, indem sie einen Teil ihrer eigenen Ration an Freunde weiterverkaufen.

Kaum einer kann sich der extrem starken körperlichen Abhängigkeit, die Heroin erzeugt, entziehen. Allerdings gibt es widersprüchliche Angaben darüber, wie lange es dauert, bis eine nicht mehr rückgängig zu machende Gewöhnung eintritt.

Ich weiß von einigen, die schon nach dem zweiten Mal an der Nadel hingen; andere wiederum behaupten, das Heroin sei erst nach vielen Monaten zu einem notwendigen Bestandteil ihres Lebens geworden. Nachdem sie auf Heroin drauf sind, können die Abhängigen über einen verschieden langen Zeitraum noch normal funktionieren. Dabei haben Sie das Gefühl, daß es gerade das Heroin ist, was sie noch im Gleichgewicht hält. Unausweichlich kommt es jedoch zur Gewöhnung, so daß nur eine ständige Dosissteigerung weiterhin Normalität garantieren kann. Bald erzeugt das Heroin keinerlei Hochstimmung mehr, der Mißbrauch wird nur noch aus Furcht vor den qualvollen Entzugserscheinungen fortgesetzt, die sich schon bemerkbar machen, wenn der Bedarf einmal nicht rechtzeitig gedeckt werden kann.

Sarah, 22 Jahre alt, war eine registrierte Drogenabhängige, die in einem staatlichen Drogenzentrum (die britischen *Drug Dependency Units* gaben in sogenannten Erhaltungsprogrammen an registrierte Abhängige Heroin bzw. Methadon aus, d. Übers.) täglich 400 mg reines Heroin erhielt. Mit 17 Jahren hatte sie damit angefangen, 3 Gramm Straßenheroin zu drücken, was dann durch das von staatlichen Stellen ausgeteilte Heroin ersetzt wurde. Jede Nacht nahm sie sehr große Mengen von Beruhigungsmitteln. Zusätzlich hatte sie drei Jahre lang noch täglich 30 mg Methadonsaft eingenommen. Vier Stunden vor Beginn ihrer NET-Behandlung spritzte sie sich noch 900 mg reines Heroin und trank zwei Halbliterflaschen Methadonsaft. Ihre Gewöhnung an Drogen war so weit fortgeschritten, daß sie in diesem Zustand nicht einmal einschlief, obwohl sie undeutlich sprach und ihr Blick glasig war. Lediglich am Anfang der Behandlung hatte sie geringe Beschwerden, und schon nach zwei Tagen war sie mit Begeisterung bei der Sache.

Auswirkungen auf die Familie

Abhängige äußern oft Groll und Verbitterung gegenüber einem Vater, der trinkt, oder einer Mutter, deren Küchenschrank mit *Valium*- und Schlaftabletten gefüllt ist. Sind die beiden womöglich noch zigarettensüchtig, so haben wir in dieser Familie so ziemlich alle legalen Drogen beieinander. Die Eltern wollen die erwiesene Tatsache nicht wahrhaben, daß ihre eigene Abhängigkeit oft tödlicher ist als die ihrer Kinder.

Die Berichte über Gefährdungen des Immunsystems durch Morphium oder Heroin sind widersprüchlich.[19] Heroin ist möglicherweise immer noch die sicherste psychoaktive Droge, auf jeden Fall ist es weniger schädlich als die legalen Drogen. Heroinmißbrauch kann zum Tode führen durch absichtliche oder versehentliche Überdosierung, durch giftige Beimischungen, mit denen das Heroinpulver von den Dealern gestreckt wird, oder durch verunreinigte Injektionsnadeln, die lebensgefährliche Infektionen verursachen.

Es gibt gute Gründe anzunehmen, daß eine Familie unter einem Elternteil, der Alkoholiker ist, mehr zu leiden hat als unter einem drogenabhängigen Kind. Die meisten Rauschgiftsüchtigen, die bis Mitte dreißig überleben, scheinen ohne jede Behandlung ihrer Abhängigkeit zu entwachsen, während hingegen der Alkoholmißbrauch keine Altersgrenzen kennt.

Die kostenlose, legalisierte Ausgabe von Heroin, Methadon oder irgendeiner anderen Droge wird das Problem für die Gesundheitsbehörden wie für die Abhängigen selbst lediglich auf die lange Bank schieben. Deshalb sollten die zuständigen Stellen solche Behandlungsmöglichkeiten anbieten, von denen die Suchtkranken eine völlige Abkehr vom Drogenmißbrauch, d. h. eine Heilung im eigentlichen Sinne erwarten können. Denn früher oder später wollen fast alle davon loskommen.

3 Die britische Szene und die Unzulänglichkeiten gegenwärtiger Behandlungsmethoden

Statistiken zum Drogenmißbrauch

Großbritannien wird gegenwärtig von einer Drogenwelle überschwemmt. Die Zahl der vom Innenministerium erfaßten Rauschgiftsüchtigen nahm zwischen 1980 und 1982 um 70 Prozent und 1983 nochmal um 30 Prozent zu.[138] Der Abgeordnete Sir Bernard Braine berichtete dem Unterhaus im Frühjahr 1984: »Dem Innenministerium sind zur Zeit 10271 Abhängige bekannt, aber die mit der Drogenszene vertrauten Sozialarbeiter gehen von einer zehnmal so hohen Dunkelziffer aus.«[84] Der Anteil der Erstkonsumenten an dieser Gesamtzahl hatte um die Hälfte zugenommen.[136]

Viele Beobachter der Drogenszene würden wohl sogar dem einen Forscher zustimmen, der da behauptet, daß »man der Wahrheit näher kommt, wenn man in Großbritannien von 200000 Personen ausgeht, die von einer oder mehreren Drogen abhängig sind«.[107]

In Schottland kam es 1978 zu 85 Anzeigen wegen Drogenmißbrauchs, 1983 schon zu 574 – ein Anstieg um 575 Prozent. In der allgemein als gültig anerkannten Zahl von 50000 Opioidabhängigen sind die gelegentlichen und zeitweilig aussetzenden Rauschmittelkonsumenten nicht mit berücksichtigt.[134] Einer Schätzung zufolge wird es in den kommenden fünf Jahren in Großbritannien etwa 100000 registrierte Drogenabhängige geben,[138] wobei Szenekenner dies wiederum nur für die Spitze des Eisbergs halten.

Das vorherige Kapitel führte uns vor Augen, welch astronomische Dimension das Drogenproblem bei uns angenommen hat. Auch die anderen Länder Westeuropas hatten in den letzten zehn Jahren schwer mit einem sich ausweitenden Drogenmißbrauch zu kämpfen. Nach einer Schätzung des Bundesgesundheitsministeriums in Bonn nehmen eine Million westdeutsche Kinder zwischen 11 und 15 Jahren irgendeine Art von Drogen zu sich. 1984 gab es in Frankreich 120000 und in Italien 250000 Süchtige; die Zahl der Drogentoten betrug 1983 in der BRD 472, in Frankreich 190 und in Italien 257.[350] Vermutlich gibt es in ganz Europa an die zwei Millionen Rauschgiftsüchtige.[107]

In den USA sind den Behörden eine halbe Million Heroinabhängige bekannt[309], die Dunkelziffer liegt jedoch erheblich höher.[107] Nach vorsichtigen Schätzungen der US-Regierung verursacht der Drogenmißbrauch am Arbeitsplatz jährlich Kosten von 25 Milliarden Dollar.[107]

In Indien, wo das Opiumrauchen ein traditionelles Vergnügen des reichen Mannes ist, hat der Heroinmißbrauch jüngst auch die Mittelklasse erreicht; allein in Delhi soll es 90000 Heroinsüchtige geben.[182] Pakistan hatte noch 1980 praktisch kein Drogenproblem, 1984 zählte man dort schon über 150000 Süchtige.[93] Malaysia hat gar 400000 Drogenabhängige.[303] Die Zahlen – und die Tragödien, die sich hinter ihnen verbergen, nehmen kein Ende.

Von Indien nach Südafrika führt der sogenannte *Mandrax**-Pfad. Die Schlaftablette *Mandrax* war in den frühen siebziger Jahren ein sehr beliebter Heroinersatz, wurde dann aber 1973 in Großbritannien aufgrund der offensichtlichen Risiken vom Markt genommen. Nun wird dieses Präparat in Indien illegal hergestellt und über den ›*Mandrax*-Pfad‹ nach Südafrika eingeschleust[126], wo es mittlerweile vor allem bei den wohlhabenden Weißen zur Modedroge geworden ist.[203] Auch aus China und Hongkong war in jüngster Zeit zu hören, daß der Mißbrauch von *Mandrax* und Secobarbital um sich greift.[102]

Ein Feldforscher, von dessen Untersuchung in *New Society* zu lesen war, zählte an einem Samstagnachmittag auf Londons Haymarket innerhalb von sechs Stunden 272 Abhängige, die Drogen kauften bzw. verkauften. Dieses Hin- und Herverschachern von Drogen wird ermöglicht durch die leichtsinnige Verschreibepraxis der Ärzte einerseits und durch massive illegale Importe aus der dritten Welt andererseits. Viele Ärzte wissen einfach nicht oder kümmern sich nicht darum, daß ein Drogenabhängiger ein Rezept für 70 Amphetamintabletten leicht für Hunderte von Pfund verkaufen kann, um damit seinen eigenen Heroin- oder Kokainbedarf zu decken. Von meinen Patienten behaupteten 72, an ihren Stoff über Verschreibungen von Allgemeinärzten gekommen zu sein, während 117 den Schwarzmarkt als ihre Quelle nannten (s. Schaubild 3.1).

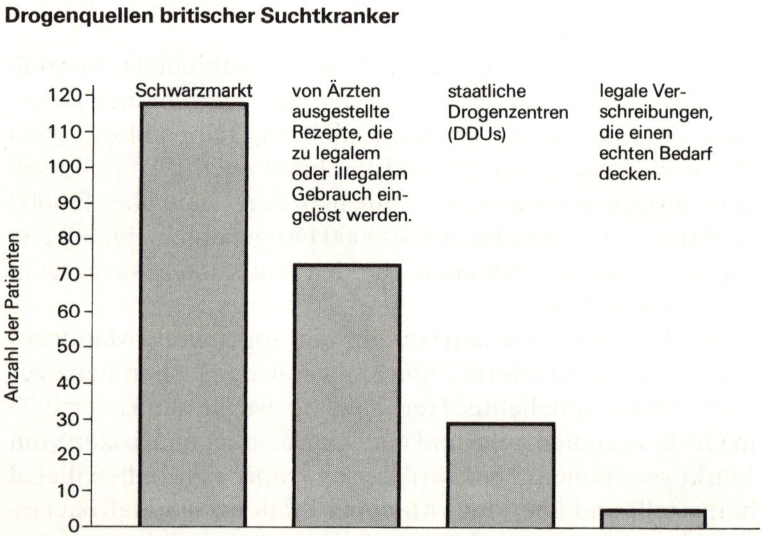

Schaubild 3.1: Drogenquellen der von M. Patterson zwischen 1973 und 1980 behandelten Abhängigen

Das gegenwärtige Behandlungsangebot

Seit Beginn der sechziger Jahre, als ich anfing, mich mit der Suchtproblematik zu beschäftigen, ist der Drogenmißbrauch in Großbritannien um das fünfzehnfache angestiegen. Trotzdem gibt es heute weniger Kliniken und Behandlungsplätze für Drogenabhängige – meine eigene Klinik mußte 1981 schließen, weil finanzielle Unterstützung aus öffentlicher wie privater Hand ausblieb. Die praktischen Ärzte in London – zumindest jene in den citynahen Gebieten – behandeln zur Zeit genauso viele Opioidabhängige wie die lokalen Drogenzentren. Außerdem kommt auf jeden Rauschgiftsüchtigen mindestens einer mit ernsten Tranquilizer- und/oder Alkoholproblemen.

1977 schrieb ein verbitterter Allgemeinarzt an den Gesundheitsminister; Kopien dieses Schreibens schickte er an die Bürgerbeauftragten des Innenministeriums und des staatlichen Gesundheitswesens. Sein Brief enthielt drei einfache Fragen: Wer in seiner Region für die Behandlung von Drogenabhängigen verantwortlich sei, wo es dort eine Behandlungsmöglichkeit gebe bzw. wann eine solche eingerichtet werde. 18 Monate dauerte es, bis er überhaupt eine Antwort bekam.

Nach zwei Jahren erhielt dieser Arzt einen Bericht des Bürgerbeauftragten, worin dieser auch nach Gründen dafür sucht, daß allein schon die Einholung von Informationen derart viel Zeit beansprucht. Als Hauptursache nannte er ein Labyrinth aus ungeklärten Zuständigkeiten und bürokratischen Vertuschungsmanövern, auf das er bei seinen Nachforschungen gestoßen sei. »Meine Befragungen enthüllten eine äußerst beklagenswerte Situation«, heißt es in seinem Bericht. »Offensichtliche Verzögerungen und Zuständigkeitswirrwarr sind an der Tagesordnung, wenn es um die Entscheidung über die Einrichtung von ambulanten Behandlungszentren für Drogenabhängige geht.« Dieser Vorfall wurde 1980 in der Sommerausgabe von *Drug Link*, dem Rundbrief des *ISDD*, aufgegriffen und folgendermaßen kommentiert:

Das Konzept »Sucht« ist im Grunde eine bunte Mischung aus moralischen, medizinischen und juristischen Teilaspekten, die unverbunden nebeneinander stehen. So hat es erst in jüngster Zeit und auch nur zögernd Eingang in den psychiatrischen Alltag innerhalb des nationalen Gesundheitswesens gefunden. Selbst wenn man dem Bericht des Bürgerbeauftragten nicht in allem folgen mag, muß man eingestehen, daß das Behandlungsangebot für Suchtkranke genauso undurchsichtig und verworren ist wie das Konzept der Abhängigkeit selbst.

Die verantwortungslose Haltung der Regierung

Im Juli 1984 sagte Sir Bernard Braine vor dem Unterhaus: »Eine der Beschwerden, die mir in diesem Jahr am häufigsten vorgetragen wurden, war, daß die Ärzte selbst von dem Problem nichts wissen wollen... Die Ärzteschaft ist gespalten hinsichtlich der Frage, ob Abhängigkeit überhaupt behandlungswürdig ist.« In ähnlicher Weise habe ich mich seit 1972 wiederholt geäußert, nicht etwa um zu provozieren, sondern um meiner Enttäuschung, Bestürzung und oft sogar Verzweiflung Luft zu machen angesichts der Haltung des Berufsstandes, den ich liebe und dem ich mich ganz verschrieben habe.

Weiterhin führte Sir Bernard an gleicher Stelle aus: »Am 13. April machte ich dieses Haus auf den erschreckenden Anstieg des Drogenmißbrauchs aufmerksam... Es wurden jedoch keinerlei konkrete Maßnahmen ergriffen, obwohl das *Advisory Committee on the Misuse of Drugs* schon im Dezember 1982 über 40 Vorschläge unterbreitete.«[140] 1981 bot ich dem Gesundheitsminister meine Dienste an und erklärte mich bereit, Ärzte und Pflegepersonal in das NET-Verfahren einzuweisen. Daraufhin erhielt ich einen höflichen Brief, in dem mir mitgeteilt wurde, ich möge mich doch bitte an eine lokale Gesundheitsbehörde wenden, da die Regierung keine Berater beschäftige.

Sir Bernard faßte die Lage unter Berufung auf einen Bericht des *BBC*-Fernsehmagazins *Panorama* folgendermaßen zusammen:

> Das Gesamtbild, das sich uns bot, war geprägt von Unsicherheit, Unkenntnis und Unvermögen, womit man aber wohl – eingedenk der Tatsache, daß die Gesundheitsbehörden Unzulänglichkeiten ihres Behandlungsangebots nur ungern zugeben – das wahre Ausmaß der Katastrophe noch unterschätzt. Was kann die Regierung von diesen Behörden erwarten? Sind sie sich überhaupt bewußt, wie ernst die Lage mittlerweile geworden ist? Ich habe da ehrlich gesagt meine Zweifel.[140]

Dieses Bild deckt sich mit meinen Erfahrungen: höfliches Desinteresse, schwerfällige Bürokratie, absichtliche Versäumnisse und mangelnde Kooperationsbereitschaft auf allen Ebenen, gegen die nur mit äußerst sturer Hartnäckigkeit anzukommen ist. Angesichts dieser Situation hatte ich 1981 keine andere Wahl, als für über drei Jahre nach USA zu gehen.

Das Desinteresse der zuständigen Behörden ist nicht die einzige Barriere, die sich zwischen den Abhängigen und den zur Behandlung bereiten Arzt schiebt. Hinzu kommen die viele Millionen Pfund schweren Wirtschaftsinteressen der Hersteller von Pharmazeutika, von Tabakwaren und von alkoholhaltigen Getränken, die dem Problem mit einer abgebrühten Gleichgültikeit gegenübertreten und sich ihre Werbefeldzüge ein Vielfaches dessen kosten lassen, was sie für die Bekämpfung des Drogenmißbrauchs zu spenden bereit sind. Dahinter zeichnet sich ein noch größeres Hindernis in Gestalt der finsteren Verbrechersyndikate mit ihren nicht minder massiven Wirtschaftsinteressen ab.

Obwohl der rasche Anstieg des Drogenmißbrauchs von den Medien vielfach aufgegriffen wurde, gibt es in Großbritannien nur geringe Anzeichen für ein offizielles Problembewußtsein sowie nur zaghafte Versuche, eine umfassende Drogenpolitik zu formulieren. Es ist Sache der Regierung zu entscheiden, welche Behandlungsmethode sich als wirksam und kostengünstig erwiesen hat und innerhalb einer vertretbaren Zeitspanne durchführbar ist. Darüber hinaus sollte die Regierung dafür sorgen, daß eine solche Behandlung, solange Bedarf besteht, auch angeboten wird, anstatt den schwarzen Peter den lokalen und regionalen Gesundheitsbehörden zuzuschieben, deren Ärzte und deren Pflegepersonal sich ohne spezielles Training und ausreichende Erfahrung mit diesem Problem herumschlagen müssen.

Das nachweisliche Sträuben der Regierung, die Dinge in die Hand zu nehmen, läßt sich wohl auf die Erfahrungen mit jenen staatlichen Drogenzentren zurückführen, die Heroin und das sogar noch untauglichere Methadon austeilten, was sich insgesamt als Fehlschlag erwies. Außerdem scheint es einfach an gangbaren Alternativen zu mangeln.

Die Situation beim Heroinmißbrauch wird in dem *ISDD*-Rundbrief *Drug Link* vom Winter 1982 zusammengefaßt:

> Setzt man die einzelnen Mosaikteile zusammen, so zeichnen sich hauptsächlich drei Tendenzen ab, die die Entwicklung der Heroinabhängigkeit in den achtziger Jahren in Großbritannien bestimmen werden:
>
> 1. Große Teile der Bevölkerung, vor allem die Jugendlichen, die in der Übergangszeit zwischen Schule und Berufsleben beschäftigungslos auf der Stelle treten, sind anfällig für eine wirksame angst- und spannungslösende Droge, die eine Hochstimmung auslöst und mit der sich obendrein auch noch das eine oder andere Geschäft machen läßt. Heroin ist deshalb ein solcher Renner, weil es diese Marktlücke perfekt ausfüllt.
> 2. Das Verteilungssystem ist jederzeit in der Lage, das Heroinangebot zu erhöhen und den Preis zu reduzie-

ren, ohne dafür schlechtere Qualität zu liefern. Außerdem sind die Versorgungskanäle derart anpassungsfähig, daß auch politische und militärische Umwälzungen den Nachschub nicht unterbrechen können.

3. Ein wohl hauptsächlich aufgrund dieser optimalen Versorgungssituation ständig wachsender Abnehmerkreis ist finanziell in der Lage und auch innerlich bereit, sich auf Heroin einzulassen.

Trotz der ungeheuren Eskalation des Drogenproblems, trotz der von der Regierung und von Ärztegruppen abgegebenen Lippenbekenntnisse, mit denen sie den Ernst der Lage ständig beschwören, trotz des Eingeständnisses seitens der Regierung wie der Ärzteschaft, daß sich ihrem Kenntnisstand zufolge immer noch keine aussichtsreichen Behandlungsformen am Horizont abzeichnen, trotz alledem erhielt ich zwar Zeichen höflicher und professioneller Anerkennung, aber keinerlei finanzielle Unterstützung. Die Medien, sonst oft nur auf der Jagd nach Sensationen, haben, was meine Arbeit anbetrifft, ihre Aufgabe, die Öffentlichkeit zu informieren, seit 1973 mit einer seriösen und ausgewogenen Berichterstattung voll erfüllt. So kann es eigentlich keine Entschuldigung dafür geben, daß die Berufspolitiker und das ärztliche Establishment weiterhin zögern oder es vielmehr sogar absichtlich unterlassen, einschlägige Untersuchungen durchzuführen.

1983 wurden von der Regierung für einen Zeitraum von drei Jahren sechs Millionen Pfund bewilligt, die freien wie öffentlichen Trägern von Drogentherapieeinrichtungen zur Verfügung standen. Jedoch »stieß die Vorstellung, öffentliche Gelder für Drogenkonsumenten auszugeben und damit notgedrungen anderen bedürftigen Gruppen vorzuenthalten«, wie in *Drug Link* vom Frühjahr 1984 zu lesen war, »bei vielen örtlichen Entscheidungsträgern auf wenig Gegenliebe«. Und weiter kommentiert *Drug Link*: »In einer Zeit, in der alle den Gürtel enger schnallen müssen und deshalb allenthalben Unsicherheit bezüglich zukünftiger Finanzierungsregelungen besteht, ist es äußerst unwahrscheinlich, daß viele zusätzliche Drogenzentren eingerichtet werden... Die Schwierigkeit auf diesem Gebiet liegt eben darin, eine einmal angezapfte Geldquelle auch weiterhin zum Sprudeln zu bringen.«

Eine kontinuierliche zentrale Finanzierung ist bisher ja schließlich immer abgelehnt worden.[262]

In der Unterhausdebatte vom 13. Juli 1984 wurde behauptet, daß im Großraum Liverpool 50 Prozent der jungen Menschen zwischen 14 und 25 Jahren regelmäßig Heroin konsumieren, was das zuständige *Drugs Council* bestätigte. Allgemein wurde die Situation folgendermaßen eingeschätzt: »Das Land wird von einer schrecklichen Plage heimgesucht. Diese Seuche kennt keine Altersgrenzen und keine Klassenschranken. In weiten Landesteilen bestehen überhaupt keine Einrichtungen für Suchtkranke, und viele Betroffene halten sich selbst gar nicht für behandlungsbedürftig.«[138] Die Regierung bewilligte außerplanmäßig eine weitere Million Pfund zur Verbesserung des Behandlungsangebots, ein Betrag, der von Labour-Abgeordneten »lächerlich klein« genannt wurde; ihrer Meinung nach seien »jährlich 20 Millionen Pfund nötig, um dem ständig weiter zunehmenden Drogenmißbrauch Einhalt zu gebieten«.

Der »Mangel an entsprechend geschultem und an der Problematik des Drogenmißbrauchs interessiertem Personal«[262] stellt die andere Seite der Medaille dar. Mit Hilfe der für das Jahr 1984 bereitgestellten Gelder wurde nur eine einzige stationäre Einrichtung neu geschaffen, und zwar in freier Trägerschaft.[251] Auf der Jahresversammlung der *British Medical Association* am 5. Juli 1984 stellte ein Redner fest, daß »ein Drittel der Schüler an weiterführenden Schulen mit Drogen und Lösungsmitteln zumindest schon mal experimentiert hat«; von mir befragte Schulabgänger halten jedoch 50 bis 60 Prozent für eine realistischere Schätzung. Ich zitiere einen weiteren Redner:

> Zum ersten Mal gibt es in diesem Land nirgendwo mehr so etwas wie eine drogenfreie Zone. Das größte Problem bei der Behandlung von Abhängigen stellt das immer billigere und immer einfacher zu beschaffende Heroin dar...Die Betroffenen werden immer jünger – sechzehn-, siebzehnjährige Heroinsüchtige sind keine Seltenheit.
>
> Das Schnupfen von Heroin scheint noch schneller süchtig zu machen als das Injizieren... Eine Woche lang regelmäßig geschnupft, und schon ist man drauf. Das Arbeitslosengeld wird zum großen Teil in Heroin umgesetzt; daneben wird gebettelt, geborgt und gestohlen, um sich mit Stoff zu versorgen, wobei die Mädchen auch vor Prostitution nicht zurückschrecken. Zu etwa einem Drittel sind diese Heroinabhängigen unmittelbar vom Tode bedroht.[315]

Das *Government Advisory Council on the Misuse of Drugs* veröffentlichte im Juli 1984 einen Untersuchungsbericht, in dem zusammenfassend festgestellt wird, daß »das gegenwärtige Therapieangebot für Suchtkranke... weniger denn je geeignet ist, mit der Problematik des Drogenmißbrauchs fertig zu werden«.[253] Hier noch einmal ein Ausschnitt aus der Unterhausdebatte vom 13. Juli 1984:

> Die Anzahl der Suchtkranken liegt zwischen 50000 und 60000... Die Statistiken, die die letzte große Drogenwelle mit erfassen, sind noch nicht erschienen ...Diesem Bedarf... stehen im ganzen Land innerhalb des staatlichen Gesundheitswesens ganze 2000 ambulante Drogenbehandlungsplätze gegenüber. Und selbst an den Kliniken, die diese wenigen Plätze bereitstellen, sind Personalkürzungen und das Einfrieren freigewordener Stellen an der Tagesordnung, wodurch eine kontinuierliche Arbeit verhindert wird. In der Praxis bedeutet das, daß von den 2000 Behandlungsplätzen nur

> 600 bis 1000 tatsächlich genutzt werden können... Die stationäre Behandlungskapazität des staatlichen Gesundheitswesens beläuft sich landesweit auf sage und schreibe 110 Betten für Suchtkranke, die zum großen Teil von Alkoholikern belegt sind.[142]

Es macht jedoch wenig Sinn, die Bettenzahl zu erhöhen oder die ambulanten Dienste auszubauen, solange es kein übergreifendes, verbindliches Behandlungskonzept gibt, das an Stelle der gegenwärtig praktizierten, nachweislich unwirksamen Methoden treten könnte. Die wenigen existierenden therapeutischen Wohngemeinschaften und Rehabilitationszentren für Suchtkranke sind über Monate hinaus total ausgebucht, nicht zuletzt infolge der langen Verweildauer der Patienten von durchschnitlich 12 bis 18 Monaten. Kirchliche Institutionen engagieren sich in der Drogenfrage so gut wie gar nicht; und den wenigen, die es tun, fehlen qualifizierte Mitarbeiter, die den Drogenabhängigen und Alkoholikern die gebotene strukturierte Beratung bieten könnten. Die verschiedensten freien Träger sind z.B. in der Ehe- und Familienberatung oder in der Selbstmordprophylaxe tätig, aber auch ihnen fehlen die Fachkräfte, um mit Suchtkranken ein speziell auf deren Bedürfnisse zugeschnittenes Rehabilitationsprogramm durchzuführen.

Einiges davon wurde nun im Unterhaus öffentlich zur Sprache gebracht:

> Stünde die Regierung zu ihrem Wort, daß der Ausbau des Behandlungsangebots für Drogenabhängige Vorrang habe, so müßte sie eine *Zentralstelle* einrichten, die die zur Verfügung stehenden Mittel *gezielt zur Förderung von ausgesuchten Einrichtungen und Projekten* einsetzen kann. Nur so ließe sich ein nationales Versorgungssystem aufbauen, das eine umfassende Behandlung und Nachsorge von Drogenabhängigen gewährleisten könnte. Die für die gegenwärtige Drogen-

politik charakteristischen, nach dem Gießkannenprinzip verteilten finanziellen Starthilfen sind in keiner Weise geeignet, die Probleme, denen wir uns gegenübersehen, langfristig zu bewältigen.[139]

Methadon-Erhaltungsprogramme*

Nicht genug damit, daß die Regierung sich weigert, erfolgversprechende Bemühungen zur Eindämmung der Drogenwelle zu unterstützen, nein, sie verschwendet obendrein noch Gelder für unwirksame ›Therapien‹, was einer gewissen Tragik nicht entbehrt.

In den USA wurden in den vergangenen Jahren Millionen Dollar ausgegeben, um eine Ersatzdroge für Heroin zu finden. Laut einer amerikanischen Statistik aus dem Jahre 1981 wurde in etwa 800 speziell für Methadon-Erhaltungsprogramme eingerichteten Kliniken an 80000 Heroinabhängige die Ersatzdroge Methadon ausgegeben.[62] Die 31 in Großbritannien existierenden *Drug Dependence Units (DDUs)*, die amtlich erfaßte Suchtkranke ambulant behandeln, verteilten zu Beginn ihres Bestehens in den späten sechziger Jahren kostenlos Heroin und Kokain. In keinem dieser Drogenzentren ist mittlerweile mehr Kokain zu haben, in einigen wenigen wird noch Heroin ausgegeben. Dafür erhält dort nunmehr fast jeder neue Patient – zur Injektion oder als Tablette – Methadon und des öfteren zusätzlich noch Antidepressiva, Anxiolytika oder Schlaftabletten.

Stanton Peele, Psychologe an der Columbia Universität und Verfasser des weithin bekannten Buches *Love and Addiction*, schreibt:

> All die zahlreichen Vorschläge zur Suchtbekämpfung, die sich regelmäßig als ebenso kostspielig wie verfehlt erweisen, basieren auf dem gleichen fundamentalen Irrtum: nämlich dem Unvermögen zu erkennen, daß

ein Suchtkranker süchtig ist nach einer Erfahrung, einem Erlebnis. Gelingt es im Rahmen einer Suchtbehandlung nicht, diesem Bedürfnis nach der durch die Droge vermittelten Erfahrung Rechnung zu tragen, so kann der oder die Betroffene allenfalls so weit gebracht werden, eine vergleichbare Erfahrung anderswo zu suchen. »Ein Beispiel für diesen völlig verfehlten Ansatz ist die Methadon-Erhaltungstherapie... Selbst ihre Gründer, Dole und Nyswander, sprechen von einem bestenfalls[89] minimalen Erfolg der Methadon-Erhaltungsprogramme.«[243]

Ein Brief, den ich 1984 erhielt, führt uns das klar vor Augen:

Momentan brauche ich täglich 50 mg Methadon. Seit vier Jahren nehme ich an einem Methadon-Erhaltungsprogramm in New York teil. Davor war ich einige Jahre auf Heroin drauf und nahm auch noch starke Schmerzmittel (*Dolantin, Dilaudid*). Dem Methadon habe ich es zu verdanken, daß mein Leben wieder in geordneten Bahnen verläuft und ich nun wieder ganztags arbeiten kann. Trotzdem bin ich mir ständig bewußt, daß mich das Methadon körperlich und seelisch verändert hat, und deshalb möchte ich nicht länger darauf angewiesen sein.

Irgendwie bin ich immer lethargischer geworden und habe auch über 13 kg zugenommen. Wo ich früher immer ziemlich quirlig war und auf andere zugehen konnte, bin ich heute eher ruhig und verschlossen. Ich habe meinen Schwung verloren und auch meinen ganzen Ehrgeiz. Rein körperlich bin ich einfach nicht vital genug, um das Leben wirklich genießen zu können. Aber das Traurigste ist, daß ich mich nie ganz normal fühle. Mit Methadon fühle ich mich genauso krank wie ohne es; immerzu habe ich das Gefühl, nicht ganz da zu sein, unter Drogen zu stehen, irgendwie unecht zu sein.

Auf Methadon habe ich mich eingelassen, weil ich die Angst und die Schmerzen beim Heroinentzug nicht aushalten konnte. Jetzt aber habe ich doppelt Angst vor dem Methadonentzug, weil ich weiß, daß der noch viel schlimmer ist. Verschiedene Male habe ich eine niedrigere Dosis ausprobiert, aber ich wurde dabei so nervös und krank, daß ich weder arbeiten noch schlafen konnte, und es blieb mir nichts anderes übrig, als wieder die höhere Dosis zu nehmen. Ich stelle es mir wunderschön vor, jeden Morgen erfrischt und voller Lebensfreude aufzuwachen, als natürliche, gesunde, starke junge Frau. Wie gerne würde ich heiraten und Kinder haben, aber es ist völlig sinnlos, Pläne in dieser Richtung zu machen, solange ich ein Sklave dieser saft- und kraftlos machenden Droge bin. Da ich schon über 30 Jahre bin, habe ich nicht mehr viel Zeit. Ich will nicht zulassen, daß mir meine Drogenabhängigkeit meine ganze Jugend stiehlt.

Manchmal mache ich mir Sorgen, mir könnte irgendwo etwas zustoßen, wo ich nicht an mein Methadon herankommen kann... Ich könnte z.B. entführt werden oder drei Tage lang in einem Aufzug steckenbleiben und dann so krank werden und Krämpfe kriegen, daß ich sterben muß. Außerdem lebe ich ständig in der Angst, daß meine Abhängigkeit entdeckt werden könnte und ich deshalb meine Freunde oder meinen Job verlieren würde.

Mit anderen Worten: Ich suche verzweifelt nach einem Weg, von Methadon loszukommen. Bisher bin ich vor der üblichen Entwöhnung immer zurückgeschreckt, weil ich die Entzugserscheinungen einfach nicht aushalten kann. Wie Sie wissen, bin ich ja besonders schmerzempfindlich, da mein Körper keine Endorphine* mehr produziert, seitdem ich opiatabhängig bin. Hinzu kommt noch, daß es bei den herkömmlichen Entzugsmethoden bis zu zwei Jahren dauern

> kann, bis man wieder einigermaßen normal – ohne Unwohlsein, ohne Angst und ohne Verlangen nach Drogen – funktionieren kann. Ich kann es mir einfach nicht leisten, über einen langen Zeitraum hinweg aus meiner Arbeit und meinen Lebenszusammenhängen herausgerissen zu werden.

Auswirkungen der Methadon-Erhaltungsprogramme: Einige Drogenzentren setzen nun vermehrt Levo-alpha-acetylmethadol (LAAM), eine dem Methadon eng verwandte Substanz mit Langzeitwirkung, ein, wodurch die Abhängigen statt täglich nur noch zweimal die Woche einbestellt werden müssen. Diese Vorgehensweise wird von Barry Simmel, dem Dekan der Mount Sinai School of Medicine in New York, kritisch beleuchtet:

> Einige Untersuchungen, die im Auftrag des *National Institute on Drug Abuse* an verschiedenen Drogenzentren durchgeführt wurden, erbrachten für LAAM im Vergleich zu Methadon sowohl eine geringere Akzeptanz als auch eine höhere Abbruchrate... Darüber hinaus gibt es beunruhigende Anzeichen... für Herzschädigungen im Zusammenhang mit LAAM... Dessen ungeachtet finanzierte das *National Institute of Drug Abuse* weitere Studien über LAAM, die zum großen Teil weder kontrolliert noch an Zufallsstichproben durchgeführt wurden, und ist zur Zeit nun dabei, den Einsatz dieser Droge weiter voranzutreiben.[296]

David Ausubel vom Rockland Children's Psychiatric Center in New York State faßte 1983 die Auswirkungen von Methadonstützbehandlungen nach einer eingehenden Analyse in fünf Punkten zusammen:
(1) Methadon beläßt die Süchtigen weiter in einem Zustand leichter Euphorie und eingeschränkter Wahrnehmungsfähigkeit, so daß es ihnen schwerfällt zu lernen, mit den unvermeidlichen Problemen der realen Welt fertig zu werden.

(2) Da Methadon nicht geeignet ist, das Verlangen nach der im Rausch erlebten Hochstimmung zu befriedigen, versuchen die Abhängigen weiterhin, an Heroin oder andere Drogen heranzukommen.
(3) Der Drogenhunger des Süchtigen entspringt seiner individuellen Persönlichkeit und stellt nicht etwa ein echtes physiologisches Bedürfnis dar. Deshalb ist der Vergleich mit einem Diabetiker, der eben sein Insulin braucht, um normal zu funktionieren, völlig verfehlt.
(4) Die Wirksamkeit der Methadon-Erhaltungstherapie wird in den offiziellen Evaluationsstudien stark überschätzt.
(5) Durch die Methadon-Erhaltungsprogramme wurden – quasi als unbeabsichtigte Nebenwirkung – weit mehr primäre Methadonabhängige erzeugt als Heroinabhängige kuriert.[22]

In Großbritannien äußerte sich – unter anderen – J. S. Madden von der *Alcohol and Drug Dependence Unit* in Chester in ähnlich kritischer Weise zur Nützlichkeit von Methadon-Erhaltungsprogrammen.[197] James Q. Wilson, Professor für Politikwissenschaft an der Harvard Universität, gibt einen weiteren Aspekt zu bedenken:

> Viele Abhängige nehmen sicher auch deshalb an Therapieprogrammen teil, weil sie den täglichen Kampf ums Heroin einfach satt haben. Nimmt man ihnen diese Last ab, so nimmt man ihnen gleichzeitig einen wichtigen Grund, sich Hilfe überhaupt zu suchen. Schließlich kann sich eine Gesellschaft, um junge Menschen vor der Sucht zu bewahren, nicht auf ihre moralische Überzeugungskraft verlassen (die typische liberalistische Politik), wenn wir eben diesen jungen Menschen andererseits versichern: »Solltet ihr unsere Argumente bezüglich der Schädlichkeit von Heroin nicht überzeugend finden, werden wir euch diese Droge frei zur Verfügung stellen.« Hier hört eine solche Argumentationsweise auf, moralisch zu sein, und beginnt statt dessen, scheinheilig zu werden.[346]

In einem Bericht für das Gesundheitsministerium stellte eine ärztliche Arbeitsgruppe im Juli 1984 fest, daß der kontrollierte Drogenkonsum auf Rezept – vor allem in Form einer Erhaltungstherapie von unabsehbarer Dauer – immer fragwürdiger erscheint.[259] Tatsächlich starben 1982 mehr Menschen an einer Überdosis Dipipanon, einem von praktischen Ärzten oft als Heroinersatz verschriebenen Medikament, als an Heroin selbst.[137] Weder die Regierung noch die Ärzteschaft wissen, was sie mit denjenigen Abhängigen anfangen sollen, die nicht auf eine Ersatzdroge umsteigen wollen; denn schließlich werden die bestehenden Drogenzentren ja nicht einmal mit den Therapiewilligen fertig, ganz zu schweigen von den Zehntausenden, die Hilfe schon gar nicht mehr suchen, weil sie die Hoffnung auf eine wirksame Behandlung aufgegeben haben.

Es ist ein mittlerweile auch in Ärztekreisen anerkanntes Klischee, daß die praktischen Ärzte über Drogen und Alkoholismus nur sehr unzureichend informiert sind. Sowohl Allgemeinärzte als auch Krankenhausärzte atmen erleichtert auf, wenn sie die Süchtigen an ihre psychiatrischen Kollegen weiterreichen können. Die Psychiater ihrerseits jedoch sind hoffnungslos darüber zerstritten, wie das Suchtproblem eigentlich einzuschätzen sei. Es besteht eine heillose Verwirrung darüber, ob die Abhängigkeit tatsächlich als Krankheit einzustufen sei oder nicht, ob sie mit stützenden Medikamenten behandelt werden sollte oder nicht, ob sie unter Kontrolle gebracht werden kann oder nicht, ja, Einigkeit besteht nicht einmal in der Frage, ob eine Suchtbehandlung prinzipiell möglich ist. Sogar das Gesundheitsministerium selbst mußte in seinem im De zember 1984 an alle Krankenhäuser und Hausärzte verschickten Bericht zugeben, daß die »wenigsten Psychiater in der Behandlung von Drogenabhängigen speziell geschult sind oder genügend Erfahrung auf diesem Gebiet aufweisen«.[258]

Warum aber verschreiben dann so viele Kliniken und Ärzte ihren Patienten weiterhin Methadon und andere mißbräuchlich verwendete Medikamente? Der Soziologe Gerry Stimson und die Ärztin Edna Oppenheimer vom *London Institute of Psychiatry* veröffentlichten 1982 eine kritische Analyse des Behandlungsangebots für Heroinabhängige in Großbritannien. Sie schätzen, daß »40 Prozent der Süchtigen, die sich einer Behandlung unterziehen, zehn Jahre später immer noch behandlungsbedürftig sind«.[297] Schließlich werden ja an alle registrierten Süchtigen Drogen und sterile Spritzen frei verteilt. Neben diesen vom Staat finanzierten Drogen kaufen und konsumieren jedoch laut einer Umfrage 95 Prozent der registrierten Abhängigen auch noch illegale Drogen. Einige machen dabei einen ganz guten Schnitt, indem sie das von den *DDUs** erhaltene reine Heroin verkaufen und sich selber mit einer kleineren Dosis oder billigeren Drogen begnügen. Man weiß von Kliniken, die nicht weniger als 1140 mg (die normale Einzeldosis liegt zwischen 5 und 10 mg) täglich pro Patient ausgeben.[299]

Alex Trocchi, der verstorbene Autor von *Cain's Book* und selber ein registrierter Drogenabhängiger, sah ganz klar die Problematik dieser offiziellen Drogenpolitik:

> Folgt der behandelnde Arzt der Empfehlung des *Brain Report* und versucht, seinen Patienten dahin zu bringen, daß er sich mit der kleinstmöglichen Drogendosis zufrieden gibt, so entsteht unweigerlich eine absurde Situation. Vom ersten Beratungsgespräch an sieht sich der Drogenkonsument gezwungen, seine üblichen Überlebenstechniken anzuwenden: Er lügt und betrügt, bettelt und schmeichelt sich ein, um seinen Drogenbedarf nur irgendwie ausreichend zu decken. Um dieses Pseudoproblem findet zwischen Arzt und Patient ein zäher Kampf statt, in dem all die Energien, die zur Bewältigung des realen Problems eingesetzt werden sollten, sinnlos vergeudet werden.[320]

Einige *DDUs* geben inzwischen – eingedenk der Nutzlosigkeit dieses Systems – keine Drogen mehr aus und konzentrieren sich statt dessen mehr auf die problembezogene Beratung der Abhängigen.[127] Eine *DDU* begründete dieses Vorgehen folgendermaßen: »Wir beobachten, daß das Verschreiben von Drogen zwar das akute Beschaffungsproblem mildert, die zur Veränderung der Situation notwendige Motivation und Energie jedoch eher reduziert. Außerdem wird nach einem Zeitraum von einigen Monaten zusätzlich zum legalen der illegale Drogenkonsum häufig wiederaufgenommen.« Ein anderer Berater bemerkte dazu: »Die Drogenerhaltungsprogramme wurden von uns mangels einer echten Alternative durchgeführt. Zehn Jahre lang haben wir an die Leute Drogen verteilt und damit im Grunde nur neue Abhängige herangezogen.«[298]

Eine Therapie kann einfach nicht greifen, solange der Patient von Drogen völlig benebelt ist. Viele der auf Methadon umgestellten Süchtigen haben ständig das Gefühl, nicht ganz auf der Höhe zu sein. Außerdem fällt es so gut wie allen wesentlicher schwerer, von Methadon loszukommen als von Heroin. Dies wurde in Untersuchungen bestätigt und von einem Experten auf folgenden Nenner gebracht: »Das Tragische an Methadon ist, daß wir die Leute nicht wieder davon losbringen.«[212]

> Der 42-jährige Larry hatte 20 Jahre lang Heroin und Kokain in sehr hohen Dosen intravenös gespritzt. Er wurde dann von seinem Arzt auf Methadontabletten umgestellt und erhielt vor seiner Behandlung mit der NET fünf Jahre lang von diesem Arzt täglich 500 mg (100 Tabletten) Methadon. 15 erfolglose Entziehungsversuche hatte er schon hinter sich, und er glaubte schon nicht mehr daran, jemals wieder von seiner Sucht loszukommen, sei es durch elektrische Stimulation oder auf irgendeine andere Weise. Trotzdem gelang ihm der Entzug mit der NET, und auch zwei Jahre später war er immer noch frei von allen Drogen.

Medikamentenunterstützter Entzug: Alle paar Monate kann man in medizinischen Fachzeitschriften wieder von einem neuentwickelten Medikament lesen, das angeblich die Entzugssymptome lindere und auf ein Minimum beschränke. Einige Substanzen wie Clonidin und Lofexidin vermindern zwar in der Tat die akuten Symptome in der ersten Phase des Entzugs, alle zu diesem Zweck eingesetzten Medikamente haben jedoch einige unerwünschte, manchmal sogar gefährliche Nebenwirkungen.[30,83] Darüber hinaus gibt zu denken, daß bisher noch nichts über Nachuntersuchungen von Methadonkonsumenten veröffentlicht wurde, die mit Hilfe derartiger Medikamente entzogen haben.

Ärzte der *Yale University School of Medicine* berichten: »Entzugserscheinungen wie Angstzustände, Unruhe, Schlaflosigkeit und Muskelschmerzen erwiesen sich gegenüber einer Behandlung mit Clonidin als äußerst resistent. Die Mehrzahl der Patienten hatte nach wie vor darüber zu klagen.«[53] In ähnlicher Weise äußerte sich eine erfahrene New Yorker Forschergruppe: »Clonidin erzeugte weder eine Euphorie noch eine positive Stimmungslage... (Die) Mehrzahl...klagte über Einschlafschwierigkeiten. Weniger häufig wurde über Mundtrockenheit, Trägheit, Niedergeschlagenheit und gelegentliche Gliederschmerzen geklagt. Der systolische und diastolische Blutdruck blieb während der ganzen neun Tage erheblich herabgesetzt.«[115]

In jüngster Zeit mehren sich auch Hinweise darauf, daß Clonidin selbst eine suchterzeugende Wirkung hat. Hierzu war in einer Untersuchung zu lesen: »Wird Clonidin abrupt abgesetzt, so kommt es oft zu einer überschießenden Symphathikusaktivität mit Symptomen wie Angst, Schwitzen und Tremor; in einzelnen Fällen trat schwerer Bluthochdruck auf. Diese Symptomatik läßt sich bereits beobachten, wenn das Medikament ein- oder zweimal zum gewohnten Zeitpunkt nicht eingenommen wird, ja sogar bei stufenweisem Entzug über drei Tage hinweg.«[14]

Unlängst erst wurde das Medikament Buprenorphin (*Tem-*

gesic) zur Substitutionstherapie bei Opiatabhängigen empfohlen, aber schon häufen sich beunruhigende Meldungen über das Suchtpotential dieser Ersatzdroge. Ein Arzt schrieb in einem Leserbrief an das *British Medical Journal*: »Einer unserer Patienten ist seit langer Zeit alkohol- und tablettensüchtig. Das Medikament, von dem er abhängig war (Dipipanon), wurde nun durch Buprenorphin ersetzt. Das Resultat ist jedoch niederschmetternd: Der Patient ist – mehr denn je – abhängig, und zwar von Buprenorphin, und unsere Entwöhnungsversuche schlugen bisher alle fehl.«[43]

Entwöhnungsmittel für Alkoholiker wie *Antabus* (Disulfiram) lösen bei Alkoholgenuß eine starke aversive Reaktion des Körpers aus. Auf derselben Logik beruht nun das Vorgehen einiger Drogenzentren, die den oral wirksamen Opiatantagonisten Naltrexon (ähnlich dem injizierbaren Naloxon*) zur regelmäßigen Einnahme nach dem Entzug verschreiben, damit sofort unangenehme Entzugserscheinungen auftreten, sobald der ehemalige Abhängige schwach wird und wieder Drogen nimmt. Diese Vorgehensweise untergräbt die sowieso schon geschwächte Willenskraft des Abhängigen, so daß er die Chance nicht nutzen kann, die Übernahme von Verantwortung für sich und für die, die durch seine Handlungen mitbetroffen sind, wieder neu zu lernen.

Jimmy Greaves, einer der Großen des britischen Fußballs und nun eine bekannte Fernsehpersönlichkeit, beschreibt eindringlich seine Erfahrung mit Entwöhnungsmitteln, die er sich zweimal als Muskeldepot spritzen ließ, um eine langanhaltende Aversion gegen Alkohol zu erzielen:

> Es hält dich nicht davon ab, an Alkohol zu denken; und vor allem davon mußt du erstmal loskommen, wenn du wirklich kuriert werden willst. Du kannst monatelang trocken sein und dir trotzdem, in deinem Unterbewußtsein, einen Plan aushecken, wie du an das Zeugs irgendwo rankommst. Die Depotspritze, deren

> Wirkung nach einer gewissen Zeitspanne ja wieder nachläßt, fördert diese Gedanken noch. Ich halte nichts davon.[209]

P. Cushman, Pharmakologieprofessor in Wisconsin, schreibt über den Einsatz von Opiatantagonisten: »Leider zeigen die Erfahrungen mit dem Einsatz von Naltrexon, daß die verordnete Dosierung meist nicht eingehalten wird... die Behandlungsergebnisse waren alles andere als befriedigend... Diese Daten legen den Schluß nahe, daß die routinemäßige Gabe von Naltrexon im Rahmen eines Standardbehandlungsplans insofern ein Fehlschlag war, als das fortdauernde Verlangen der Patienten nach Drogen dadurch nicht wirksam unterdrückt werden konnte... Nach dem Absetzen von Naltrexon werden viele Patienten wieder rückfällig.« Darüber hinaus »liegt die Vermutung nahe, daß durch die Langzeiteinnahme (von Naltrexon) die endogenen Opioide in ihrer Wirkung beeinträchtigt werden könnten.«[81]

Dieser Standpunkt wird auch von Barry Simmel, dem Dekan der *Mount Sinai School of Medicine* in New York, mit Nachdruck vertreten: »Kontrollierte Studien über den Ein satzdieses Medikaments (Naltrexon) bei chronischer Opiatabhängigkeit bestätigten seine relative Unwirksamkeit, denn neun Monate nach Behandlungsbeginn gab es unter den mit Naltrexon behandelten Patienten genausoviel Therapieabbrecher wie in der Kontrollgruppe.«[296]

Das Ersetzen der einen Droge durch eine andere ist nicht nur bei der Behandlung von Heroinabhängigen gang und gäbe. Für viele Ärzte ist es ein Standardverfahren, Alkoholikern andere – oft Abhängigkeit erzeugende – Drogen wie *Distraneurin*, *Valium* oder *Tavor* zu verschreiben. Ganz abgesehen vom Suchtpotential dieser Medikamente besteht bei ihrem Einsatz auch noch die Gefahr ungünstiger Wechselwirkungen, wenn die Wirkung der einen Droge durch vorherige oder gleichzeitige Gabe einer anderen erhöht oder vermindert wird.

Großbritannien hinkt hier der Entwicklung in anderen Ländern hinterher, wo Versuche mit nicht-medizinischen Zentren für Alkoholiker gemacht werden, in deren Behandlungskonzept der pillenverschreibende Doktor nicht länger Dreh- und Angelpunkt ist. Die *Addiction Research Fund (ARF)* von Ontario, Kanada, führte verschiedene Versuchsprogramme durch und richtete schließlich ein Therapiezen trum ohne ständiges ärztliches Personal ein, wo keinerlei medikamentöse Behandlung vorgenommen wurde. Von den 50000 aufgenommenen Patienten mußten nicht mehr als 5 Prozent ins Krankenhaus überwiesen werden, und in keinem einzigen Fall kam es zu Delirium tremens. Der Koordinator von *ARF* meinte dazu: »Die Alkoholabhängigen kommen nicht nur schneller wieder auf die Beine, sie sind auch die meisten ihrer Entzugserscheinungen wirklich los.«

Ich bin mir der Gefahr von Krampfanfällen beim Entzug bestimmter mißbräuchlich verwendeter Substanzen wohl bewußt. Es geht mir einfach nur darum, vor dem unüberlegten Einsatz von abhängigkeitserzeugenden Medikamenten bei der Behandlung von Drogensüchtigen und Alkoholikern zu warnen, denn durch diese weitverbreitete Praxis werden genausoviele Abhängige erzeugt wie geheilt.

Das chronische Entzugssyndrom

Hauptkritikpunkt an dem Einsatz von Medikamenten im Entzug ist jedoch, daß diese offensichtlich keinerlei Wirkung auf das chronische Entzugssyndrom ausüben, [15, 53, 115, 116] das z.B. nach dem Absetzen von Methadon noch anderthalb Jahre andauern kann.[80] Zwei Experten von den *New York State Substance Abuse Services* schrieben 1982:

> Nach der Entgiftung leidet ein Großteil der Heroinabhängigen weiterhin unter langanhaltendem Drogenhunger. Dazu kommt bei vielen das Gefühl, nie gut

drauf zu sein – sie fühlen sich leer und unbehaglich, einerseits ruhelos und andererseits müde, schlaff und wenig leistungsfähig. Manche werden zu Hypochondern, manche werden anderen gegenüber überkritisch... Der Drogenhunger und die ihn begleitende ständige Mißstimmung – man könnte geradezu von einer schwach ausgeprägten, aber chronischen Depression sprechen – sind wohl dafür verantwortlich, daß viele ehemalige Abhängige sogar nach langen Abstinenzperioden wieder rückfällig werden... es mehren sich Hinweise darauf, daß durch den Langzeitmißbrauch von Heroin entstandene, nachhaltige physiologische Veränderungen bei Rückfällen die wichtigste Rolle spielen.[191]

Die gleichen Autoren stellen weiter fest: »Die Entgiftung verfehlt letztlich ihren Zweck als Behandlungsmethode für Heroinabhängige, denn an den hohen Rückfallquoten ist abzulesen, daß ihr Erfolg meist nur kurzfristiger Natur ist... *Die Bezeichnung Entgiftung ist im Grunde irreführend*... korrekter wäre es, von überwachtem Entzug zu sprechen.« Im Gegensatz dazu stellt die Suchtbehandlung mit der NET tatsächlich eine Entgiftung dar (siehe Kapitel 9). Mit chronischem Entzugssyndrom, manchmal auch protrahiertes Abstinenzsyndrom genannt, bezeichnet man die langanhaltende Mißstimmung, das Unbehagen und Unwohlsein, das jeder kennt, der von irgendeiner psychoaktiven Droge abhängig geworden ist. Dabei fühlen sich die Betroffenen zwar nicht eigentlich krank, aber sie fühlen sich eben auch nie ganz gesund. Dieses Syndrom ist vermutlich die wichtigste physiologische Ursache für das Zustandekommen von Rückfällen. (Die Entzugssymptome bei verschiedenen Formen der Abhängigkeit sind in Anhang III detaillierter beschrieben.)

In Untersuchungen zeigte sich, daß es nach Heroinentzug wenigstens sechs Monate dauert, bis sich sämtliche physiologischen Maße wieder im Normbereich einpendeln;[237] und auch nach Methadonentzug normalisieren sich z.B. die EEG*-Muster erst wieder nach zwei bis drei Monaten.[274] Spätsymptome können noch anderthalb Jahre nach dem Entzug von Alkohol [321] und Methadon [80] und zwei Jahre nach dem Absetzen von *Valium* und ähnlichen Tranquilizern [21] auftreten. Beispielsweise berichtete kürzlich ein Arzt, der drei Jahre lang alkoholabhängig gewesen war, im *British Medical Journal*, daß es, nachdem er mit dem Trinken völlig aufgehört hatte, »noch zwei Jahre dauerte, bis das Erinnerungsvermögen zurückkehrte und die intellektuelle Leistungsfähigkeit sich wieder dem Normalbereich näherte«.[193]

Alles in allem besteht momentan wenig Hoffnung für die Konsumenten illegaler Drogen, es sei denn, sie sind bereit, die mindestens ein bis anderthalb Jahre dauernde Behandlung in einem therapeutischen Langzeitprogramm auf sich zu nehmen, wobei natürlich vorausgesetzt wird, daß sie den Entzug – meist in einer Klinik – schon hinter sich haben. Nach Angaben von Mitarbeitern des *Phoenix-Hauses* in New York, einer weithin bekannten, großen therapeutischen Wohngemeinschaft (*Phoenix-Häuser* gibt es mittlerweile auch in Großbritannien und in der BRD), war über die Hälfte derer, die *ein Jahr oder länger* in der Gemeinschaft verbrachten, über den Nachuntersuchungszeitraum von fünf Jahren hinweg erfolgreich clean geblieben. Unter die verwendeten Erfolgskriterien fiel jedoch auch die Methadon-Erhaltungstherapie. In dem Bericht der *Phoenix*-Leute heißt es weiter: »Versteht man unter einem Behandlungserfolg die totale Abstinenz von Heroin oder Methadon, so genügen 10 Jahre nach der Behandlung weniger als 10 Prozent diesem Kriterium.«[85] Stationäre Langzeitbehandlungen dieser Art sind natürlich alles andere als kostengünstig und bringen es unweigerlich mit sich, daß nur ein sehr kleiner Teil der Drogenabhängigen überhaupt behandelt werden kann, ganz zu schweigen von jenen, die von legalen Drogen wie Tranquilizern und Schlaftabletten abhängig sind. Darüber hinaus birgt ein solcher Langzeitaufenthalt immer die Gefahr, die Patienten zu hospitalisieren, wodurch sie dann bei ihrer Entlassung mit den Unwägbarkeiten des Alltagslebens oft nicht mehr allein fertig werden.

Die Problemlage

Ein offizieller Bericht des Europarats in Straßburg aus dem Jahre 1970, der sich mit dem Drogenproblem in verschiedenen Ländern Europas befaßt, kommt zu dem Schluß, daß »in sämtlichen Ländern die Zahl der Süchtigen in die Höhe geschnellt ist und die Drogenabhängigkeit inzwischen epidemische Ausmaße erreicht hat«. Weiter wird in dem Bericht festgestellt:

> Wichtig ist, sich zu vergegenwärtigen, daß diese Problematik nicht nur psychologische und medizinische Aspekte hat, sondern auch soziale, pädagogische, kulturelle und politische. Die Tatsache, daß das Drogenproblem derartige Dimensionen angenommen hat, kann man als ein Symptom grundlegender gesellschaftlicher Fehlentwicklungen betrachten.
>
> Das Problem ist nicht ein Problem der Jugend oder der Drogen, sondern es ist immer ein Problem einer gesamten Gesellschaft und eines ganzen Lebensstils, der junge und alte Menschen gleichermaßen prägt.

Anschließend werden folgende Empfehlungen gegeben:

> Im Lichte der Informationen der nationalen Gesundheitsbehörden und der von den Mitgliedern der Arbeitsgruppe durchgeführten Untersuchungen scheint die Drogenabhängigkeit in den 19 begutachteten Ländern epidemische Ausmaße angenommen zu haben. Diese Epidemie greift immer noch weiter um sich, jedoch besteht infolge des Mangels an vollständigen, ge-

nauen und dem neuesten Stand entsprechenden Daten keine Möglichkeit, ihren Verlauf, ihr Ausmaß und ihre Dauer vorherzusagen.

Eingedenk der Dringlichkeit des europäischen Drogenproblems und der Tatsache, daß:
(a) die Drogenabhängigkeit unter Jugendlichen alarmierend zunimmt (in einigen europäischen Großstädten sind mindestens 25 Prozent der Jugendlichen davon betroffen) und daß sich in dieser Altersgruppe neue Suchtformen herausbilden;
(b) die Drogenabhängigkeit zunehmend ganze Bevölkerungsgruppen erfaßt, und zwar in besonderem Maße die Abhängigkeit von solchen Drogen, die noch nicht international unter Betäubungsmittelgesetze fallen;
(c) die konkrete Gefahr der Formierung einer ganzen Subkultur besteht;
(d) ein schwerwiegender Informationsmangel besteht;
ist die Ausarbeitung eines detaillierten Programmes erforderlich, soll eine wirksame Suchtprävention und -behandlung gewährleistet werden.

Um der Dynamik dieses Problems, zu dem ja monatlich neue Fakten bekannt werden, Rechnung zu tragen, hält es die Arbeitsgruppe für geboten, weitere Untersuchungen durchzuführen und Sofortmaßnahmen einzuleiten.
Dementsprechend unterbreitet sie den betroffenen Regierungen folgende Empfehlungen:

1. Informationsbeschaffung: Es wird empfohlen, die Daten jedes Mitgliedsstaates bezüglich der verschiedenen Suchtformen und des Personenstands der Abhängigen auf lokaler, nationaler und europäischer Ebene zu sammeln. Dies sollte auf der Basis eines standardisierten Europafragebogens geschehen, der unter Aufsicht des Europarats ausgearbeitet werden sollte. Ein regelmäßiger Austausch der auf der Basis dieses Fragebogens gesammelten Informationen sollte auf lokaler, nationaler und europäischer Ebene organisiert und aufrechterhalten werden. Jeder Mitgliedsstaat sollte ein geeignetes Organ schaffen, das mit der Sammlung und Evaluation der Daten beauftragt wäre und die Regierung wenn nötig beraten könnte.

2. Forschung: Um wirksame präventive und therapeutische Maßnahmen in den betroffenen Ländern ergreifen zu können, sollten Fachleute auf dem Gebiet der Drogenabhängigkeit mit der Durchführung auch prognostisch verwertbarer, epidemiologischer Studien und mit anderen Forschungsprojekten beauftragt werden. Beispielsweise zu Themen wie: physische und psychische Abhängigkeit, biochemische und pharmakologische Aspekte, Persönlichkeit des Drogenabhängigen, Gruppendynamik bei jugendlichen Drogenkonsumenten, neue Methoden der Öffentlichkeitsarbeit und der Schulung der mit dem Problem befaßten Berufsgruppen.

3. Therapie: Da es an geeigneten Behandlungsmöglichkeiten für Drogenabhängige mangelt, sollten dringendst Krankenhausplätze zur Verfügung gestellt werden. Zusätzlich sollten zur Rehabilitation spezielle Nachsorgeeinrichtungen geschaffen werden. Besondere Aufmerksamkeit gilt der Schulung und Spezialisierung des mit der Behandlung betrauten Personals.

4. Vorsorge: In jedem der betroffenen Mitgliedsstaaten sollte kontinuierlich Forschung betrieben werden, um neue Tendenzen auf dem Gebiet des Drogenmißbrauchs von Anfang an zu erkennen und um rechtzeitig koordinierte Präventivmaßnahmen ergreifen zu können.

Die Öffentlichkeit sollte über die Gefahren der Drogenabhängigkeit ständig informiert werden. Mit staatlicher Unterstützung sollten private Agenturen gegründet werden, die Informationsmaterial für die Bevölkerung selber entwerfen oder dabei beratend mitwirken. Gut konzipierte Aufklärungsprogramme sind unentbehrlich, soll eine umfassende Prävention mit Hilfe von Massenmedien, Schulen und Klubs und in Zusammenarbeit mit Jugendlichen, Eltern, Lehrern, Psychologen, Sozialarbeitern, Psychiatern und ehemaligen Abhängigen Erfolg haben. Die Wirksamkeit präventiver Bemühungen sollte in kontrollierten Studien überprüft werden.

Für junge Menschen, die sich aus einer bestehenden oder drohenden Drogenabhängigkeit befreien wollen, sollten Beratungsstellen eingerichtet werden, wo sie sich ohne Furcht vor strafrechtlicher Verfolgung von Fachleuten beraten und weiterhelfen lassen können.

Während der Drogenkonsument – sei er nun ein Anfänger oder schon ein Süchtiger – ein Problem für die Ärzte ist, stellt der Drogenhändler ein strafrechtliches Problem dar. Hohe Strafen sollten jedem drohen, der aus dem Drogenhunger der Abhängigen Profit schlägt oder neue Opfer zum Drogenkonsum verführt.

5. Internationale Zusammenarbeit: In einem der Mitgliedsstaaten des Europarats sollte ein geeignetes Zentrum mit folgenden Aufgaben betraut werden:
(a) der Sammlung und Verbreitung von Informationen
(b) der Koordination der nationalen Forschung auf internationaler Ebene und Förderung von Gemeinschaftsprojekten
(c) der Ausarbeitung von neuen Vorschlägen zu Forschungs-, Vorsorge- und Therapieprogrammen.

Nach allem, was mir bekannt ist, wurde von keinem der 19 Staaten, die für diese Empfehlungen verantwortlich zeichnen, auch von keinem anderen, je ein ernstgemeinter Versuch unternommen, irgend etwas vorzuschlagen, zu untersuchen oder gar durchzuführen, was einer Lösung dieses Übels »von epidemischem Ausmaß« gleichkäme. Dies ist umso erstaunlicher, als oftmals auch die Familien der verantwortlichen Beamten und Politiker oder gar diese selbst von dieser Problematik betroffen sind.

4 NET: Ein erster Überblick

Streß

Kein Mensch lebt völlig streßfrei, die Hausfrau oder der Jugendliche genausowenig wie der hochbezahlte leitende Angestellte oder der Rockmusiker. Jeder von uns kennt das Gefühl, »gestreßt« zu sein, ganz gleich welcher gesellschaftlichen Schicht wir angehören.

Die Streßsymptome sind gut bekannt: Angst, Gereiztheit und Gedächtnisausfälle; Schlaflosigkeit, Kopfschmerzen, Schweißhände und Harndrang.

Unser Körper ist so konstruiert, daß jede Form von Streß für unser Gehirn das Signal ist, eine Substanz zu produzieren, die uns in Alarmbereitschaft versetzt. Jedesmal, wenn wir – zum Beispiel im Krieg, beim Sport, im Geschäftsleben oder während einer familiären Auseinandersetzung – Angst, Furcht oder Streß erleben, erhöht sich schlagartig die Frequenz unserer Gehirnwellen. Dadurch wird in bestimmten Zellen die Herstellung chemischer Substanzen ausgelöst, die uns bei der Problembewältigung unterstützen, etwa das Hormon Adrenalin, das den Organismus auf Kampf oder Flucht einstellt, oder die jüngst entdeckten Endorphine, die bei bestimmten Emotionen oder schmerzhaften Zuständen vom Gehirn produziert werden.

Unsere Gehirnzellen sind in der Lage, bei Bedarf die verschiedensten chemischen Stoffe herzustellen. Wenn wir nun, anstatt uns einem Problem zu stellen, vor ihm kneifen, kapitulieren oder in Panik verfallen und zum Arzt rennen, oder auch zum Zigarettenautomaten, zur Apotheke, zum Drogenhändler oder in die nächste Kneipe, um uns irgendeinen synthetischen Stoff verschreiben zu lassen, so ist die Einnahme dieser körperfremden Substanz für unser Gehirn gleichbedeutend mit der Botschaft, daß die entsprechende körpereigene Substanz nicht mehr benötigt wird. Und oft ist die Wirkung dieser von außen zugeführten psychoaktiven Stoffe viel gravierender als die auslösende Streßsituation selbst. Wenn wir dann mit dem Medikament, der Zigarette, der Droge oder dem Alkohol Schluß machen wollen, leiden wir unter Drogenhunger und Entzugserscheinungen. So beginnt der Weg in die Abhängigkeit.

Neuroelektrische Therapie (NET)

In den Jahren seit 1973 habe ich eine Technik entwickelt, die mit beachtlichem Erfolg zur Behandlung der verschiedensten Suchtformen eingesetzt wurde. Diese Technik wird neuroelektrische Therapie (abgekürzt NET) genannt.

Die NET allein ist noch keine Suchttherapie, aber sie ist eine wirksame Entgiftungsmethode bei allen Formen von Abhängigkeit – und zwar die erste Methode, die die Entgiftung leistet. Jahrhundertelang blieb Alkoholikern und Drogenabhängigen, die sich aus ihrer Sucht befreien wollten, nichts anderes übrig als sich »austrocknen« zu lassen bzw. die Phase des »Cold Turkey« durchzustehen oder auf eine Ersatzdroge umzusteigen, die ihnen statt der erhofften Heilung meist nur erneute Abhängigkeit bescherte. Nun besteht zum ersten Mal für alle Süchtigen, die von einer bestimmten chemischen Substanz abhängig sind, die Möglichkeit, in nur zehn Tagen und ohne nennenswerte körperliche Beschwerden entgiftet zu werden. Die NET dient jedoch nicht nur der Bewältigung des akuten Entzugssyndroms, sie ist darüber hinaus auch die erste wirksame Behandlungsmethode für das oft monatelang anhaltende chronische Entzugssyndrom.

Ein elektronischer Apparat von Taschengröße ist es, der diese Entgiftung zuwege bringt. Mit seinen unzähligen möglichen Kombinationen von Frequenz und Wellenform stellt dieser Apparat den Beginn einer von Grund auf veränderten medizinischen Wissenschaft dar, deren vorherrschende Behandlungstechnik nicht länger darin besteht, den Körper unter Drogen zu setzen, sondern eben darin, ihn zur Produktion seiner eigenen natürlichen Substanzen zu stimulieren.

Dieser kleine tragbare Stimulator ähnelt stark einem Walkman, wie er oft von Joggern getragen wird. Zwei Leitungen führen vom Stimulator zu selbstklebenden Elektroden, die hinter den Ohren angebracht werden. Auf diesem Wege fließt ein elektrischer Strom, der ein leichtes, nicht unangenehmes Kribbeln verursacht. Während der zehntägigen Behandlung bleibt der Stimulator fast durchgängig in Betrieb.

Wirkungsprinzip der NET: Wodurch wirkt die NET nun eigentlich? Manche Leser werden schon von den Endorphinen, den körpereigenen Schmerzkillern, gehört haben. Die Jogger unter Ihnen kennen sicher aus eigener Erfahrung die gehobene Stimmung, in die man sich durch das Laufen versetzt fühlt. Sie wird durch die während eines Dauerlaufs gewaltig ansteigende Endorphinproduktion verursacht. Außerdem reagiert der Körper natürlich auch auf Schmerzzustände mit erhöhter Endorphinausschüttung. Wird dem Körper jedoch ständig von außen eine Droge, z.B. Heroin, zugeführt, so können die Endorphine ihre Wirkung nicht mehr entfalten, denn die normalerweise für sie reservierten Plätze, die sogenannten Endorphinrezeptoren im Gehirn, sind nun schon von Heroin belegt. Im Zuge dieses Anpassungsprozesses wird schließlich die Endorphinproduktion ganz eingestellt und kann erst wieder in Gang kommen, wenn die Endorphinrezeptoren frei von Fremdstoffen sind.

Mittlerweile wissen wir, daß das Gehirn durch geeignete elektrische Stimulation zur Wiederaufnahme seiner Endorphinproduktion angeregt werden kann. Dieser Normalisierungsprozeß dauert nach meiner zwölfjährigen Erfahrung mit dieser Technik bei den meisten Patienten zehn Tage. Aus diesem Grunde gehe ich von einer durchschnittlich zehntägigen NET-Dauer aus, obwohl es vereinzelt Fälle gibt, die eine längere Behandlung benötigen bzw. mit einer kürzeren auskommen.

Damit sich der Leser ein Bild von der praktischen Anwendung der NET machen kann, beschreibe ich im folgenden das Verfahren, nach dem wir in unserer ersten Suchtklinik vorgingen.

Die erste NET-Klinik: Das ehemalige Herrschaftshaus, in dem wir unsere erste Suchtklinik einrichteten, bot 25 Patienten in Ein- oder Mehrbettzimmern Platz. Zur gemeinsamen Benutzung gab es dort eine große Halle, einen Speisesaal und einen Aufenthaltsraum. Im Haus wurden verschiedene Freizeitspiele angeboten und in den Gartenanlagen konnten die Patienten Tennis und Krocket spielen, fischen und schwimmen. Die Aufenthaltsdauer der meisten Patienten betrug zwischen 15 bis 40 Tagen. Während der ersten 10 Tage lag der Schwerpunkt der Behandlung auf der Entgiftung, in den darauffolgenden vier Wochen auf Beratungsgesprächen, in denen wir die erfolgreich entgifteten Patienten bei ihrer Suche nach einem neuen Lebenssinn unterstützten. Wir hofften, daß diese Art der Beratung die Patienten in die Lage versetzen würde, sich drogenfrei und voll handlungsfähig in die Gesellschaft wieder einzugliedern.

Die Klinik war so konzipiert, daß dort sämtliche Formen physischer und psychischer Abhängigkeit, einschließlich der neurologischen Begleitsymptome, sowie chronische Schmerzzustände behandelt werden konnten. Unter Umständen nahmen wir auch Patienten auf, die gerade aus dem Gefängnis – oft nur auf Bewährung – entlassen waren oder noch ein Verfahren gegen sich laufen hatten. In einem Arbeitsverhältnis stehende Patienten nahmen wir nur dann stationär auf, wenn sie sich wenigstens für die zehntägige erste Behandlungsphase ganz freimachen konnten. Unter besonderen Bedingungen behandelten wir auch Paare und – mit elterlichem Einverständnis – auch Minderjährige. Abgelehnt wurde die Aufnahme von schwer Körperbehindertern, deren Behandlung wir uns damals noch nicht zutrauten, und auch die von psychotischen Patienten. Verließ ein Patient die Klinik ohne Erlaubnis, so konnte er erst wiederaufgenommen werden, nachdem in einem Gespräch die Gründe für sein Weggehen geklärt worden waren. Grundsätzlich galt jedoch, was wir in der offiziellen Beschreibung unserer Klinikkonzeption so formulierten: »Kein Patient soll ohne Hoffnung auf Behandlung wieder weggeschickt werden.«

Die Aufnahme konnte schriftlich oder telefonisch von den Betroffenen selbst beantragt werden oder auch vom behandelnden Arzt, von einem Freund, einem Familienmitglied oder einer Suchthilfeorganisation. Die Kenntnis der individuellen Lebensgeschichte des Patienten hielten wir zwar für nützlich, war aber zum Zeitpunkt der Erstuntersuchung durch den Oberarzt nicht unbedingt erforderlich. Die Bewerber erhielten von uns Merkblätter, in denen die Klinik, ihre Grundregeln und die Behandlung – sowohl ihre rein technische Seite als auch die ihr zugrundeliegende Philosophie – beschrieben wurden. Behördenvertreter, überweisende Ärzte und nahe Angehörige wurden von uns eingeladen, sich vor dem Aufnahmegespräch die Klinik erst einmal selbst anzuschauen. Der Motivationsgrad eines Bewerbers war zwar für seine grundsätzliche Zulassung zur Behandlung nicht ausschlaggebend, beeinflußte aber unsere Entscheidung über den Aufnahmezeitpunkt.

Diese erste NET-Klinik, die 1981 aus Mangel an finanzieller Unterstützung geschlossen werden mußte, war – von den üblichen Anfangsschwierigkeiten abgesehen – ein solcher Erfolg, daß sich alle zukünftigen Einrichtungen dieser Art an ihrer Konzeption orientieren werden. Auch heute noch gehen wir nach Richtlinien vor, die sich in dieser Klinik erstmalig bewährt haben. Vor der Aufnahme führen wir mit dem Patienten und seinem Ehepartner bzw. seinen nächsten Angehörigen ein intensives Gespräch. Dabei heben wir den Abhängigen gegenüber ausdrücklich hervor, daß alles, was sie dem Arzt oder dem Berater sagen werden, unter deren Schweigepflicht fällt und vertraulich behandelt wird. Wir ermutigen die Patienten aber auch zu Offenheit gegenüber ihren Angehörigen, denn ein wichtiger Teil des Heilungsprozesses ist es, die ganze Wahrheit sagen zu können und zu seiner Suchtgeschichte zu stehen. Das erste Gespräch leite ich immer etwa so ein: »Alle Drogenabhängigen und Alkoholiker werden zu gewohnheitsmäßigen Lügnern, weil sie ständig etwas verbergen müssen. Deshalb werde ich alles, was Sie mir berichten, erst einmal im Lichte meiner eigenen Erfahrungen abwägen und dann entscheiden, ob ich es für wahr halte.« Die meisten Patienten reagieren auf diese Vorbemerkung mit großer Erleichterung, denn die fortgesetzten Betrügereien und Täuschungsmanöver belasten sie doch sehr, ob sie es zugeben oder nicht. Nach Abklärung der medizinischen, persönlichen und familiären Fragen beschreiben wir kurz unsere Behandlungsmethode.

Bei der Aufnahme fordern wir die Patienten dazu auf, uns sämtliche Drogen auszuhändigen. Während der NET-Behandlung verabreichen wir grundsätzlich keine Medikamente, es sei denn, es ergäbe sich dazu eine zwingende medizinische Notwendigkeit. Unter dieses Verbot fallen auch Schlafmittel und Tranquilizer, auf deren Einnahme ja immer eine Periode verstärkter Schlaflosigkeit und Angst folgt, wodurch das Leiden nur verlängert wird. Außerdem haben die Süchtigen eine solch hohe Toleranz* gegenüber Drogen entwickelt, daß sie zum Durchschlafen eine Schlafmitteldosis benötigen würden, die dann schon gefährlich nahe bei einer Überdosis läge. Am schlimmsten sind für die Patienten die ersten Nächte, in denen die meisten von ihnen nur sehr schlecht schlafen können. Einige konnten zwar von Anfang an gut schlafen, die meisten Abhängigen entwickeln jedoch erst zwischen der dritten und neunten Nacht ein normales Schlafmuster*. Ohne NET dauert dieser Normalisierungsprozeß etwa zwei Monate nach Alkohol- und Heroinentzug und bis zu vier Monate nach dem Entzug von Barbituraten.

Die Behandlungstechnik: Klebeelektroden werden hinter den Ohren befestigt und über kleine Kabel mit dem Stimulator verbunden, den die Patienten am Gürtel befestigen oder in die Tasche stecken können. Diesen Apparat tragen die Patienten in der Regel Tag und Nacht mit sich herum, selbst beim Tennisspielen; abgenommen wird er nur zum Schwimmen und Duschen. Vom siebten Tag an beginnen wir, je nachdem wie der Patient auf die Behandlung anspricht, mit der Entwöhnung vom Stimulator. In der Mehrzahl fühlen sich die Patienten schon irgendwann vor Ablauf der 10 Tage wieder gesund und tatkräftig. Bei einigen dauert es nach der NET-Behandlung noch ein bis drei Wochen, bis sie das Gefühl haben, körperlich ganz auf der Höhe zu sein.

Vom ersten Tag an können die Patienten überall herumspazieren; ihre Teilnahme an allen Aktivitäten, einschließlich hauswirtschaftlicher Verrichtungen, ist erwünscht und wird von uns als Teil der Therapie betrachtet. Am hilfreichsten ist für die Patienten eine Tätigkeit im Freien wie etwa Gartenpflege. Auch nachts sind immer Schwestern erreichbar, als Ansprechpartner für jene, die mit ihrer Schlaflosigkeit nicht zurechtkommen.

So um den vierten, fünften Tag herum geraten die Patienten darob, daß sie es geschafft haben, ohne Drogen auszukommen, und sich dabei trotzdem wohlfühlen, oft geradezu in Euphorie. Auf diese Phase folgt jedoch die Erkenntnis, daß das Leben ohne Drogen leer ist, ganz ähnlich wie bei dem Verlust eines Partners. An diesem Punkt bietet ein verständnisvoller Berater seine Hilfe an, meist in Form von Einzelgesprächen, aber auch in Gruppen. Daran schließt eine dreißigtägige Rehabilitationsphase an, die auf die individuellen Bedürfnisse jedes einzelnen Patienten abgestimmt wird. In diesem Stadium bitten wir die Angehörigen, sich sowohl in ihrem eigenen Interesse als auch um des Patienten willen an den Beratungsgesprächen zu beteiligen.

Nur ganz wenige meiner Patienten, und zwar gerade die hochgradig süchtigen, behaupteten, überhaupt keine Entzugserscheinungen gehabt zu haben. Die meisten geben an, die NET habe die Entzugssymptome in Schach gehalten, so daß ihr Wohlbefinden nur in dem Maße beeinträchtigt war wie etwa auch bei einer beginnenden Erkältung. Die körperlichen Beschwerden bleiben also in einem erträglichen Rahmen und können durch gezielte Maßnahmen wie körperliche Betätigung, heiße Bäder oder Massage noch weiter vermindert werden.

Aufgrund unserer klinischen Erfahrungen können wir sagen, daß die NET nicht nur die akuten Entzugssymptome stark abschwächt, sondern auch das chronische Entzugssyndrom, das üblicherweise Monate oder gar Jahre andauert, innerhalb von ein bis drei Wochen völlig abklingen läßt.

Die wissenschaftlichen Grundlagen der NET sind recht kompliziert. Diejenigen Leser, die mehr darüber wissen wollen, möchte ich hier auf Teil II verweisen, wo die Entwicklung des Stimulators detaillierter beschrieben ist.

Wem weniger an wissenschaftlichen Einzelheiten gelegen ist, mag der nächste Abschnitt genügen.

Unabhängige Zusammenfassung der bisherigen klinischen Forschung zur NET

1982 wurden Mitarbeiter des Wissenschaftsmagazins *Omni* auf meine Arbeit aufmerksam. Nach zehnmonatigen Recherchen der Mitherausgeberin von *Omni*, Kathleen McAuliffe, die unermüdlich und äußerst gewissenhaft Patienten sowie mehr oder weniger skeptische Ärzte und Wissenschaftlicher befragte, wurde in der Ausgabe vom Januar 1983 ein großer Artikel über die NET veröffentlicht. Da dieser Artikel einen von unabhängiger Seite stammenden und auf erschöpfenden Nachforschungen beruhenden Überblick über meine Arbeit gewährt, habe ich Kathleen McAuliffe und die Herausgeber von *Omni* gebeten, eine bearbeitete Version an dieser Stelle abdrucken zu dürfen.

> »Es sieht aus wie ein Walkman«, erklärt Pete Townshend, Chefgitarrist und -texter von The Who, der briti-

schen Rockgruppe. »Du hängst dir das Ding einfach an den Gürtel – es ist ja nicht größer als ein Transistorradio – und die zwei Kabel, die daran angeschlossen sind, klebst du dir hinter die Ohren. Dann muß nur noch die richtige Frequenz gefunden werden.« Was der 38-jährige Rockstar hier beschreibt, ist nicht etwa der neueste Fortschritt bei der Aufnahmetechnik, sondern eine neuartige Suchttherapie – eine Suchttherapie allerdings, die bildlich gesprochen bestimmte melodische Saiten in unserem Gehirn in Schwingung versetzt. Was da wie ein Walkman aussieht, ist in Wirklichkeit ein kleiner Sender, dessen winzige elektrische Signale offenbar mit den natürlichen Rhythmen des Gehirns harmonieren, was zur Folge hat, daß Drogengier und Angst im Entzug stark abgeschwächt sind. So war es zumindest bei Townshend. Das kleine schwarze Kästchen sei seine Rettung gewesen, beteuert er. Nach zwei Jahren fast tödlicher alkoholischer Exzesse brauchte er starke Tranquilizer und griff dann schließlich zu jeder Droge, derer er habhaft werden konnte. »Die Methode funktioniert nicht nur bei Trinkern«, betont Townshend. »Sie hilft auch denen, die vom Rauchen loskommen wollen, oder von Heroin, Schlafmitteln, Aufputschmitteln, Kokain, Marihuana, was auch immer. Für jede Form von Abhängigkeit gibt es eine bestimmte Frequenz, die dafür am besten wirkt.«

Margaret Patterson, eine schottische Chirurgin, ist die Eigentümerin und Erfinderin dieses Zauberkästchens, das zunächst verdächtig nach Hokuspokus aussieht. Man dreht ein paar Knöpfchen und – schwuppdiwupp – ist man jedes nur erdenkliche Laster los. Für Leute aus der Unterhaltungsbranche ist diese Zauberei jedoch reale Erfahrung, für sie ist Patterson eine Wunderheilerin. Townshend ist nicht die einzige Berühmtheit, bei der ihre ungewöhnliche Therapie anschlug. Sie kann für sich in Anspruch nehmen, über ein Dutzend hochkarätiger Rockstars wiederhergestellt zu haben, darunter Ex-Heroinsüchtige wie Eric Clapton und der offenbar unverwüstliche Keith Richards von den Rolling Stones, dessen rücksichtsloser Drogenmißbrauch ebenso legendär ist wie seine Musik.

Gottseidank entspricht Frau Patterson weder dem Bild eines Scharlatans noch dem einer Kultfigur. Sie ist eine schlanke Endfünzigerin, deren freundliches Gesicht Mitgefühl ausstrahlt. Ihre blaßblauen Augen kontrastieren reizvoll mit einer riesigen Mähne kastanienbraunen Haares, das in elegantem Schwung zu einem übergroßen Knoten hochgesteckt ist. »Ich spreche nicht gern von einem Heilmittel oder einer Heilung (beides engl. *cure*, d. Übers.)«, sagt sie mit sanft gerolltem r. »Ich nenne es lieber eine schnelle Entgiftungsmethode. Durch die elektrische Stimulation wird das System der körpereigenen Drogen innerhalb von 10 Tagen wieder normalisiert. Die meisten Patienten berichten, daß währenddessen auch das Verlangen nach Drogen stark zurückgeht.« Während der letzten 10 Jahre haben sich fast 300 Abhängige der neuroelektrischen Therapie (NET) – so die korrekte Bezeichnung dieser Behandlungstechnik – unterzogen. Nach Angaben von Dr. Patterson waren am Ende des Entgiftungsprozesses alle bis auf vier drogenfrei, eine beachtliche Erfolgsrate von 98 Prozent. »Die NET sollte ja nicht mit der Elektroschocktherapie für psychisch Kranke verwechselt werden«, warnt sie. »Die NET ist eine sehr viel sanftere Methode, bei der mindestens zwanzigmal schwächere Ströme verwendet werden. Die Patienten spüren dabei nur ein leichtes Kribbeln hinter den Ohren, wo die Elektroden festgemacht werden.« Dennoch vermag diese sanfte Therapie – da ist sich die Erfinderin ganz sicher – der heftigen physiologischen Reaktionen Herr zu werden, die im Stadium des Cold Turkey* sonst oft auch die Willensstärksten in die Knie zwingen. Obwohl aufzutrumpfen sonst nicht ihre Art ist, stellt Patterson hierzu unzweideutig fest: Bei mir kann jeder bei nur ganz geringen Beschwerden von einer mißbräuchlich verwendeten Substanz loskommen, ganz egal wie stark ihre oder seine Abhängigkeit ist.«

Es bleiben natürlich nicht alle, die das Entgiftungsprogramm abschließen, auf Dauer abstinent. Patterson betont in diesem Zusammenhang, daß die NET ihre Wirksamkeit erst in Verbindung mit Beratung, therapeutischen Maßnahmen und einer stützenden häuslichen Umgebung voll entfalten kann. Bei vielen ehemaligen Süchtigen scheint die NET-Behandlung jedoch in der Tat langandauernde Erfolge zu zeitigen. Wer den Angaben Pattersons über die Zahl der Rückfälle Glauben schenkt, muß anerkennen, daß diese bei jeder Suchtform um ein Vielfaches unter dem landesweiten Durchschnitt liegen.

Ein kurzer Blick auf ihren Werdegang genügt, um Patterson als ebenso seriöse wie hochqualifizierte Ärztin auszuweisen. Mit 21 Jahren schloß sie als jüngste Frau ihr Medizinstudium an der Universität von Aberdeen ab. Nur vier Jahre später wurde sie zum Mitglied des *Royal College of Surgeons* an der Universität von Edinburgh ernannt – eines Elitezirkels, in den wenige vordringen, die noch nicht einmal 30 sind. Und kurz vor ihrem vierzigsten Geburtstag wurde ihr in Anerkennung ihres hervorragenden ärztlichen Einsatzes in Indien von der Queen eine der höchsten Auszeichnungen des Landes, der Titel eines *Member of the British Empire (MBE)*, verliehen. Bei Kollegen und Patienten gilt die zierliche schottische Chirurgin als warmherzig, selbstsicher und durch nichts aus der Ruhe zu bringen. »Sie kannst du nicht hinters Licht führen«, meint ein Patient, der es jahrelang gewohnt war, sich zu verstellen, um an Rezepte für seine Drogen ranzukommen.

»Und wenn du mal versuchst, sie reinzulegen, läßt sie dich nicht gleich fallen wie das andere Ärzte tun.«

»Sie ist die Mutter, die du dir immer erträumt hast«, charakterisiert sie eine Patientin. Ein anderer sieht in ihr eine Art Heilige »mit der selbstlosen Hingabe einer Mutter Theresa«. Pattersons enge Beziehung zu ihren Patienten nährt die Zweifel von Fachleuten, für die es bisher keineswegs geklärt ist, ob ihre phantastische Erfolgsbilanz tasächlich der Wirkung elektrischer Stimulation zuzuschreiben ist. ›Sie wirkt halt durch ihre Persönlichkeit‹, so lautet das am stärksten abwertende Etikett, das Psychiater ihrer Arbeit angehängt haben. »Sie versäumt es, psychologische Faktoren wie zum Beispiel die Erwartungen ihrer Patienten zu kontrollieren«, meint Richard B. Resnick, außerordentlicher Professor am *New York Medical College* und anerkannter Neuerer auf dem Gebiet der Suchttherapie. »Was passiert denn beispielsweise, wenn man Elektroden am Kopf der Patienten anbringt, ohne den Strom anzuschalten, wenn man nur mit ihnen spricht und so tut als ob? Ergeht es dieser Kontrollgruppe dann besser, gleich oder schlechter als der elektrisch stimulierten Gruppe?«

Derartige Skepsis ist in Großbritannien weniger verbreitet, wo Dr. Patterson ihr Verfahren bis vor kurzem klinisch erproben konnte. Dort haben auch schon einige ihrer Kollegen ähnliche Erfolge mit dem Elektrostimulator erzielt.

Dr. Margaret Cameron, Psychiaterin in Somerset, beteuert, die NET bringe »sehr, sehr gute Resultate – bessere als all die anderen Methoden, die ich ausprobiert habe«. Seit Mai 1981 hat Dr. Cameron 40 Alkoholiker, zwei Methadon-, vier Heroinabhängige und einige Mehrfachabhängige, bei denen Kokain und Barbiturate im Spiel waren, behandelt. Bei sechs bis zwölf Monate später durchgeführten Nachuntersuchungen waren bei den Alkoholikern 60 Prozent immer noch trocken und von den anderen Patienten war keiner rückfällig geworden. Dr. Joseph Winston führt eine Privatpraxis in New Jersey und teilt Camerons Enthusiasmus für die *NET*: »Als garantiert unschädliche und dennoch wirksame Entzugsmethode ist sie praktisch allen anderen überlegen.«

Wenn der NET mit Vorbehalt begegnet wird, so deshalb, weil ihre Wirkungsweise die üblichen naturwissenschaftlichen Erklärungsmodelle ziemlich strapaziert. Bis vor kurzem weigerte sich die orthodoxe Medizin anzuerkennen, daß winzig kleine Spannungsdifferenzen in der Lage sind, die Funktion oder das Verhalten von lebenden Organismen zu beeinflussen. Man ging davon aus, daß Spannungen von weniger als 100 Millivolt, die in der Regel zu gering sind, um eine Nervenzelle überschwellig zu erregen, biologisch unwirksam sein müssen. Dieses Dogma wurde durch widersprechende Befunde, die während der letzten zehn Jahre immer häufiger auch in Fachzeitschriften veröffentlicht wurden, stark ins Wanken gebracht. Die NET ist in der Tat nur ein Zweig einer jungen und umstrittenen wissenschaftlichen Disziplin, die noch um ihre Anerkennung ringt: der bioelektrischen Medizin.

In den frühen siebziger Jahren begannen Wissenschaftler, mit Hilfe von Elektroden sehr kleine elektrische Ströme in verschiedene Teile des Körpers einzuleiten – mit dramatischen Ergebnissen. So war von einer aufregenden Untersuchung zu hören, bei der einer beinamputierten Ratte das entfernte Gliedmaß bis runter zum Mittelgelenk wieder nachgewachsen sein soll – ein Befund, der allerdings auch angezweifelt wurde. Im Bereich der Humanmedizin wurde die Nützlichkeit dieser Elektrotherapie bei der Behandlung von Knochenbrüchen von der *FDA* (US-Gesundheitsbehörde, d. Übers.) ausdrücklich anerkannt. Auch weisen jüngste experimentelle Untersuchungen darauf hin, daß der Heilungsprozeß bei chronisch wundgelegenen Stellen, bei Verbrennungen und sogar bei Schädigungen der peripheren Nerven durch Elektrostimulation gefördert wird. Die Theorie dabei ist, daß die externen Ströme zu einer schnelleren Heilung beitragen, indem sie die internen Ströme des Körpers verstärken.

»Dem Gehirn zugeführte schwache Ströme beeinflussen dagegen verschiedene physiologische Prozesse«, erklärt Dr. Robert O. Becker, ein Pionier auf dem Gebiet der bioelektrischen Medizin, der bis vor kurzem am *Veterans Administration Hospital* in Syracuse im Staat New York tätig war. »Ich nehme jedoch an, daß Dr. Pattersons Methode tiefgreifende Veränderungen des zentralen Nervensystems zur Folge hat. Das psychologische Bedingungsgefüge der Sucht scheint auseinanderzubrechen.«

Auch in konservativeren Medizinerkreisen gewinnt diese neue Richtung immer mehr Anhänger, denn schon hat man in den Labors begonnen, dem Wirkungsprinzip der NET mit wissenschaftlichen Methoden auf die Spur zu kommen. Dabei gewährt Dr. Pattersons Black Box einen faszinierenden Einblick in das geheimnisvolle Innenleben einer anderen Black Box: des menschlichen Gehirns. Zwar wissen wir, auf welchen Stimulus welche Reaktion folgt, aber nur hie und da ist uns ein flüchtiger Einblick in das vergönnt, was dazwischen passiert. Forscher versuchen nun Licht in dieses Dunkel zu bringen, indem sie die Wirkung der NET auf Versuchstiere studieren. Davon erhoffen sie sich Aufschlüsse über jene neuronalen Mechanismen, die allen Lebensäußerungen – vom Suchtverhalten bis hin zu unseren geheimsten Leidenschaften und Trieben – zugrundeliegen. Wie schon Dr. Becker mutmaßte, bewirkt der Stimulator tatsächlich »tiefgreifende Veränderungen des zentralen Nervensystems«. Grundlage unseres Bewußtseins ist das konzertante Zusammenspiel von Billionen von Nervenzellen, die nach einer äußerst komplexen Partitur feuern. Untergruppen von Nervenzellen sollen dabei – wie die verschiedenen Instrumente eines Orchesters – Frequenzen produzieren, die jeweils in einem ganz bestimmten Bereich liegen. Die Frequenz ist sozusagen die Musik der Hemisphären.

Als die NET aus der Taufe gehoben wurde, stand ähnlich wie beim Penicillin oder den Röntgenstrahlen der Zufall Pate. Es begann nämlich alles mit einer zufälligen Entdeckung im Herbst 1972. Zu der Zeit leitete Dr. Patterson die chirurgische Abteilung des *Tung Wah* Hospitals in Hong Kong, einer Wohlfahrtseinrichtung mit einem bedürftigen Patientenkreis. Einer ihrer dortigen Kollegen war der Neurochirurg Dr. H. L. Wen, der damals gerade aus der Volksrepublik China zurückkam, wo er sich mit der Technik der Elektroakupunktur vertraut gemacht hatte. Ursprünglich nur an ihrer schmerzausschaltenden Wirkung interessiert, testete Dr. Wen die Elektroakupunktur bei Patienten mit den verschiedensten Krankheitsbildern auf ihre Nützlichkeit bei der Schmerzunterdrückung. Er wußte jedoch nicht, daß beinahe fünfzehn Prozent seiner Patienten von extrem reinem Heroin beziehungsweise Opium abhängig waren – eine Tagesration dieser Drogen war damals für den Preis einer Zigarettenschachtel leicht zu haben.

»Eines Tages«, erinnert sich Patterson, »machte ein Süchtiger Dr. Wen darauf aufmerksam, daß seit der Elektroakupunktur-Behandlung seine Entzugssymptome verschwunden seien. Dabei fühlte er sich so, als habe er sich gerade einen Schuß Heroin gesetzt, sagte er. Wen dachte sich zunächst nichts dabei; aber ein paar Stunden später berichtete ein anderer Süchtiger von einer ähnlichen Erfahrung, wobei er die Elektroakupunktur mit einer bestimmten Dosis Opium verglich.« Weitere Nachfragen ergaben, daß sich unter den Patienten von Dr. Wen auch einige Alkoholiker und Raucher befanden, die durch die Akupunktur-Behandlung von ihrer Sucht befreit worden waren. Am stärksten beeindruckte jedoch die Wirkung der Elektroakupunktur bei Rauschgiftsüchtigen in der akuten Entwöhnungsphase. Charakteristische Entzugssymptome wie triefende Nase, Magenkrämpfe, schmerzende Gelenke und Angstgefühle verschwanden gewöhnlich schon nach zehn bis fünfzehnminütiger Stimulation mit Hilfe von Nadeln, die in die Ohrmuschel – am sogenannten Lungenpunkt – eingeführt wurden. Die Dauer der symptomfreien Periode, die anfangs nur wenige Stunden betrug, konnte durch wiederholte Anwendung der Elektroakupunktur erheblich gesteigert werden. Im Frühjahr darauf veröffentlichte Wen im *Asian Journal of Medicine* die Ergebnisse seiner ersten Untersuchung an 40 Opiatabhängigen. 39 dieser Patienten verließen das Krankenhaus ungefähr zwei Wochen nach Beginn der Behandlung vollkommen drogenfrei.

Bei ihrer Rückkehr nach England im Juli 1973 mußte Dr. Patterson jedoch feststellen, daß dieses Behandlungsverfahren bei vielen Abhängigen auf wenig Gegenliebe stieß. So sehr die Chinesen mit der Akupunktur vertraut sind, so sehr läuft sie den Briten zuwider. »Es ist geradezu grotesk«, erklärt Patterson. »Sogar jene Abendländer, die sich Drogen spritzen, haben oft eine starke Abneigung gegen Nadeln.«

Es gab aber noch einen anderen Grund, auf die Nadeln zu verzichten. Von Anfang an hatte Patterson vermutet, daß die Akupunktur im Kern ein elektrisches Phänomen sei. Hinweise darauf enthält schon die traditionelle Erklärung der Akupunkturwirkung. Im Mittelpunkt dieser uralten Heilkunst steht nämlich die Vorstellung, daß allen Lebewesen eine Lebensenergie,

Chi genannt, innewohne, die in einem Netzwerk von Kanälen oder Meridianen durch den Körper zirkuliert. Krankheiten entstehen aus einem Ungleichgewicht heraus, das mit einer Behinderung des *Chi*-Flusses einhergeht. Die heilende Wirkung der Nadelung beruht – so die Überlieferung – auf der Wiederherstellung eines harmonischen Gleichgewichts.

Ist *Chi* womöglich die Bezeichnung unserer Vorväter für das, was wir heute als Erregungsausbreitung über die unzähligen Nervenzellen unseres Körpers kennen oder besser wiedererkennen? Ist es nicht denkbar, daß die Chinesen eben schon 2500 Jahre vor der Entdekkung der Elektrizität intuitiv nach einem Weg suchten, diesen Lebensstrom zu beeinflussen, um Schmerzen zu lindern und Krankheiten zu heilen? Vielleicht, so folgerte Dr. Patterson, erzeugt das Drehen der Nadeln winzige elektrische Spannungen – so gesehen stellte die modernere Elektroakupunktur dann einfach eine intensivere Form der traditionellen Drehtechnik dar. Sollte sich dies bewahrheiten, so wäre das elektrische Signal von entscheidender Bedeutung bei der Suchtbehandlung.

Pattersons Vermutung wurde nach jahrelangen klinischen Versuchen schließlich bestätigt. Nachdem sie die Nadeln durch Elektroden ersetzt hatte, verglich Patterson die Wirkung von Gleichstrom mit der von Wechselstrom, wobei sie gleichzeitig Spannung, Form und andere Aspekte des elektrischen Signals variierte. Danach suchte sie nach der optimalen Plazierung der Elektroden. Die Position unmittelbar hinter dem Ohr über dem Warzenfortsatz erwies sich als dem Lungenpunkt überlegen.

Unübersehbar war von Anfang an, daß keine der untersuchten Variablen für den Behandlungserfolg so wichtig war wie die elektrische Frequenz. Opiat- und Sedativsüchtige sprachen auf Frequenzen zwischen

75 und 300 Hz an, Barbituratabhängige eher auf niedrigere Frequenzen, und wieder andere, besonders die Kokain- und Amphetaminabhängigen, profitierten am meisten von hohen Frequenzen um die 2000 Hz. »Musiker«, erzählt Patterson ganz begeistert, »halfen mir zu Beginn meiner Arbeit sehr dabei, meine Hypothesen zu überprüfen. Ausnahmslos fanden sie immer gleich die für sie günstigste Einstellung der verschiedenen Variablen. Es schien mir, als seien ihre Köpfe für Frequenzen irgendwie empfangsbereiter.«

Den Anstoß zu einer weiteren Verfeinerung des therapeutischen Verfahrens gab wiederum eine Zufallsentdeckung: Ein schwer suchtkranker Patient schlief bei angeschaltetem Stimulator ein, und als er nach 30 Stunden wiederaufwachte, war er gut ausgeruht und ganz wild darauf, mit Dr. Pattersons Kindern zum Schlittschuhlaufen zu gehen. Daraus zog Patterson den Schluß, daß zumindest in der Anfangsphase der Behandlung die Stimulation möglichst ohne Unterbrechung angewandt werden sollte. Voraussetzung dafür waren bequemere Elektroden, die auch während des Schlafens nicht hinderlich sind, sowie kleinere Stimulatoren, die an Gürteln befestigt werden können, um die Bewegungsfreiheit tagsüber nicht einzuschränken.

1976 war es dann soweit: Dank Dr. Patterson war aus der Elektroakupunktur ein aufregendes experimentelles Verfahren geworden, das von ihr auf den Namen neuroelektrische Therapie getauft wurde. Im gleichen Jahr veröffentlichte sie ihre erste klinische Studie im *UN-Bulletin on Narcotics*. Darin berichtet sie von Opiatabhängigen, die durchschnittlich 10 Monate nach Beendigung der NET-Behandlung von ihr nachuntersucht wurden. Während die stationär Behandelten ausnahmslos noch drogenfrei waren, ergab sich bei jenen, die nur tagsüber ambulant mit der NET behandelt worden waren, ein erheblich trüberes Bild: Von dieser Patientengruppe waren zum Zeitpunkt der Nachuntersuchung nur noch 47 Prozent clean.

Da sich diese Voruntersuchung auf 23 Patienten beschränken mußte, waren ihre Ergebnisse jedoch nur schwer zu verallgemeinern. Um die Nützlichkeit der NET bei verschiedenen Suchtformen auszuloten und um ihre Langzeitwirkung näher zu untersuchen, erhielt Dr. Patterson kürzlich ein Forschungsstipendium der *British Medical Association.* Im Herbst 1982 stellte Patterson anläßlich eines von der *American Holistic Medical Association* in Washington (DC) veranstalteten Symposiums eine Evaluationsstudie vor, in der sie der weiteren Entwicklung der zwischen 1973 und 1980 behandelten Patienten nachspürte. Die Befragung führte sie mittels vertraulicher Fragebögen oder, wenn möglich, in Form persönlicher Gespräche durch. Die Hälfte der angeschriebenen Patienten nahm an der Umfrage teil, darunter 66 Drogenabhängige (zum Großteil Heroinfixer, Methadon- und Mehrfachabhängige), 9 Raucher und 18 Alkoholiker. Von den Alkoholikern, deren selbstgesetztes Behandlungsziel Abstinenz war, gaben bei der Nachuntersuchung 80 Prozent an, vollkommen trocken zu sein. Sieben nachuntersuchte Alkoholiker sahen alle das von ihnen angestrebte Behandlungsziel ›kontrolliertes Trinken‹ als erreicht an. Diese Zahlen sind jedoch – wie Patterson selbst betont – mit Vorsicht zu genießen, da bei den rückfällig gewordenen Patienten, besonders bei den Alkoholikern, wohl eine geringere Bereitschaft besteht, sich befragen zu lassen und damit den Mißerfolg einzugestehen. Von den erfolgreich Entwöhnten gaben 68 Prozent an, nie oder nur selten unter Drogenhunger gelitten zu haben, 15 Prozent verspürten gelegentliches und die übrigen 17 Prozent häufiges Verlangen.

Bemerkenswerterweise hatte von den Drogenabhängigen zum Zeitpunkt der Befragung keiner seinen früheren Stoff durch Alkohol ersetzt – ein Ergebnis, das sich von anderen Befunden scharf abhebt. Eine staatliche Untersuchung zum Beispiel ergab, daß 60 Prozent der Rauschmittelsüchtigen nach erfolgreichem Entzug schwere Trinker oder gar Alkoholiker werden. Ebenso beachtenswert die für alle Suchtformen gleich niedrige Abbruchquote: Nur 1,6 Prozent stiegen vor ihrer vollständigen Entgiftung aus dem Programm aus.

Der Erfolg von Dr. Pattersons Patienten muß um so mehr beeindrucken, als es sich bei der NET ja um eine ausgesprochene Kurztherapie handelt, die einschließlich der Beratung kaum einmal länger als 30 Tage dauert. Laut einer großangelegten Untersuchung, die in den verschiedensten staatlichen Programmen untergekommene Drogenabhängige erfaßte, waren die weniger als drei Monate behandelten Süchtigen genauso gut oder schlecht dran wie eine unbehandelte Kontrollgruppe. Die NET scheint also in wenigen Wochen zu erreichen, was orthodoxe Methoden – wenn überhaupt – erst nach Monaten oder Jahren zuwege bringen. Allerdings ließ sich nicht jeder von den Ergebnissen der Evaluationsstudie überzeugen. Diese Skepsis ist nicht ganz unbegründet, wie ein Blick auf die Geschichte der Suchtprogramme in den Vereinigten Staaten zeigt. Betrachten wir einmal die staatlichen Anstrengungen näher, den Betäubungsmittelmißbrauch unter Kontrolle zu bringen. In Lexington (Kentucky) wurde erstmals im Rahmen des öffentlichen Gesundheitswesens eine Klinik für Heroinsüchtige eingerichtet. Die zwischen 1935 und 1952 dort behandelten 18000 Patienten wurden, mit Ausnahme von ganzen 7 Prozent, nach ihrer Entlassung prompt wieder rückfällig – eine düstere Bilanz, die in den darauffolgenden Jahren auch von anderen Einrichtungen kaum verbessert werden konnte.

In den sechziger Jahren breitete sich die Heroinabhängigkeit in den innerstädtischen Gettos wie ein

Krebsgeschwür aus. Um diese Epidemie einzudämmen, setzten die zuständigen Gesundheitsbehörden dann Methadon ein, ein synthetisches Opiat, das auf Rezept zu haben ist. Heute geben überall im Land Tausende von Kliniken an registrierte Süchtige Methadon aus; und es hat sich gezeigt, daß die durch Methadon stabilisierten Abhängigen weniger kriminelle Delikte begehen und eher einer geregelten Arbeit nachgehen können als diejenigen, die sich selbst überlassen bleiben. Aber leider ist die Gefahr der Abhängigkeit bei Methadon sogar noch größer als bei Heroin. Die Gesellschaft hat den Rauschgiftsüchtigen, die sich nach einem drogenfreien Leben sehnen, hauptsächlich zwei Alternativen anzubieten: eine hochstrukturierte und inselartige Umgebung in therapeutischen Wohngemeinschaften wie *Daytop*, *Phoenix-Haus* und *Odyssey-Haus* oder eine ambulante Behandlung in Beratungsstellen. Jedoch sind von den Drogenabhängigen, die sich an solchen gemeindenahen Programmen beteiligen, ein Jahr nach Behandlungsende höchstens 30 bis 40 Prozent immer noch clean. Um aber in eines dieser Programme überhaupt reinzukommen, muß man erst einmal in einem Krankenhaus entgiftet werden. Und das ist der Haken an der Sache: 64 Prozent stehen die akute Entzugsphase nicht durch und erfüllen somit nicht die Voraussetzung für eine weitere Behandlung. »Vielen fällt es immer noch schwer zu verstehen, warum der klinische Entzug so wenig effektiv ist, obwohl die Ursachen eigentlich unübersehbar sind«, meint Dr. Avram Goldstein, Pharmakologieprofessor an der *Stanford Universität*. »Meiner Ansicht nach beruht das klägliche Scheitern der Entzugstherapie... darauf, daß der frisch entgiftete Abhängige ja immer noch von körperlichen Beschwerden, einem intensiven Verlangen nach Drogen und seinem physiologischen Ungleichgewicht getrieben ist. In diesem Zustand kann er sich nicht auf die ersten notwendigen Schritte in Richtung konzentrieren, gibt der Versuchung bald nach und greift wieder zur Heroinspritze.« Von Jean Cocteau, der lange opiumsüchtig war und sich zweimal einer Entwöhnungskur unterzog, stammt die prägnante Formulierung: »Jetzt da ich geheilt bin, fühle ich mich leer, schwach, krank und vollkommen gebrochen.«

Ganz im Gegensatz dazu sollen die NET-Patienten gesund, voller Tatendrang, ja sogar vergnügt aus der Behandlung hervorgehen. Der amerikanische Arzt Dr. Joseph Winston, der bei der Behandlung von Keith Richards mit Dr. Patterson zusammenarbeitete, erinnert sich, daß der Musiker »sehr schlecht dran war, als er zu uns kam. Er sah buchstäblich grün aus. Aber schon am ersten Tag schlief er 18 Stunden, und 10 Tage später konnte man ihn Tennis spielen sehen. Die Gruppe meinte, er habe seit Jahren nicht mehr so gut ausgesehen.« Erstaunlicherweise wird vielen Suchtkranken, die sich ein drogenfreies Leben aufbauen wollen, von offizieller Seite kein über die kurze Entzugsphase hinausgehendes therapeutisches Beratungsangebot gemacht. Auch die NET als solche packt die Sucht nicht an ihrer Wurzel, noch kann sie an die Stelle jahrelanger Fehlanpassung von heute auf morgen die gesunde Fähigkeit treten lassen, mit den Streßsituationen und Enttäuschungen des Lebens fertig zu werden. Wie ist es dann möglich, daß so viele Patienten eine solche Wandlung erfahren?

Die NET-Behandlung, glaubt Dr. Patterson, bereitet einfach nur den Boden für weiteres Wachstum. »Weil sie sich so wohlfühlen«, meint sie, «sind sie eher in der Lage, jene Probleme zu meistern, die sie ursprünglich in die Abhängigkeit geführt haben. Sehen Sie, die meisten Leute, die ohne die NET entziehen, machen dann eine Phase langanhaltender Niedergeschlagenheit durch. Sie werden ängstlich-depressiv und sehen immer nur schwarz. Sie können nicht essen, sie können nicht schlafen, es fehlt ihnen jeder Elan. Dies kann bei Heroinsüchtigen sechs Monate andauern, bei Methadon- und Barbituratabhängigen auch noch länger. Dagegen kann die NET das physiologische Gleichgewicht innerhalb von zehn Tagen wiederherstellen, wodurch die gesamte Rehabilitationsdauer erheblich verkürzt wird.« Wenn überhaupt etwas für ausbleibenden Rehabilitationserfolg verantwortlich zu machen ist, so nach Pattersons Überzeugung nicht etwa Niedergeschlagenheit, sondern im Gegenteil eine Hochstimmung. Wer gerade erfolgreich entzogen hat, entwickelt oftmals einen Optimismus, der leicht in Selbstüberschätzung übergeht. »In ihrer Euphorie«, erklärt Dr. Patterson, »glauben sie, daß es ganz einfach sein wird, die Finger von Drogen zu lassen. Dann schlittern sie doch wieder hinein, weil sie eben zu wenig Anstrengungen unternehmen, ihre Lebensgewohnheiten zu ändern.« Als gehorchte sie allein der Newtonschen Mechanik, scheint die Black Box Stimmungswechsel mit gleichstarken Schwingungen in entgegengesetzter Richtung auszugleichen, bis schließlich das emotionale Pendel zur Ruhe kommt. Ist die Black Box also demnach in Wirklichkeit ein elektronisches Surrogat für eine chemisch induzierte Hochstimmung? Wie kann eine physikalische Behandlungsmethode einen solchen Pendelausschlag in Richtung Euphorie bewirken?

Wie das Schicksal so spielt, war es ausgerechnet Professor Hans Kosterlitz – ein Wissenschaftler, dessen Schützling Patterson schon in ihrer Studienzeit war –, der ihr einen entscheidenden Baustein zu ihrer Theorie lieferte; er war nämlich der Haupttriebfeder euphorischer Zustände in unserem Gehirn auf die Spur gekommen. Während seiner Zusammenarbeit mit John Hughes an der Universität von Aberdeen gelang es Kosterlitz 1975, ein Endorphin zu identifizieren, eine körpereigene Substanz, die in ihrer molekularen Struktur den Opiaten sehr ähnelt. Für diese bahnbrechende Entdeckung erhielten die beiden Forscher später den angesehenen *Lasker Award*, das amerikanische Pendant zum Nobelpreis für Medizin. Fast über Nacht wurde dadurch eine Explosion des Wissens über die biochemischen Grundlagen des Verhaltens ausgelöst, so daß wir uns mittlerweile ein Bild machen können von den Faktoren, die die Abhängigkeit kontrollieren. Opium, Heroin, Morphium und andere verwandte Substanzen verdanken ihr Suchtpotential – um es mit den Worten Avram Goldsteins zu sagen – »einer der wunderlichsten Launen der Natur«: ihrer teuflischen Ähnlichkeit mit den Endorphinen.

In den darauffolgenden Jahren fanden die Wissenschaftler Hinweise auf die Existenz unzähliger weiterer körpereigener Botenstoffe, die psychoaktive Drogen, von *Valium* bis zu Halluzinogenen wie Angel Dust, gewissermaßen imitieren können. Man nimmt nun an, daß beinahe für jede bewußtseinsverändernde Substanz eine entsprechende körpereigene bestimmt werden kann. Möglicherweise entscheidet dann das genaue Mischungsverhältnisse der Neurohormone* in diesem biochemischen Cocktail darüber, ob wir zu einem Trip abheben und im Entzug wieder runterstürzen oder die Welt mit nüchternen Augen sehen.

Mit Hilfe dieser Erkenntnisse kann man sich jetzt gut klarmachen, was den Süchtigen im Teufelskreis der Abhängigkeit gefangenhält. In der Anfangsphase des Opiatmißbrauchs liegt die Menge der im Gehirn gebildeten Endorphine in einem gewissen Normbereich. Eine Heroinspritze verursacht sofort einen drastischen Anstieg der Opiatkonzentration, was subjektiv als Exstase empfunden wird. Wird nun das Gehirn durch wiederholten Mißbrauch regelmäßig mit Opiaten überflutet, so versucht es, das gestörte Gleichgewicht durch

Zurücknahme seiner eigenen Opiatproduktion wiederherzustellen. An diesem Punkt schnappt die Falle über dem Fixer zu: Er entwickelt eine Toleranz gegenüber seinem Stoff. Um noch einen Rausch zu erzielen, muß er die Dosis ständig steigern, was vom Gehirn durch eine massive Drosselung der Endorphinausschüttung kompensiert wird. Nach diesem Suchtmodell greift der Suchtkranke schließlich nur noch zur Spitze, um sich einigermaßen normal zu fühlen. Eine Entgiftung in diesem Stadium bedeutet für den Süchtigen, daß er unter akutem Opiatmangel zu leiden hat, denn seine Eigenversorgung mit Endorphinen muß erst wieder angekurbelt werden. Die Folge sind die als Cold Turkey bekannten Entzugserscheinungen.

Wenn also eine von außen zugeführte Droge in der Lage ist, ihr natürliches Ebenbild aus dem Gehirn zu verdrängen, dann schien es denkbar, daß die NET dieses neurohormonale System dazu anregt, die rargewordene Substanz wieder verstärkt zu produzieren. Wirken womöglich bestimmte elektrische Frequenzen als Katalysatoren auf die Freisetzung bestimmter Botenstoffe im Gehirn? Um dieser spannenden Frage nachzugehen, führte Patterson zusammen mit dem Biochemiker Ifor Capel am *Marie Curie Memorial Foundation Research Department* in Surrey Tierversuche durch.

Bluntersuchungen NET-behandelter Ratten ergaben in der Tat bei niedrigfrequenter elektrischer Reizung einen Anstieg des Endorphinspiegels um das Dreifache.

In einem weiteren Experiment untersuchten die Forscher die Wirkung der NET auf Ratten, die mittels einer hohen Schlafmitteldosis bewußtlos gemacht wurden. Allen Versuchstieren wurden Elektroden hinter die Ohren geklebt, aber nur die Hälfte der Ratten – die Experimentalgruppe – wurde tatsächlich stimuliert.

Bei einer bestimmten Frequenz, nämlich bei 10 Hz, erlangte die Experimentalgruppe das Bewußtsein rasch wieder. Die gesamte Schlafdauer war bei den stimulierten Tieren im Vergleich zur Kontrollgruppe um durchschnittlich 40 Prozent verkürzt.

Wodurch wird der Entgiftungsprozeß beschleunigt? Einen Hinweis darauf erbrachte die Analyse der Hirngewebe. Offensichtlich hatte das Signal von 10 Hz zu einer gesteigerten Aktivität jener Nervenzellen geführt, die den Neurotransmitter Serotonin* enthalten.

Ähnliche Experimente wurden an Ratten durchgeführt, die durch Alkohol oder Ketamin (einem Verwandten des Angel-Dust) bewußtlos gemacht wurden. Immer wieder zeigte es sich, daß genau jene Frequenzen die Schlafdauer bei den Versuchstieren reduzierten, die sich bei der Entgiftung von Suchtkranken schon als therapeutisch wirksam erwiesen hatten. »Praktisch wurde jeder einzelne elektrophysiologische Parameter, über den ich während meiner klinischen Arbeit gestolpert bin, durch die Tierversuche bestätigt«, stellt Dr. Patterson nicht ohne Stolz fest. Wie aber kann ein minimaler Reizstrom in der Lage sein, die Schleusen des Bewußtseins zu öffnen? Hier ist man nach wie vor auf Spekulationen angewiesen. Die praktischen Anwendungsmöglichkeiten liegen dagegen auf der Hand. Wie ein CB-Funker, der in Fernsehfrequenzen eindringt, wird wohl auch Pattersons Stimulator die Frequenzkanäle des Gehirns zur Übertragung benutzen. Und wie ein Fernsehgerät die CB-Funksignale eines vorbeifahrenden Lasters auffangen kann, empfängt und verarbeitet zweifellos auch unser Gehirn die von außen kommenden Signale, als entstammten sie seinem eigenen kommunikativen Netzwerk.

»Im Moment können wir zumindest soviel sagen«, erklärt Capel, ein robuster Waliser mit einer melodischen Stimme, »daß jedes Hirnzentrum Impulse einer bestimmten Frequenz aussendet, je nachdem welcher Neurotransmitter dort überwiegend ausgeschüttet wird. Man könnte auch sagen: Das kommunikative System des Gehirns – seine Sprache, wenn Sie so wollen – beruht auf Frequenz.«

Leider sprechen die Neurowissenschaftler diese neue Sprache noch nicht so fließend. »Die NET ist immer noch ein recht grobes Werkzeug«, gibt Capel unumwunden zu. »Wenn wir mit Energiewellen von, sagen wir, 10 Hz reizen, werden darauf vermutlich Zellen im unteren Hirnstamm ansprechen, die normalerweise mit dieser Frequenz feuern. In der Folge werden bestimmte bewußtseinsverändernde Substanzen in dieser Region vermehrt ausgeschüttet. Wenigstens hoffen wir, daß es so abläuft. Gut möglich, daß das Signal nur zu einem geringen Teil die Zielregion erreicht und der Rest eben auf der Strecke bleibt. Darüber wissen wir einfach noch zu wenig. Wenn es uns aber gelingt, das Signal noch präziser einzustellen, werden wir diese Prozesse sicher besser kennenlernen.« Bleibt noch zu erwähnen, daß Dr. Patterson vor kurzem mit der Erprobung eines neuen, verbesserten Stimulatormodells begonnen hat.

Wird nun also die NET all den Abhängigen, die den Anonymen Alkoholikern, den Raucherentwöhnungsgruppen und den Methadonkliniken in Scharen zulaufen, die langersehnte Erlösung bringen? Ein abschließendes Urteil kann natürlich erst gefällt werden, wenn unabhängige Wissenschaftler in kontrollierten Studien zu gleichen Ergebnissen wie Frau Patterson kommen. Sollte es aber mit Hilfe dieser winzigen Reizströme tatsächlich gelingen, exzessive Pendelausschläge unserer Psyche wie unkontrollierbare Gier oder Euphorie im Zaum zu halten, so eröffnen sich dieser Behandlungstechnik weitreichende Anwendungsmöglichkeiten.

»Abhängige stellen wohl nur einen Bruchteil derer

dar, die von der NET profitieren könnten«, prophezeit Capel. »Sehr wahrscheinlich wird sie in den verschiedensten Bereichen Anwendung finden, vor allem in der Schmerzkontrolle.« Bei einer ersten klinischen Erprobung fanden todkranke Patienten mit chronischen Schmerzen die NET genauso wirksam wie ihre tägliche Morphiumdosis. »Durch Stimulierung der körpereigenen Schmerzkiller sparen wir uns die Verabreichung von Drogen«, begeistert sich Capel.

Schon früh ergaben sich Hinweise auf einen möglicherweise vielversprechenden Einsatz der NET bei der Behandlung psychisch Kranker. Laut Dr. Cameron scheinen jene Frequenzen, die Spannungen lösen und euphorisch machen, »bei Patienten mit schweren Depressionen und akuten Angstzuständen wahre Wunder zu vollbringen«. Obwohl es sicher noch zu früh ist, daraus irgendwelche Schlüsse zu ziehen, sei noch bemerkt, daß einige der chronisch depressiven Patienten, bei denen Dr. Cameron die NET anwandte, nach jahrelanger Arbeitslosigkeit wieder einen Arbeitsplatz fanden.

Dr. Patterson selbst hofft, mit ihrer Methode eines Tages auch solchen Abhängigen helfen zu können, deren Sucht weniger stoffgebunden als verhaltensbedingt ist. Für sie kommen da übermäßige Esser genauso in Frage wie süchtige Glücks- und Videospieler. Und das ist nicht einmal so absurd, wie es zunächst scheint. »Pattersons Vorstellungen folgen durchaus einer gewissen Logik, wenn man davon ausgeht, daß auch die verhaltensgebundenen Suchtformen eine chemische Grundlage haben«, so William Regelson vom *Medical College of Virginia.* »Sehr wahrscheinlich haben alle zum Überleben notwendigen Funktionen wie Sexualität oder körperliche Bewegung ein physiologisches Suchtpotential. Daraus läßt sich dann ableiten, daß zum Beispiel die Hochstimmung des Joggers durch Endorphine ausgelöst wird. Auch beim Essen wird wohl irgendeine Art von Lustmolekül freigesetzt – warum stürzen wir uns schließlich so gierig darauf? Ein niedriger Blutzuckerspiegel erklärt das nicht. In Wahrheit haben wir nach einer längeren Eßpause einfach das Gefühl, daß mit uns irgendwas nicht stimmt. Irgendeine Substanz in unserem Gehirn ist nicht mehr ausreichend vorhanden. Wir werden nervös und unruhig und leiden bei extremer Deprivation dann unter Entzugserscheinungen wie Magenknurren und stechenden Hungergefühlen. Erlöst werden wir davon nur, indem wir immer weiter essen – genauso wie die Fixer ihren Stoff brauchen.«

Wenn es stimmt, daß Grundbedürfnisse potentiell suchterzeugend sind, dann sind Drogen ein raffiniertes Mittel, um jenes ausgeklügelte biologische Programm auszutricksen, dessen Aufgabe eigentlich die Erhaltung unserer Gesundheit und unserer Art ist.

Eine Pille genügt, um unsere neurochemischen Speicher zu überschwemmen – vorspielloser Orgasmus aus der Retorte oder wenigstens ein billiger Nervenkitzel.

Aber kann man von der NET nicht das gleiche sagen? »Ist sie nicht im Grunde ein elektrisches Rauschmittel?« zweifelt Regelson, der befürchtet, daß die Black Box selber suchterzeugend wirken könnte.

Patterson behielt diese Gefahr im Auge und achtete deshalb bei ihren Patienten stets auf etwaige Anzeichen für eine physische Abhängigkeit vom Stimulator. Sie hält es für ganz ausgeschlossen, daß es jemals einen schwarzen Markt für Stimulatoren geben könnte. Schließlich liegt der Preis für ein individuelles Modell bei 1000 Dollar aufwärts – eine Summe, die ihrer Ansicht nach private Interessenten abschrecken wird. Ganz abgesehen davon ist ihr in ihrer zehnjährigen Praxis kein einziger Fall von NET-Sucht begegnet. Patterson erklärt das damit, »daß Drogen, einfach weil es sich um Fremdstoffe handelt, die chemische Ordnung des Gehirns zerstören. Die NET dagegen bringt das Gehirn sozusagen mit sanfter Gewalt dazu, seine eigene chemische Balance wiederherzustellen, der Körper heilt sich selbst.«

Gestützt wird diese Sichtweise durch Pattersons Patienten, die die Wirkung der NET an sich selber intuitiv ähnlich erleben. Ex-Fixer Stuart Harris meinte nach seiner Wiederherstellung: »Zuerst hatte ich große Lust, die gesamte Menschheit an so einen Apparat anzuschließen, damit wir alle zusammen durch die Gegend vibrieren können. Aber gleich nach dem ersten Kick kommst du ganz schnell wieder runter und fühlst dich, naja, eben normal. Alles was die NET mit dir macht, ist, daß du der Realität wieder ins Gesicht sehen kannst.«

Oder mit den Worten Dr. Pattersons: »Wir können nur dafür sorgen, daß die Leute eine Chance bekommen. Wir können sie von jeder Form von Abhängigkeit befreien, aber es liegt dann an ihnen, die entstandene Lücke wieder zu schließen. Für die Drogen, die ihr Leben seither beherrscht haben, müssen sie selber einen konstruktiven Ersatz finden.« [226]

Placebos

Kritische, ja verleumderische Stimmen wurden gegen die NET von Beginn an laut – dem aufmerksamen Leser des letzten Abschnitts wird das nicht entgangen sein. Aus dem Kreis der Kritiker konnten sich jene Psychiater, die den Erfolg der NET auf einen reinen Placeboeffekt zurückführen, in der Öffentlichkeit am meisten Gehör verschaffen.

Jeder weiß, was ein Placebo ist. Aber wie wirkt es? Das konnte bisher noch nicht ganz geklärt werden. Zunächst ist klar: Ein Placebo ist eine unwirksame Substanz, die bei klinischen Arzneimitteltests eingesetzt wird. Allmählich setzt sich jedoch die Erkenntnis durch, daß Placebos nicht nur so aussehen wie richtige Medikamente, sondern auch so wirken können – eine Tatsache, die Wissenschaftler immer wieder verblüfft. So konnte man sogar von Patienten mit bösartigen Tumoren hören, die durch Placebos geheilt worden sein sollen. Hier ist natürlich der Quacksalberei Tür und Tor geöffnet, weshalb Ärzte und Wissenschaftler äußerst mißtrauisch sind gegenüber Medikamenten wie *Laetrile*, von dem ohne jeden konkreten Nachweis behauptet wird, es sei ein Krebsmittel.

Daß bei der NET im Grunde ein Placeboeffekt am Werke sei, war das Hauptargument, mit dem einige Psychiater versuchten, meine offensichtlichen Behandlungserfolge vom Tisch zu wischen.

Nebenbeibemerkt ist keiner dieser Kollegen je mit mir in Verbindung getreten, ja, die Qualität ihrer in den Medien geäußerten Kritik legt den Schluß nahe, daß sie noch nicht einmal irgend etwas über die NET gelesen haben.

Einige ärztliche Kollegen gehen sogar so weit zu behaupten, meine Erfolge seien allein dadurch zu erklären, daß ich als ›Heilerin‹ aufträte. Was würden die gleichen Leute erst sagen, wenn ich einen solchen Titel tatsächlich für mich in Anspruch nehmen würde! Adam Smith, ein sehr geistreicher und scharf beobachtender Autor, schreibt in *Powers of Mind*:

> Im Lateinischen bedeutet Placebo: Ich werde angenehm sein, in der Pharmakologie bedeutet es gar nichts. Es ist ein Schwindel. Wasser und Zucker. Es soll uns an der Nase herumführen. Ganz leicht kann man Leute dazu bringen, an die Wirksamkeit von Placebos zu glauben. Clevere Psychologen haben auch schon versucht herauszufinden, was an den Pseudopillen eigentlich so wirksam ist... Sie verglichen in einem Doppelblindversuch die Wirkung von Placebos mit der von schmerzstillenden Medikamenten. Weder der Versuchsleiter noch die Versuchspersonen wußten, was

was war. Das Ergebnis: Mindestens zur Hälfte konnte die Wirkung eines richtigen Medikaments genausogut durch ein Placebo erreicht werden. Zum Beispiel beruhte die Wirkung von *Aspirin* und von *Develin* (einem Tranquilizer [sic]) zu 54 Prozent, jene von Morphium zu 56 Prozent auf einem reinen Placeboeffekt. Zwei Placebos wirken besser als eines und Placebospritzen wirken besser als Placebopillen. Placebos wirken besser, wenn sie nicht von Ärzten verabreicht werden. Denn schließlich sind es Ärzte nun mal gewohnt, richtige Medizin anzuwenden, und machen es den Patienten leicht, ihrem Gesichtsausdruck und ihrem Tonfall die Botschaft zu entnehmen: Da ist doch bloß Zucker drin.[289]

Seit 1811 schon verwendet man das Wort Placebo, um damit eine unwirksame und unschädliche Verordnung zu beschreiben oder auch ein Medikament, das eher angenehm als nützlich ist, mit anderen Worten eben ein Scheinmedikament. Mit Placebo kann aber auch eine Person gemeint sein, die eine besonders warmherzige oder überzeugende Ausstrahlung hat, z.B. ein Arzt, der mit Kranken gut umgehen kann.

Der Fall Norman Cousins: Ein Placeboeffekt soll nach Ansicht einiger meiner konservativen Kollegen auch bei der erstaunlichen Genesung Norman Cousins', des bekannten Herausgebers der *Saturday Review,* im Spiel gewesen sein. Unmittelbar nachdem er von einer physisch wie psychisch äußerst anstrengenden Moskaureise wieder in die Vereinigten Staaten zurückgekehrt war, machte sich eine unheimliche Krankheit bei ihm bemerkbar, die sämtlichen Ärzten, die er aufsuchte, rätselhaft war. Man wandte alle erdenklichen Untersuchungsverfahren an, aber nach zwei Wochen Krankenhausaufenthalt stand er bereits am Rande des Todes. In einer Mitteilung eines Arztes an einen Kollegen, die Cousins zufällig in die Hand bekam, konnte er lesen: »Ich fürchte, wir werden Norman verlieren.« Keiner der behandelnden Ärzte konnte eine genaue Diagnose stellen, obwohl alle darin übereinstimmten, daß er an einer schweren Kollagenose, einer krankhaften Veränderung des Bindegewebes, litt. Alles, was die Ärzte zu bieten hatten, waren täglich zwei Dutzend *Aspirin*, Schlaftabletten für die Nacht und weitere schmerzstillende Medikamente. Man sagte ihm, seine Chancen, von dieser mysteriösen Krankheit geheilt zu werden, stünden eins zu fünfhundert.

An diesem Punkt angelangt, nahm Cousins die Sache selbst in die Hand. Er ließ sich Bücher über Streß kommen und las darin: »Wenn negative Emotionen chemische Veränderungen zur Folge haben, dann können positive Emotionen auch wiederum positive Veränderungen bewirken.« Nachdem er auf eigene Verantwortung die Klinik verlassen und sich ein Hotelzimmer genommen hatte, besorgte er sich einige Marx-Brothers-Filme und einen Filmprojektor.

Jeden Abend lachte er sich, wie er später erzählte, buchstäblich in den Schlaf. Sämtliche Medikamente, die man ihm verschrieben hatte, warf er weg und spritze sich statt dessen hohe Dosen von Vitamin C. Er las während dieser Zeit auch viele humoristische Bücher wie etwa *The Enjoyment of Laughter.*

In seinem Erfahrungsbericht schreibt Cousins:

> Von zwei oder drei Ärzten bekam ich zu hören, meine Genesung sei sehr wahrscheinlich auf einen massiven Einsatz selbstfabrizierter Placebos zurückzuführen. Solch eine Interpretation stört mich überhaupt nicht. Respektvolle Namen der Medizingeschichte wie Paracelsus und Osler sind mit der Vermutung verbunden, daß die Geschichte der Arzneimittelverordnung weniger die Geschichte der eigentlichen Wirksubstanzen als vielmehr die Geschichte des Placeboeffekts sei.[72]

Entbehrliche Medikamente: Behandlungsverfahren, die sich natürliche Prozesse zunutze machen, erweisen sich immer wieder als allen anderen überlegen. Kann sich also der Heilungsprozeß nur in Einklang mit der Natur entfalten, so sollte der Arzt seine Funktion darin sehen, im Patienten selbstheilende Kräfte freizusetzen. Ich sage mit Bedacht »sollte«, denn spätestens seit der Entdeckung des *Aspirins* im Jahre 1899 ist dieses ärztliche Selbstverständnis aus der Mode gekommen. 1962 nahmen die *United States Food and Drug Administration* die 4300 Arzneimittel unter die Lupe, die nach dem zweiten Weltkrieg zugelassen worden waren: Nur zwei von fünf hatten tatsächlich einen therapeutischen Effekt. Vor ein paar Jahren wurde in Großbritannien an alle niedergelassenen Ärzte von offizieller Seite ein Rundbrief verschickt, dem zu entnehmen war, daß *Valium* nach vier Monaten ununterbrochener Einnahme seine therapeutische Wirksamkeit verliert und stattdessen abhängig macht. Nichtsdestotrotz verschreiben Zehntausende von Ärzten weiterhin ihren ahnungslosen Patienten regelmäßig *Valium* – und sehen keinen Widerspruch in ihrem Verhalten, wenn sie daneben ihre eigenen Kinder vor den Gefahren des Drogenmißbrauchs warnen. Zu Leuten, die regelmäßig Valium nehmen, pflege ich zu sagen: »Versuchen Sie mal, das Medikament ein paar Tage lang wegzulassen, und schauen Sie dann, was passiert; Sie werden sicher die typischen Entzugssymptome an sich bemerken.«

Nach Expertenschätzungen würden zwischen 20 und 50 Medikamente genügen, den Bedarf von 98 Prozent der Bevölkerung zu decken. Sieben von zehn britischen Ärzten, so Vernon Coleman in seinem Buch *The Medicine Man*, verschreiben bei psychischen Problemen Placebos. Bei einer von Coleman zitierten Umfrage gaben britische Hausärzte an, von ihren Patienten sei etwa jeder dritte weniger körperlich krank als schlicht und einfach unglücklich.[63]

Colin Brewer weist in einem in *World Medicine* erschienenen Artikel darauf hin, daß, mit Ausnahme von Schizophrenen, viele Patienten, die an klinischen Psychopharmakatests teilnehmen, eher auf das Placebo ansprechen als auf die Wirksubstanz. Mildere Formen psychischer Störungen – also jene psychiatrischen Probleme, mit denen sich typischerweise der praktische Arzt konfrontiert sieht – können laut Brewer zu etwa 40 bis 50 Prozent mit Placebos erfolgreich behandelt werden, eine Erfolgsquote, die nur um 10 bis 20 Prozent unter der der Psychopharmaka liege. Brewer fügt noch hinzu:

> Darüber hinaus wissen wir aus Therapievergleichsstudien, daß auch ohne Verabreichung von Medikamenten, ja sogar bei Wegfall jeglicher therapeutischen Bemühung, eine Besserung eintreten kann.
>
> Es waren nämlich die Patienten der Kontrollgruppe, die bei einer Studie, in der psychodynamisch orientierte Psychotherapie mit Verhaltenstherapie verglichen wurde, für die eigentliche Überraschung sorgten: Sie, die nach Aufnahme einer umfassenden psychiatrischen Krankengeschichte lediglich auf eine Warteliste gesetzt worden waren, zeigten sich zu etwa 70 Prozent gebessert. Diese Spontangenesungsrate lag etwa gleichauf mit der Erfolgsquote der psychodynamischen Therapie und nur geringfügig unter jener der Verhaltenstherapie.[40]

In einem Leserbrief an das *British Medical Journal* stellt J. G. Edwards fest:

> In 15 Untersuchungen, an denen insgesamt 1082 Patienten mit den verschiedensten organischen und psychischen Störungen teilnahmen, ergab sich im Durchschnitt ein signifikanter Placeboeffekt von 35,2 Prozent, wobei starker Streß die Wirksamkeit der Placebos besonders hervortreten ließ. In der vom *Medical Research Council* durchgeführten klinischen Erprobung verschiedener Ansätze der Depressionstherapie verschwanden bei einem Drittel der Patienten, die Placebos erhielten, die Symptome ganz oder fast ganz innerhalb der ersten vier Wochen.[98]

Krankheiten können also auch ohne Medikamente überwunden werden – eine Erkennntnis, die nur leider jenen nichts nützt, die von den Drogen auf Rezept schon abhängig geworden sind. Denn die Entzugserscheinungen, die sich bei einer Einnahmepause automatisch einstellen, vermitteln den Patienten das Gefühl, sie seien weiterhin auf das Medikament angewiesen.

Meiner Ansicht nach kann es kaum einen Zweifel daran geben, daß der Placeboeffekt – wodurch er auch immer vermittelt sein mag – beim Arzneimittelmißbrauch wie auch sogar bei Krebserkrankungen eine große Rolle spielt. Auf irgendeine, uns bisher noch unbekannte Weise, ist das Gehirn in der Lage, vom Placebo eine Botschaft aufzunehmen und auf diese – sofern es sie überzeugend findet – mit biochemischen Veränderungen zu reagieren. Da beim Arzneimittelmißbrauch wie auch bei Krebserkrankungen immer Streßfaktoren im Spiel sind, ist es von entscheidender Bedeutung, einen geeigneten Stimulus zu finden, mit dem diese Streßfaktoren wirksam bekämpft werden können. Ein geeigneter Stimulus kann in der Medizin entweder elektromagnetischer oder chemischer Natur sein; philosophisch betrachtet handelt es sich dabei jedoch um eine Information und um die Qualität des Glaubens an diese Information, ganz gleich wodurch sie vermittelt wird.

Wirkt die NET als Placebo? Von den Suchtkranken, die sich bei mir zur NET-Behandlung anmeldeten, glaubten nur sehr wenige daran, daß ein elektrischer Reiz in der Lage sein könnte, eine derart machtvolle Obsession in den Griff zu kriegen, wie sie von Heroin oder auch von Zigaretten ausgeht. Die meisten von ihnen haben es schon vor langer Zeit aufgegeben, an irgend etwas zu glauben, und ihre Willenskraft ist von jahrelangem Sichgehenlassen bis hin zum Sichaufgeben zersetzt worden. Ein Placebo kann jedoch nur dann zur Wirkung kommen, wenn der Patient von eben dieser Wirkung überzeugt ist, d. h. wenn er mit dem Placebo die Hoffnung auf Heilung verbinden kann.

In Tierexperimenten ist der Placeboeffekt aus diesem Grund von vornherein ausgeschaltet. Morphiumsüchtige Ratten und Mäuse leiden bei Entzug unter ähnlichen Symptomen wie der Mensch. In mehreren Untersuchungen konnte bei diesen Tieren nach Elektrostimulation der Ohrmuschel ein signifikanter Rückgang der Entzugssymptomatik beobachtet werden.[54,219,340]

Für mich ist das der Beweis dafür, daß die Erfolge der NET nicht allein oder überwiegend auf einen Placeboeffekt zurückgeführt werden können.

Mike, 36 Jahre alt, hatte acht Jahre lang täglich mindestens 2 g Heroin gedrückt, bei Gelegenheit auch schon mal bis zu 10 g.

Außerdem bestand seine Tagesration während dieses ganzen Zeitraums noch aus 120 bis 500 mg intravenös gespritztem Methadon und aus bis zu 10 g Kokain, wovon er oft die wirksamere freigesetzte Grundsubstanz rauchte (sogenanntes Freebasing). Nachts konnte er nur mit vier Schlaftabletten *(Mandrax)* Ruhe finden. Zum Teil waren ihm diese Drogen legal verschrieben worden, denn er war bei einem staatlichen Drogenzentrum als Suchtkranker registriert. Seine außenliegenden Venen waren entzündet und nicht zu gebrauchen. Vor seiner NET-Behandlung hatte er sich acht Monate lang täglich bis zu 15 mal in die Vene des rechten Oberschenkels (in der Leistengegend) Drogen injiziert. Dieser Bereich war mit verdickten Narben übersät. Ich war Zeuge, als er sich mit größter Sicherheit und Selbstverständlichkeit selbst Blut entnahm, nachdem es den Schwestern nicht gelungen war, bei ihm irgendeine brauchbare Vene zu finden. Er bestand darauf, während der NET-Behandlung überhaupt keine Entzugserscheinungen verspürt zu haben. Das einzige, was ihm zu schaffen machte, war, daß er vor der neunten Nacht nicht durchschlafen konnte. Auch das Pflegepersonal bemerkte bei ihm keinerlei Entzugssymptome. Das Ergebnis des nach der ersten Woche durchgeführten Urintests war für sämtliche Drogen negativ.

Auf dem Gebiet der Alkoholismusforschung wurden neuerdings an amerikanischen Universitäten interessante Untersuchungen durchgeführt, die sich mit dem sogenannten Think-Trink-Effect (auf deutsch etwa: Alkoholerwartungseffekt, d. Übers.) beschäftigen. Damit ist gemeint, daß derjenige, der ein Mineralwasser trinkt und dabei aber denkt, es handele sich um ein alkoholisches Getränk, genau jenes enthemmte Verhalten an den Tag legen wird, das er von sich unter Alkoholeinfluß normalerweise erwartet.[200]

Der Grundgedanke bei diesen Experimenten ist, daß beim Alkoholmißbrauch immer zwei Dinge gekoppelt auftreten: die physiologische Alkoholwirkung und die psychisch bedingte Erwartung einer Hochstimmung. Dies erinnert stark an Pawlows klassisch konditionierten Hund, der, nachdem beim Füttern immer eine Glocke ertönte, dann auch allein schon auf den Glockenton hin Speichel produzierte. Aufgrund eines vergleichbaren Konditionierungsprozesses kann auch der erfahrene Trinker durch einen alkoholfreien Pseudodrink in eine Hochstimmung geraten, sofern dieser gewisse Schlüsselreize eines alkoholischen Getränks wie Aussehen, Geruch und Geschmack aufweist.

In einer Untersuchung an 1500 unerfahrenen Trinkern zwischen 12 und 19 Jahren konnte gezeigt werden, daß eigene Alkoholerfahrungen nicht einmal notwendig sind, um auf einen Pseudodrink mit typischen alkoholbedingten Verhaltensänderungen wie Gelöstheit oder verstärkter Kontaktsuche zu reagieren.

Bei einer anderen Studie wurden 32 freiwillige Versuchspersonen auf vier Gruppen verteilt: Eine Gruppe, der gesagt wurde, sie bekäme Alkohol, trank in Wirklichkeit ein alkoholfreies Getränk, das wie ein alkoholhaltiges aussah und schmeckte; einer Gruppe wurde Alkohol weder angekündigt noch verabreicht; einer Gruppe wurde er ohne Ankündigung verabreicht; eine Gruppe trank Alkohol und war auch darüber informiert. Das Ergebnis dieser Untersuchung läßt den Schluß zu, daß die Erwartungshaltung bezüglich der Alkoholwirkung ein äußerst wichtiger Faktor ist. Jedoch wurden lediglich soziale Verhaltensweisen wie Gesprächigkeit, sexuelle Ansprechbarkeit und Aggressivität durch die Alkoholerwartung beeinflußt; dagegen blieben motorische und intellektuelle Fertigkeiten, wie sie z.B. für die Fahrtüchtigkeit ausschlaggebend sind, davon völlig unbeeinflußt.

Eine kalifornische Forschergruppe stellte sich die interessante Frage, ob die Wirkung von Placebos nicht vielleicht auf der vermehrten Freisetzung von Endorphinen beruhen könnte. Wenn dem so wäre, dann dürfte sich der Placeboeffekt bei Gabe eines Opiatantagonisten wie Naloxon, der ja die Endorphinrezeptoren blockiert, nicht mehr bemerkbar machen. In der medizinischen Fachzeitschrift *The Lancet* beschrieben die Forscher, wie sie diese Hypothese testeten. Ihren Versuchspersonen – es handelte sich um Patienten, die sich einer Zahnbehandlung unterziehen mußten – verabreichten sie entweder ein Placebo oder Morphium. 40 Prozent der Patienten aus der Placebogruppe verspürten eine Linderung ihrer Schmerzen, die jedoch sofort wieder nachließ, nachdem diesen Patienten Naloxon injiziert wurde. Dagegen hatte die Naloxongabe bei jenen Patienten, die auf das Placebo nicht angesprochen hatten, so gut wie gar keine Auswirkung auf deren Schmerzwahrnehmung. Bei umgekehrter Reihenfolge der Injektionen – zuerst Naloxon, dann Placebo – war die Wahrscheinlichkeit sehr viel geringer, daß die Patienten auf das Placebo überhaupt ansprachen.[183]

Der Wissenschaftsspalte der *Times* vom 23. 9. 1978 konnte man zu diesem Thema folgendes entnehmen:

> Empirische Befunde bestätigen nachhaltig die Theorie, daß Placeboeffekte durch Endorphine vermittelt sind. Sollte dies tatsächlich das Wirkungsprinzip der Place-

> bos darstellen, so ließe sich unschwer erklären, warum Placebos und Rauschmittel so vieles gemeinsam haben. Bei beiden läßt die Wirkung bei wiederholter Verabreichung nach, mit der Folge, daß die Dosis immer weiter gesteigert werden muß; typisch für beide Substanzen ist außerdem, daß nach dem Absetzen Entzugserscheinungen auftreten können.

Hier drängt sich der Gedanke auf, daß durch die NET, die ja das Gehirn zur Endorphinproduktion anregt, die Kluft zwischen Placebo und Wirksubstanz überbrückt werden könnte.

5 Die NET aus der Sicht der Patienten

Eric Clapton

Meine Forschungsarbeit steckte noch ganz in den Anfängen, als mich ein enger Freund bat, Eric Clapton zu behandeln, der infolge seiner Heroinabhängigkeit so gut wie arbeitsunfähig geworden war. Clapton, weltweit gefeiert als größter Bluesgitarrist seiner Zeit (in den sechziger und frühen siebziger Jahren wurden bei seinen Konzerten Plakate mit der Aufschrift »Eric Clapton ist unser Gott« entrollt), war nicht mehr in der Lage, eine Gitarre in die Hand zu nehmen, geschweige denn zu komponieren. Damals verwendete ich noch mein erstes Stimulatormodell und winzige Akupunkturnadeln, so daß ich meine Patienten tagsüber nur mit Unterbrechungen und nachts gar nicht behandeln konnte.

Zunächst behandelte ich Eric bei sich zu Hause. Diese Situation erwies sich jedoch als ungünstig, da ich sie einfach nicht kontrollieren konnte. Beispielsweise gestand mir Joel – ein enger Freund von Eric, der seine Hilfe angeboten hatte –, daß Eric ihn anflehe, seine letzte Gitarre für Heroin zu versetzen. Dieses Ansinnen abzulehnen, fiel Joel sehr schwer, obwohl er davon überzeugt war, daß Eric nach dem Verkauf seiner letzten Gitarre wohl Selbstmord begehen würde. Eric war dann aber damit einverstanden, die Behandlung in unserer damaligen Londoner Wohnung in der Harley Street, wo ich auch meine Praxis hatte, fortzusetzen.

Als Eric an einem Freitag dort eintraf, hatte ich gerade den ersten Prototyp meines selbstentworfenen Stimulators in Empfang nehmen können – ein großer und unhandlicher Apparat (61 x 25,4 x 20,3 cm). Bei sich zu Hause hatte ich Eric noch mit dem unausgereiften chinesischen Modell aus Hongkong behandelt. Beinahe vom ersten Moment an schien das neue Stimulatormodell erheblich wirkungsvoller zu sein.

Am Samstagvormittag bekam Eric jedoch plötzlich schwere Magenkrämpfe und Durchfall. Ich verabreichte die üblichen Medikamente, aber es trat keine Besserung ein. Verzweifelt stellte ich mir immer wieder die Frage, wie es möglich sein konnte, daß Eric noch so spät – an seinem sechsten heroinfreien Tag – derartige Entzugssymptome entwickelte. Das Gefühl, mit meinem Latein am Ende zu sein, hatte mich schon ziemlich niedergedrückt, als Eric noch am gleichen Tag gegen sechs Uhr abends mit matter Stimme erklärte: »Wissen Sie, Meg, den ganzen Tag über hab ich eigentlich überhaupt nichts gespürt, als der Apparat an war.« Sofort legte ich mir den Stimulator selbst an und stellte fest, daß Eric recht hatte: Es war kein Strom zu spüren. Die Ursache – ein unterbrochener elektrischer Kontakt – war glücklicherweise ebenso schnell gefunden wie behoben. Nach einer halbstündigen NET-Sitzung waren Erics Symptome verschwunden und kehrten nicht mehr wieder. So sehr mir die Ereignisse dieses Tages für Eric natürlich leid taten, für mich waren sie doch ein schlagender Beweis dafür, daß es in der Tat die NET war, die Eric vor Entzugserscheinungen bewahrt hatte, denn schließlich wußten wir ja beide nicht, daß gar kein Strom geflossen war – ein unabsichtlicher Doppelblindversuch.

Nach fünf Wochen war Eric nicht nur vollkommen drogenfrei, sondern hatte auch soviel Schwung und Energie wie seit Jahren nicht mehr. Nach drei Monaten trat er schon wieder bei Konzerten auf und spielte nach Meinung der Kritiker besser als je zuvor.

Nachträglich meinte Eric: »Ich hatte zuerst nicht damit gerechnet, daß da viel dabei rauskommt... Aber die NET hat es fertiggebracht, daß ich auf Heroin keinen Bock mehr habe.«

Keith Richards

Während meiner langjährigen Arbeit mit Suchtkranken hatte ich zwar schon so manche Überraschung erlebt und so manche außergewöhnliche Erfahrung gemacht, doch noch niemals zuvor war ich mit einem solch schwierigen Problem, mit solch bizarren Umständen konfrontiert worden wie damals im Jahr 1977, vier Jahre nach Beginn meiner Forschungstätigkeit in London.

Es begann mit einem dringenden Telefonanruf aus Kanada. Man fragte mich, ob ich bereit sei, Keith Richards von den *Rolling Stones* zu behandeln. Daran war zunächst nichts Ungewöhnliches, denn man war schon einmal wegen der Drogenprobleme von Keith auf mich zugekommen, nachdem ich Eric Clapton und andere Bekannte von Keith behandelt hatte. Dieses Mal bat man mich jedoch, Keith unter Bedingungen zu behandeln, die so ungewöhnlich waren, daß mir das ganze Unternehmen schon fast absurd vorkam.

Durch die gesamte Presse waren damals Skandalberichte über Margaret Trudeau, die Frau des damaligen kanadischen Premierministers, gegangen, die in Kanada angeblich eine oder mehrere Nächte im selben Hotel wie die *Rolling Stones* verbracht haben soll. Erst recht für Schlagzeilen gesorgt war allerdings, als die Polizei in Keith Richards' Hotelzimmer so viel Heroin fand, daß sie ihn nicht nur wegen Drogenbesitzes, sondern auch noch unter dem viel weitergehenden Verdacht des Drogenhandels vorläufig festnahm. Dafür hätte Keith für 20 Jahre hinter Gittern verschwinden können – eine Aussicht, die die Gruppe und ihr Umfeld einigermaßen in Panik versetzte. Denn es drohten schließlich Millionenverluste durch den Ausfall von Konzerten und nicht zuletzt auch die Gefahr, daß die berühmte Rockgruppe ohne ihren Chefgitarristen ganz auseinanderfallen könnte. Keith selbst hatte nach jahrelangem, massivem Drogenmißbrauch nun wahnsinnige Angst vor einem «kalten« Entzug im Gefängnis.

Weil offenkundig auch die Frau des Premierministers auf

irgendeine Weise in das Geschehen verwickelt war, standen die Behörden unter starkem politischen Druck, gerade in diesem Fall weniger Milde walten zu lassen als vielmehr ein Exempel zu statuieren. Der für seinen ausgiebigen Drogenkonsum bekannte Rockstar bot sich da als Sündenbock natürlich geradezu an. Da die ganze Angelegenheit politisch so delikat war, kam Keith dann nur unter Auflagen aus der Untersuchungshaft frei. Zum einen durfte er den nordamerikanischen Kontinent nicht verlassen; zum anderen mußten bestimmte Bedingungen erfüllt sein, sollte er sich wegen seiner Drogenabhängigkeit in Behandlung begeben und damit in dem anstehenden Verfahren eventuell mildernde Umstände für sich geltend machen wollen. Wer die Behandlung von Keith übernehmen wollte, mußte nicht nur bereit sein, seine Kompetenz auf dem Gebiet der Suchtbehandlung vor Gericht zu beeiden, sondern er oder sie mußte dem Gericht dafür auch Beweise liefern können. Da es den *Stones* nicht gelungen war, in den Vereinigten Staaten oder in Kanada einen Arzt zu finden, der Keith unter diesen Umständen als Patienten akzeptierte, riefen sie mich an. Ob ich wohl rüber in die Staaten kommen könnte, um Keith dort zu behandeln? Ich sagte, ich käme.

Es gelang mir, zwei amerikanische Kollegen zur Mitarbeit zu gewinnen: Richard Corbett und Joseph Winston. Dr. Corbett war der Ärztliche Leiter der *Lakeland Drug Abuse Clinic* in New Jersey und hatte sehr viel Erfahrung mit Suchtkranken. Trotzdem mußten wir den amerikanischen Behörden – wohl wegen der politischen Implikationen dieses Falles – eine detaillierte Beschreibung unserer Vorgehensweise zur vorherigen Begutachtung einreichen. Wir entwarfen daraufhin einen Behandlungsplan für eine sechswöchige Entziehungskur, die aus einer Entgiftungs- und einer Rekonvaleszenzphase bestand. Unser Plan wurde genehmigt, und wir konnten mit der Behandlung beginnen. Um möglichst wenig öffentliches Aufsehen zu erregen, wurde sie nicht in Corbetts Klinik durchgeführt, sondern in dem nahegelegenen Privathaus der

mit uns befreundeten Filmproduzenten Shorty und Jean Yeaworth. Trotz aller Schwierigkeiten war die Therapie erfolgreich, und die kanadischen Gerichte akzeptierten das von uns dreien – Corbett, Winston und mir – unterzeichnete Behandlungsprotokoll als Beweis dafür, daß Keith von seiner Sucht geheilt worden war. Damit war für Keith die Gefahr eines Gefängnisaufenthalts gebannt.
Mit den Worten des Rockmusikers:

> Du glaubst nicht, wie einfach das geht... Das ist so ein kleiner Kasten mit Leitungen dran, die zu deinen Ohren führen. In zwei, drei Tagen bringt es der Apparat fertig, daß dein ganzes System wieder in Ordnung kommt. Sonst ist das immer die allerschlimmste Zeit, wenn du von dem Stoff runter willst, du fühlst dich sauelend. Aber diesmal: keinerlei Beschwerden. Und warum? Ich kann's nicht genau sagen, weil es wirklich nichts weiter ist als ein ganz simpler, batteriebetriebener Neun-Volt-Apparat.

BBC-Fernsehberichte über die NET

Einige Jahre vor diesem Ereignis, 1975, hatte die *BBC* einen Film über die NET mit dem Titel »Off the Hook« (deutsch etwa: Von der Sucht befreit, d. Übers.) gezeigt. In diesem Film wurde ein registrierter Drogenabhängiger, der sowohl Schwarzmarkt-Heroin als auch das von seiner Suchtbehandlungsstelle ausgegebene Methadon spritzte, gezeigt, der während seiner NET-Behandlung Tag für Tag gefilmt worden war. Die *BBC* hatte darauf bestanden, daß ich der Ausstrahlung des Films selbst dann zustimmen würde, wenn die Behandlung fehlschlagen sollte; dann würden sie versuchen, die Gründe für den Mißerfolg zu analysieren. Der Patient wurde bei uns zuhause behandelt, da er sich den Aufenthalt in einer Privatklinik nicht leisten konnte. Tag für Tag mit den Fernsehkameras zu leben war eine ungeheure Strapaze sowohl für den Patienten als auch für uns als Familie, aber als der Film gesendet wurde und es in dramatischer Weise offensichtlich war, daß sich sowohl die körperliche Verfassung als auch das Verhalten des Patienten gebessert hatten, schien es die Sache wert.

Zwei Jahre später ging die *BBC* in einem Film über denselben Drogenabhängigen der Sache nochmal nach. Er sah gut aus, kam immer noch ohne jede Droge aus und arbeitete ganztags. Er lebte allein in einer Wohnung in dem am schlimmsten vom Drogenhandel heimgesuchten Stadtteil Londons. Als der Interviewer ihn fragte, warum er an einen Platz zurückgekehrt sei, wo er ständig in Versuchung geführt werde, überdachte er die Frage einen Moment und antwortete dann: »Weil es für mich feststand, daß ich nur dann geheilt bin, wenn ich es schaffe, zurückzukommen und hier zu überleben.« Das war 1977, und 1985 ist er immer noch gesund, tüchtig bei seiner Arbeit, glücklich verheiratet und Vater eines Kindes.

Der zweite Film zeigte am Ende einen in den Vereinigten Staaten gedrehten Abschnitt, in dem Dr. Corbett (einer der mit der Behandlung von Keith Richards befaßten amerikanischen Ärzte) zu seinen Erfahrungen mit der NET befragt wurde. Er sagte, er sei so beeindruckt von den NET-Resultaten, daß er versuchen werde, die US-Behörden zu überreden, mich nach den USA einzuladen.

1980 drehte die *BBC* einen dritten Film über unsere Arbeit, in dessen Mittelpunkt nicht ein einzelnes Schicksal, sondern unsere Klinik und das wissenschaftliche Grundprinzip, auf dem die NET basiert, stand. Außerdem wurden verschiedene unabhängige Wissenschaftler zu ihrer Meinung über die NET befragt, darunter einer der Entdecker der Endorphine. Sogar die Wissenschaftler äußerten vorsichtigen Optimismus, insbesondere da die wohltuende Wirkung von elektrischer Stimulation unter Schmerzbedingungen in der Zwischenzeit vielfach bestätigt worden war.

Patienten wurden sowohl während als auch nach ihrer NET-Behandlung befragt. Der Kommentar eines 60 Jahre alten alkoholabhängigen Geschäftsmannes: »Mir ging es so dreckig, ich weiß nicht einmal mehr, wie ich in die Klinik kam. Es ist bestimmt eine erheblich sanftere Methode als die übliche mit Pillen. Ich hatte keine Entzugserscheinungen außer einigen abendlichen Schweißausbrüchen. Ich hatte überhaupt kein Verlangen nach Alkohol.« Ein zwanzigjähriger Heroinabhängiger sagte: »Das ist das erste Mal, daß ich mich gut gefühlt habe, seitdem ich vor drei Jahren angefangen habe, Heroin zu nehmen. Wenn du auf Heroin drauf bist, fühlst du entweder gar nichts oder du fühlst dich schrecklich... Aber ich fühle mich leer. Wie Meg sagte: Es ist, wie wenn man seinen Partner verliert.« Als der Interviewer ihn fragte, ob die guten Resultate seiner Meinung nach einem Placeboeffekt zugeschrieben werden könnten, erwiderte er: »Vielleicht. Selbst wenn es ein Placebo ist, Hauptsache es funktioniert!«

Pete Townshend über die »Black Box«

In einem Begleitinterview zu dem Artikel in *Omni* (siehe die Seiten 87-109) schilderte Pete Townshend seine Eindrücke bei seiner eigenen NET-Behandlung und berichtete von der wirksamen Behandlung anderer in den vorangegangenen acht Jahren. Pete hatte die NET kennengelernt, als er Eric Clapton während dessen Behandlung besuchte, und war sofort so beeindruckt, daß er und seine Rockgruppe *The Who* die nächsten Jahre über viele tausend Pfund beschafften, um meine Arbeit zu unterstützen.

> Der *Who*-Gitarrist Pete Townshend sieht den Beginn seiner Talfahrt in die Abgründe der Drogen in den Schwierigkeiten des Frühjahrs 1980. Eine monatelange Tournee war zu einer Zerreißprobe für seine Ehe geworden. Grobes finanzielles Mißmanagement hinter-

ließ ihm eine Million Pfund Schulden bei englischen Banken. Und währenddessen brütete er unaufhörlich über der Zukunft der *Who.* »Ich fing damit an, ungefähr eineinhalb Flaschen Cognac pro Tag zu trinken«, erinnert sich Townshend. »Und um in diesem Alkoholnebel, in dem ich drin war, wieder klar zu sehen, geriet ich in dieses tödliche Hin und Her von Alkohol und Kokain. Schließlich wurde aus mir ein derartiges körperliches Wrack, daß ich zu diesem Arzt ging, der mir dann Schlaftabletten und ein Antidepressivum (sic) namens *Tavor* verschrieb. Mit diesem *Tavor* fühlte ich mich großartig, und bald nahm ich täglich acht bis zehn davon plus drei Schlaftabletten jede Nacht. Aber so um Weihnachten herum wirkte das *Tavor* nicht mehr, und da kam ich auf Heroin. Einen Monat später dämmerte es mir, daß ich tatsächlich dabei war, mich umzubringen, daß meine Macho-›Ich-kann-doch-alles‹-Mentalität mein Tod ist. Da wandte ich mich an Meg.
Obwohl ich ja erstaunliche Erfolge mit ihrer Technik miterlebt hatte, war ich unsicher, ob es bei mir anschlagen würde. Aber schon am zweiten Tag wußte ich, daß ich auf dem richtigen Weg war. Und am dritten Tag spürte ich wieder sexuelles Interesse, hatte ich auf einmal wieder Lust auf einen Spaziergang. Es war unglaublich! Da war ein Gefühl von innerer Freude, als ich begann, meine Unabhängigkeit von Drogen wiederzugewinnen. Ein natürlicher Energiestrom kehrte langsam in meinen Körper zurück. Ich konnte fühlen, wie mein altes Ich wiederhergestellt wurde, und die erste Regung, die ich verspürte, war Arroganz. Ich dachte: ›Das wird ganz einfach sein. Ein paar Monate noch an dieser Maschine, und dann schieß ich rüber nach LA und geh tanzen.‹ Das war so meine Stimmung.
Aber am vierten Tag war ich niedergeschlagen. Anfangs bekam ich niedrige Frequenzen wegen des Heroins, aber als ich depressiv wurde, bekam ich irgend-

welche hohen Frequenzen wegen meiner Kokainabhängigkeit. Und bei dieser hohen Dosierung hatte ich manchmal psychedelische Wahrnehmungen. Da fingen dann die Farben im Zimmer plötzlich an zu tanzen. Dann hatte ich nochmal einen Rückschlag, um mich am nächsten Tag gleich wieder wie Supermann zu fühlen. Es war genau, wie wenn du auf Heroin drauf bist. Aber am nächsten Tag fühlte ich mich wieder wie ein aufgewärmter Toter. Sogar ein paar Entzugserscheinungen kehrten zurück.

Nach und nach aber pendelt sich deine Stimmung ein, und nach zehn Tagen fühlst du dich ziemlich normal. Hinterher wurde mir klar, daß die Behandlung selbst aus einem Lernprogramm besteht. Durch die NET lernt das Gehirn wieder, seine eigenen Drogen zu produzieren, und durch diesen Prozeß begreifst du etwas von deinen menschlichen Möglichkeiten. Langsam merkst du, daß irgendwo in dir drin die Kraft steckt, mit Krisen, Spannungen und Frustrationen fertig zu werden. So bestärkt die Behandlung deinen Glauben an den Selbstheilungsprozeß.

Natürlich kommt einem das unglaublich grob vor, einen Stromstoß von tausend Hertz durch das Hirn zu schießen – und fertig aus! Aber genau das ist das Schöne dran. Da ist fast etwas Mystisches dran, durch solch eine lächerlich einfache Technik geheilt zu werden. Irgendwie hat mich ein simples kleines Apparätchen wieder gesund gemacht. Und wenn ich je von einem wahnsinnigen Pusher vergewaltigt werden würde und wieder voll an der Nadel hängen würde, ich würde nicht zögern, Meg anzurufen, damit meine Sucht auf diese unkomplizierte, ganz technische Weise behandelt wird.«

Bei den genannten Patienten handelt es sich um weltweit bekannte Persönlichkeiten, die sich bei vielen Gelegenheiten zu ihrer Sucht und ihrer NET-Behandlung öffentlich geäußert haben; deshalb bedeutet die Preisgabe ihrer Namen keine Verletzung der ärztlichen Schweigepflicht.

Von Kollegen durchgeführte NET-Behandlungen

In den folgenden Auszügen aus dem schon mehrfach genannten *Omni*-Artikel kommen Patienten zu Wort, die von einem Team behandelt wurden, das zwar von mir geschult worden war, jedoch ohne meine Mithilfe völlig selbständig vorging.

> Stuart Harris begann als sechzehnjähriger Kadett bei der Royal Navy Heroin zu drücken. Als er sich im Frühjahr 1981 einer NET-Behandlung unterzog, war er 15 Jahre lang heroinabhängig gewesen, wovon er 11 Jahre lang außerdem noch Methadon intravenös gespritzt hatte. »Ich hatte furchtbare Schweißausbrüche«, berichtete er von seinen Erfahrungen mit der NET. »Der Körper scheidet das ganze Zeugs wieder aus, und man hat das Gefühl abzuheben (wie mit Amphetaminen). Aber es gibt überhaupt keine Entzugserscheinungen. Das kann ich wirklich sagen. Ich meine, als sie mir davon erzählten, hatte ich erstmal Bedenken – irgendeine neue Methode, die sie den armen Junkies andrehen wollen. Aber glauben Sie mir, hätte ich irgendwelche Schmerzen wie sonst immer beim Entzug gekriegt, wäre ich nicht dort geblieben, schließlich tat ich das ja ganz freiwillig. Als ich das Krankenhaus verließ, ging ich nicht auf die Suche nach Stoff, wie ich das früher normalerweise getan hätte, zum Beispiel nach dem Entzug mit Methadon oder nach einer Schlafkur (wenn sie einen bis oben hin mit Schlaftabletten vollknallen). Nach all diesen anderen Suchtbehandlungen fühlte ich mich jedesmal so aufgekratzt. Das erste was ich tun wollte, war, mir einen massiven starken Schuß zu besorgen. Aber nach der

NET will man eigentlich nur noch schlafen. Man nimmt alles ganz lässig. Ich will nicht behaupten, daß es (Heroin) mir nicht ab und zu in den Sinn kommt. Wie damals stelle ich mir dann einen Schuß vor. Aber das ist nach ein paar Minuten wieder vorbei. Früher, wenn ich nur den geringsten Drang nach einem Schuß hatte, war ich sofort weg Richtung London. Irgendwas hat sich verändert. Man ist ruhiger. Man kann mit den Hochs und Tiefs leben.«

Ein achtundzwanzigjähriger Mann, der anonym bleiben wollte, war über sieben Jahre von einer Drogenmischung abhängig gewesen, die aus riesigen Mengen von Alkohol und Marihuana und zwei bis drei Gramm Kokain pro Woche bestand (allein das Kokain kostete ihn monatlich mehr als 1000 Dollar). Gleich nach Beendigung seiner NET-Behandlung im Sommer 1982 äußerte er sich gegenüber *Omni*: »Vor dieser Therapie überstand ich keine drei Tage ohne dieses wahnsinnige Verlangen nach Drogen. Immer war da der Gedanke an Kokain und, nicht ganz so stark, auch an Alkohol. Aber von dem Moment an, wo man mir die Elektroden anlegte, ließ diese Gier sofort nach. Nachdem ich die Dreitagesmarke überschritten hatte, spürte ich überhaupt kein Verlangen mehr, und das ist bis heute so geblieben. Drogen kommen mir nicht mehr in den Sinn. Jetzt wo ich weiß, wie toll das ist, nach all den Jahren wieder einen klaren Kopf zu haben, bin ich mir auch sicher, daß ich nicht rückfällig werde.«

Rachel Waite war fünf Jahre lang eine sehr starke Raucherin gewesen und kam deshalb im Juni 1981 in Behandlung. »Während der ersten drei Tage der NET hatte ich immer noch dieses Verlangen zu rauchen, und wenn eine Zigarette greifbar gewesen wäre, hätte ich mir sehr wahrscheinlich eine angesteckt. Aber am Ende der Behandlung hatte ich überhaupt keine Lust mehr zu rauchen. Als ich versuchsweise einen Zug nahm, schmeckte das auf einmal ganz anders – es ekelte mich richtig. Ich konnte dem einfach nichts mehr abgewinnen.«

Die Sofortwirkung der NET im Entzug

Rein technisch gesehen kann die NET stationär wie ambulant durchgeführt werden, denn der Stimulator hat Taschenformat und schränkt die Bewegungsfreiheit des Patienten während der zehntägigen Behandlung kaum ein. Unsere erste Nachuntersuchung bestätigte jedoch unsere Vermutung, daß die stationär behandelten Patienten langfristig stabilere Erfolge aufweisen.[238] Für den ambulanten Patienten ist die Gefahr, während der Behandlung zu Medikamenten oder zur Flasche zu greifen, sehr groß, es sei denn, seine Familie oder seine Freunde sind bereit, ihn zu stützen und zu beaufsichtigen. Nach unseren Erfahrungen ist die gleichzeitige Einnahme irgendwelcher psychoaktiver Substanzen der therapeutischen Wirksamkeit der NET immer abträglich. Derartige Wechselwirkungen – vor allem jene zwischen der NET und Kokain – können von den Patienten sogar als ausgesprochen aversiv empfunden werden.

Selbst den Nikotinabhängigen fiel die Entwöhnung leichter, wenn sie die ersten drei, vier Tage stationär durchgeführt wurde, denn abseits vom Alltagsstreß war die Versuchung zu rauchen einfach nicht so groß.

Die Schaubilder 5.1 und 5.2 (siehe auch die Schaubilder 9.1, 9.2 und 9.3, S. 236ff.) zeigen die Sofortwirkung der NET auf das Entzugssyndrom während der zehntägigen Entgiftungsphase. Die Daten beruhen auf den Aussagen von etwa 100 Patienten, die zwischen Januar und Dezember 1980 in unserer damaligen NET-Klinik ohne irgendeine medikamentöse Unterstützung behandelt wurden.

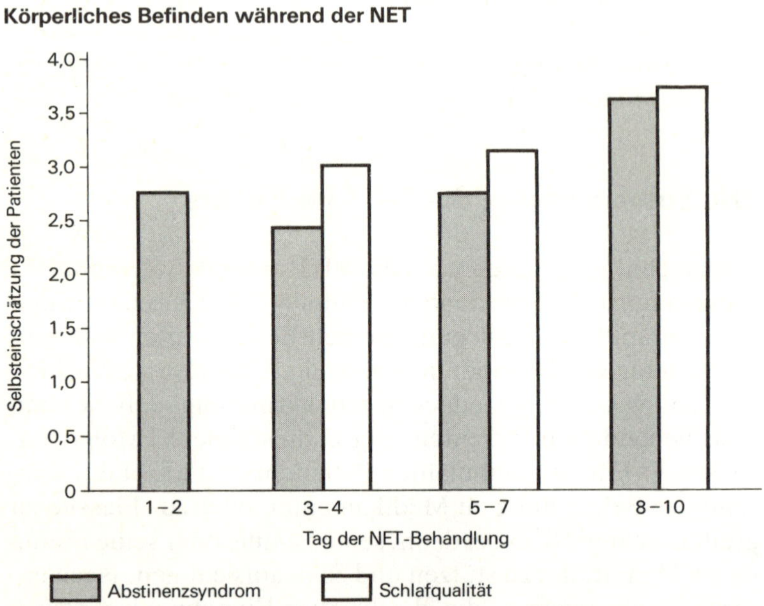

Schaubild 5.1: Abnahme der Abstinenzsymptome und Verbesserung der Schlafqualität während des NET-unterstützten Entzugs. Die Statistik beruht auf den Angaben von 102 Patienten, die die Qualität ihres Schlafs und die Stärke ihrer körperlichen Entzugserscheinungen zu verschiedenen Zeitpunkten der Behandlung auf einer Skala zwischen 0 (extrem schlecht) und 4 (sehr gut) einschätzten. Die diesbezüglichen Bewertungen des Pflegepersonals lagen nur geringfügig höher.

Aus Schaubild 5.1 wird ersichtlich, wie die Patienten ihr Schlafverhalten und das Ausmaß ihrer Entzugssymptome während der zehntägigen Behandlung selbst einschätzten. Die NET zeichnet sich gerade auch dadurch aus, daß die Patienten mit ihrer Hilfe sehr rasch wieder zu einem normalen Schlafmuster zurückfinden. Starkes Verlangen nach Drogen,

Angstgefühle und Lethargie sind die Hauptkennzeichen des oft lang anhaltenden Entzugssyndroms bei sämtlichen stoffgebundenen Suchtformen. Schaubild 5.2 zeigt, wie schnell die Angst und der Drogenhunger im Laufe der NET-Behandlung abnehmen.

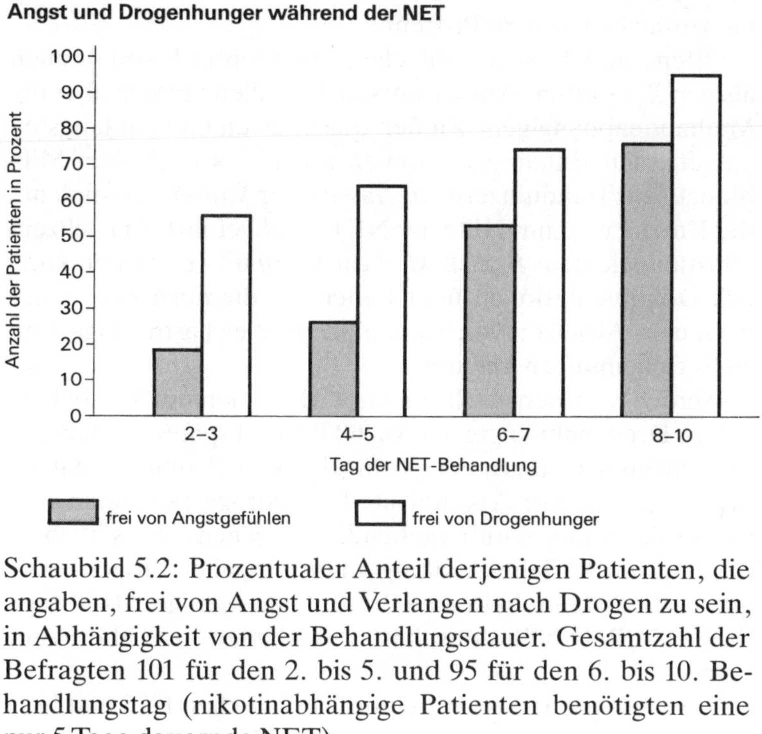

Schaubild 5.2: Prozentualer Anteil derjenigen Patienten, die angaben, frei von Angst und Verlangen nach Drogen zu sein, in Abhängigkeit von der Behandlungsdauer. Gesamtzahl der Befragten 101 für den 2. bis 5. und 95 für den 6. bis 10. Behandlungstag (nikotinabhängige Patienten benötigten eine nur 5 Tage dauernde NET).

Die erste Langzeituntersuchung zur NET

Unlängst veröffentlichte ich die Ergebnisse einer Nachuntersuchung von 186 Abhängigen (130 waren von Drogen, 30 von Alkohol, 26 von Zigaretten abhängig), die sich zwischen 1973 und Dezember 1980 einer NET-Behandlung unterzogen hatten.[242] Mit dieser teilweise von der *British Medical Association* finanzierten Evaluationsstudie konnten wir zeigen, daß 78,5 Prozent unserer ehemaligen Patienten zum Erhebungszeitpunkt immer noch gut ohne Drogen, Alkohol oder Zigaretten auskamen. Greift man nur die ehemaligen Drogenabhängigen heraus, so betrug hier der Anteil der nicht rückfällig Gewordenen sogar 80 Prozent.

Offensichtlich ist es einfacher, von Heroin loszukommen als von Zigaretten. Am schwersten von allen tun sich aber die Methadonabhängigen. Zu den qualvollsten und am längsten anhaltenden Entzugssymptomen kommt es nach dem Mißbrauch von Tranquilizern wie *Tavor* oder *Valium*, es sei denn, der Entzug wird mit Hilfe der NET durchgeführt. In Fachzeitschriften wie dem *British Medical Journal*[21] erschienen kürzlich Dokumentationen über Patienten, die noch zwei Jahre nach dem Absetzen von Tranquilizern über hartnäckige Entzugserscheinungen klagten.

Werden von den nach anderen Therapiemodellen behandelten Drogenabhängigen etwa 60 Prozent später zu mäßigen bis schweren Trinkern, so gilt für die NET-Patienten, daß lediglich 23 Prozent Alkohol als Ersatzdroge benutzten und wenn, dann nur vorübergehend. Von jenen, die seit ihrer zehntägigen NET-Behandlung ununterbrochen drogen- oder alkoholfrei waren, hatten 65 Prozent eine weniger als 14 Tage dauernde Rehabilitationsphase durchlaufen bzw. überhaupt keine.

Nur 1,6 Prozent aller Patienten, die zwischen 1973 und 1980 eine NET begonnen hatten, haben die Behandlung abgebrochen – verglichen mit anderen amerikanischen und britischen Suchtprogrammen, für die Abbruchquoten zwischen 45 und 90 Prozent bekannt geworden sind, ein äußerst günstiges Ergebnis.[152, 286, 324] 95 Prozent unserer Patienten (einschließlich der Alkohol- und Zigarettensüchtigen) waren unter 30 Jahre alt. Die mittlere Rehabilitationsdauer betrug für alle NET-Patienten 16 Tage. Dagegen führen andere Suchtprogramme, wenn überhaupt, dann frühestens nach 18 Monaten zum Erfolg.

Am wenigsten Erfolg hatte ich bei den Nikotinsüchtigen, von denen zum Zeitpunkt der Erhebung nur noch 44 Prozent Nichtraucher waren. Jedoch berichtete 1983 das Forschungskomitee der *British Thoracic Society* von einer Vergleichsstudie, wonach die mittlere Erfolgsrate von vier verschiedenen Raucherentwöhnungskuren, an denen insgesamt 1550 Nikotinabhängige teilnahmen, ein Jahr nach Therapieende ganze 9,7 Prozent betragen habe.[260] Dieses magere Ergebnis konnte auch dadurch nicht verbessert werden, daß Nikotin- oder Placebokaugummis zur Verstärkung der verbalen Instruktionen ausgegeben wurden.

Eine kontrollierte Studie zur therapeutischen Wirksamkeit von nikotinhaltigen Kaugummis wurde vor kurzem bei niedergelassenen Allgemeinärzten durchgeführt[154]. Von 200 Nikotinabhängigen bekamen 99 ein Placebo, der Rest einen Nikotinkaugummi. Sechs Monate nach Behandlungsende waren nur 18 Versuchsteilnehmer nicht wieder rückfällig geworden, und zwar genau jene 10, die mittlerweile vom nikotinhaltigen Kaugummi und jene 8, die vom Placebokaugummi abhängig geworden waren. Daß der Nikotinkaugummi selbst süchtig machen kann, konnte in einer anderen Untersuchung bestätigt werden.[284]

Die Ergebnisse der Langzeitstudie im Überblick: In unserer ersten Langzeitstudie verfolgten wir die weitere Entwicklung von 186 Patienten, die sich zwischen Oktober 1973 und Dezember 1980 in England einer NET-Behandlung unterzogen hatten. Die Ergebnisse dieser Studie sind im folgenden zusammengefaßt:

1 Suchtformen

Die untersuchten 186 Patienten verteilen sich wie folgt auf drei Hauptformen der Sucht (Patienten, die wegen anderer Formen von Abhängigkeit in Behandlung kamen, wurden nicht in die Untersuchung aufgenommen):

Drogen (legale und illegale)	130
Alkohol	30
Zigaretten	26

2 Dauer des täglichen Suchtmittelkonsums

Jahre	Patienten (in Prozent)
0,5 - 1	8 Prozent
2 - 4	30 Prozent
5 - 10	40 Prozent
11 - 20	15 Prozent
21 - 21	4 Prozent
über 30	3 Prozent

(Bei den Drogenabhängigen handelte es sich in der Mehrzahl um Fixer, die sich das Rauschgift in die Vene injizieren.)

3 Ausmaß des täglichen Suchtmittelkonsums bei Behandlungsbeginn

Suchtmittelkonsum	Patienten (in Prozent)
Gering*	23 Prozent
Mäßig	37 Prozent
Stark	26 Prozent
Extrem stark	14 Prozent

* d. h. noch im Rahmen der für Drogen und Medikamente empfohlenen Höchstmengen

Die täglich konsumierte Suchtmittelmenge lag zwischen 300 mg legalem Heroin (reines Heroin, das von staatlichen Drogenzentren ausgegeben wurde; d. Übers.) und 10 g illegalem Heroin (von einem Reinheitsgrad bis zu 40 Prozent) bzw. zwi-

schen 0,5 und 10 g Kokain oder 40 und 800 mg Methadon. Arzneimittelabhängige schluckten täglich bis zu 70 Tabletten der verschiedensten psychoaktiven Drogen.
Mit Beginn der NET wurde die Einnahme sämtlicher Drogen unterbunden.

4 Abbruchquote

Nur 1,6 Prozent brachen die Behandlung vor dem fünften Tag ab – ein verglichen mit Abbruchquoten anderer Suchtprogramme fast schon sensationelles Ergebnis.

5 Langzeiteffekte

In persönlichen Gesprächen und mittels Fragebögen (mit Mehrfachwahlantworten) baten wir unsere ehemaligen Patienten, deren NET-Behandlung zwischen einem und acht Jahren zurücklag, um Informationen zu ihrer seitherigen Entwicklung. Die Hälfte der 186 kontaktierten Patienten war zu Auskünften bereit. Bei den Rauchern, von denen nur 35 Prozent die Fragebögen beantworteten, war diese Bereitschaft am geringsten. Schaubild 5.3 zeigt das Verhältnis von abstinent gebliebenen zu rückfällig gewordenen Patienten in Abhängigkeit vom zeitlichen Abstand zur NET. Im folgenden sind die wichtigsten Ergebnisse unserer Patientenbefragung zusammengefaßt:
80 Prozent der ehemaligen Drogenabhängigen waren drogenfrei.
78 Prozent der ehemaligen Alkoholiker waren abstinent. Weitere sieben ehemalige Alkoholiker, die von vornherein keine totale Abstinenz anstrebten, waren alle in der Lage, kontrolliert zu trinken.
44 Prozent der ehemaligen Zigarettenabhängigen waren Nichtraucher. (Amerikanische Statistiken weisen darauf hin, daß die Erfolgsquote 10 Jahre nach Therapieende höchstens noch 10 Prozent beträgt, wenn man unter Therapieerfolg Heroin- bzw. Methadonabstinenz versteht!) 60 Prozent waren unter 30 Jahre alt.
65 Prozent wurden gleich nach der zehntägigen NET-Phase entlassen oder durchliefen eine Rehabilitationsphase von we-

Langzeiteffekt der NET

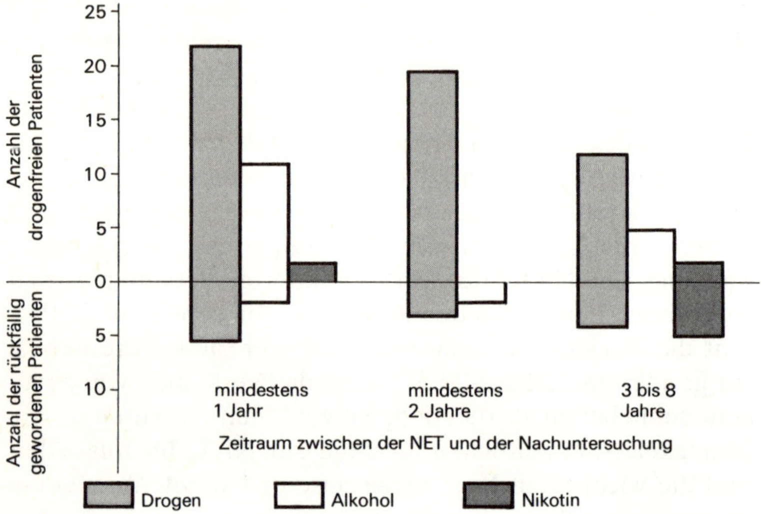

Schaubild 5.3: Statistisches Verhältnis der drogenfreien zu den rückfälligen Patienten. Die Daten beruhen auf einer Querschnittsuntersuchung von 93 ehemaligen Patienten, deren NET zum Zeitpunkt der Befragung zwischen 1 und 8 Jahren zurücklag.

niger als 14 Tagen. Im Durchschnitt betrug die Dauer der Rehabilitation 16 Tage. Schaubild 5.4 zeigt, daß sich die Rehabilitationsdauer rein statistisch nicht auf den Langzeiterfolg der NET auswirkt. Unserer Erfahrung nach kann jedoch eine kurze intensive Rehabilitationsphase für bestimmte Patienten hilfreich sein, wenn auch viele ehemalige Abhängige ohne jede weitere Betreuung stabile Erfolge aufweisen. Schließlich

Rehabilitationsdauer und Langzeitwirkung der NET

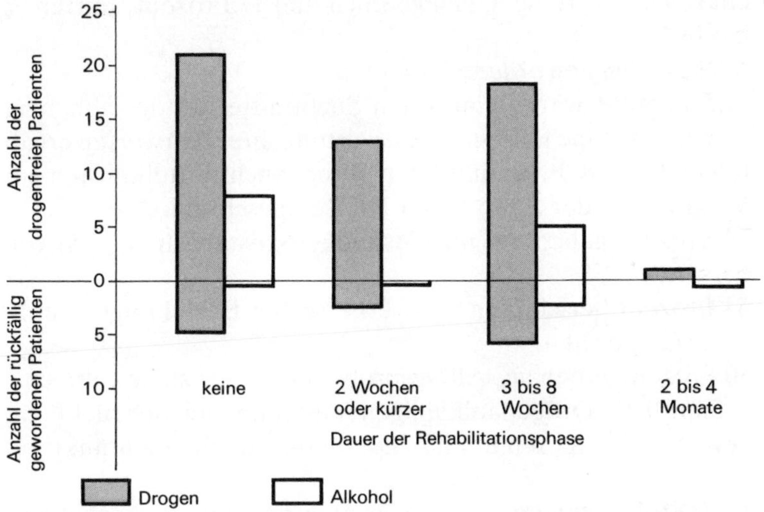

Schaubild 5.4: Beziehung zwischen der Zeit, die nach Beendigung der zehntägigen NET-Behandlung für Rehabilitation aufgewendet wird, und dem Langzeiteffekt der NET

wird ja schon während der zehntägigen NET einiges in Richtung Rehabilition auf den Weg gebracht, etwa durch therapeutische Beratungsgespräche in Einzel- und Gruppensitzungen.
67 Prozent gaben an, weniger Alkohol, Zigaretten und/oder Cannabis zu konsumieren als vor der NET.
75 Prozent konnten besser schlafen.
87 Prozent gaben an, ihr Gesundheitszustand habe sich insgesamt verbessert.
77 Prozent waren nie in der Versuchung, Alkohol zur Ersatzdroge zu machen.
23 Prozent hatten – obwohl drogenfrei – Alkohol zeitweilig als Ersatzdroge benutzt. Kein einziger ehemaliger Patient war zum Erhebungszeitpunkt alkoholabhängig.
68 Prozent verspürten selten ein Verlangen nach dem Sucht-

mittel, von dem sie früher abhängig waren; 15 Prozent spürten ein solches Verlangen gelegentlich und 17 Prozent spürten es häufig.

6 Rückfällig gewordene Patienten

21,5 Prozent waren von ihrem Suchtmittel wieder abhängig geworden. Eine getrennte Auswertung ihrer Antworten ergab folgendes: 78 Prozent hatten ihren Suchtmittelkonsum im Vergleich zu der Zeit vor der NET eingeschränkt.

44 Prozent gaben an, ihr Gesundheitszustand habe sich verbessert.

64 Prozent berichteten von verbesserten Beziehungen zu ihren Angehörigen.

50 Prozent gaben an, Alltagsprobleme besser zu bewältigen.

Sämtliche Drogenabhängigen, einschließlich der rückfällig gewordenen, hatten ihren Alkoholkonsum eingeschränkt.

Schlußfolgerungen: All die genannten Zahlen, Statistiken und Untersuchungen bilden jedoch nur den gerüsthaften Rahmen für unseren Zugang zum Suchtproblem. Um diesen Rahmen mit Leben zu erfüllen, bedarf es vor allem vermehrter staatlicher Anstrengungen.

Engagierte Freunde und Kollegen haben immer wieder versucht, die zuständigen Stellen und Entscheidungsträger auf meine Forschungsarbeit aufmerksam zu machen. So schrieb etwa der ehemalige englische Botschafter in den USA, der verstorbene Lord Harlech: »Meg Patterson arbeitet nun schon seit vielen Jahren intensiv an der Weiterentwicklung und klinischen Erprobung ihrer neuroelektrischen Behandlungsmethode. Von der Wirksamkeit dieser Methode konnte ich mich persönlich überzeugen, und ich möchte all jenen Regierungen, die nach einer Lösung für das Drogenproblem suchen, dringend nahelegen, den Ansatz von Frau Patterson als einen gangbaren Weg ins Auge zu fassen.« Wir schlagen ein zweiphasiges Modell vor: Die zehntägige Entgiftungsphase sollte in einer stationären, mit geschultem Personal ausgestatteten Einrichtung durchgeführt werden. (Solche zentralen

Entzugskliniken können wohl nur *aus öffentlichen Mitteln* finanziert werden.) Die Nachbetreuung (Rehabilitationsphase) könnten dann wieder ambulante Einrichtungen oder niedergelassene Ärzte am Wohnort des Patienten übernehmen.

Es liegt auf der Hand, daß dieses Modell äußerst kostengünstig ist. Auf der Sollseite schlagen dabei lediglich die Personalkosten der Entzugskliniken, die Anschaffungskosten der NET-Stimulatoren und eventuell eine Reisekostenvergütung für die Patienten zu Buche. Wenn man bedenkt, daß die Hauptfunktion der staatlichen Drogenzentren in Großbritannien darin besteht, Suchtkranke über 10, manchmal 20 Jahre hinweg jeden Tag mit Drogen und sterilen Spritzen zu versorgen, so erscheint der mit unserem Modell verbundene finanzielle Aufwand vergleichsweise lächerlich. Meiner Erfahrung nach sind nur wenige Suchtkranke bereit, 18 Monate (die übliche Mindestdauer) in einem Rehabilitationszentrum zuzubringen. Eine Therapie von etwa zwei Monaten Dauer ist dagegen für die meisten schon eher überschaubar und nach einer Entwöhnung mit der NET auch völlig ausreichend, um selbst langanhaltende Entzugssymptome in den Griff zu bekommen.

Der von uns verwendete *Megnet*-Stimulator macht selbst nicht abhängig. Nach 10 Behandlungstagen hat er seine Schuldigkeit getan, ganz gleich um welche Suchtform es sich im Einzelfall handelt, welches Ausmaß sie angenommen hat und wie lange sie schon besteht.

Trotz alledem wird es immer wieder Patienten geben, die rückfällig werden. Der erneute Suchtmittelkonsum muß aber nicht in jedem Fall gleich wieder in die Abhängigkeit führen; vorübergehende Rückschläge bedürfen oftmals keiner weiteren Behandlung. Aber selbst NET-Patienten, die nach einem Rückfall die zehntägige Entwöhnungsphase nochmals durchlaufen müssen, würden immer noch weniger Kosten verursachen als die Suchtkranken in den Methadon-Erhaltungsprogrammen oder stationären Langzeiteinrichtungen.

In Anbetracht der langen Wartelisten erscheint es mir dringend erforderlich, erst einmal genügend stationäre Behandlungsplätze einzurichten. Wie zum Beispiel im *City Road's Drug Crisis Centre* in London, so sollten auch in jedem Krankenhaus nicht nur diejenigen Anspruch auf ein freies Bett haben, die mit einer Überdosis eingeliefert werden, sondern auch gerade jene Abhängigen, die spontan sagen: »Jetzt muß ich damit Schluß machen!«

Die NET wird niemand davon abhalten, mit Drogen zu experimentieren oder mit ihnen Mißbrauch zu treiben; aber sie weist allen, die zu Gefangenen ihrer Sucht geworden sind, den Weg in die Freiheit. Oder mit den Worten des berühmten Geigers Sir Yehudi Menuhin: »Eine zunehmend abgestumpfter reagierende Öffentlichkeit, entscheidungsunfähige Verantwortliche sowie die Tatsache, daß das Geschäft mit dem menschlichen Elend zu einem mächtigen Wirtschaftsfaktor geworden ist, sind die Hauptursachen dafür, daß Dr. Pattersons Ansatz bisher noch nicht in die Praxis umgesetzt wurde. Dabei ist dieser überwältigend ganzheitliche Ansatz – ebenso spirituell wie wissenschaftlich fundiert, ebenso rational wie human – wie kein anderer geeignet, die Entwicklung unserer Zivilisation hin zu Sinnlosigkeit, Hoffnungslosigkeit und Krankheit wieder rückgängig zu machen.«

Teil II: Wissenschaftliche Grundlagen und Ergebnisse

6 Hongkong: Chirurgie, Akupunktur und Forscherglück

Akupunktur

Mit Akupunktur kam ich erstmals 1963 in England in Berührung. Mein Mann George, ein Journalist, assistierte zu jener Zeit einem älteren Kollegen vom *Observer*, Guy Wint, bei der Herausgabe eines Asien-Handbuches.[347] Guy erlitt dann damals einen schweren Schlaganfall, der ihn teilweise lähmte und auch sein Sprechvermögen beeinträchtigte. Als Folge davon war er nicht nur zu frustrierender Inaktivität verurteilt, sondern wurde auch noch von chronischen Schmerzen gequält, die nur mit hochdosierten sedierenden Mitteln erträglich gemacht werden konnten. Guy hörte nun von Dr. Felix Mann, der am Londoner *St James's Hospital*, an dem ich früher meine Facharztausbildung absolviert hatte, tätig war und auch Akupunktur anwandte. Auf Guys Bitte hin setzte ich mich mit Dr. Mann in Verbindung und besprach mit ihm die Chancen einer Akupunkturbehandlung. Einige Jahre später beschrieb Guy in seinem Buch *The Third Killer* seine Erfahrungen mit den verschiedensten Behandlungsmethoden:

> Mit Abstand der erfolgreichste all dieser Behandlungsversuche war jener mit der chinesischen Akupunktur. Das ist um so erstaunlicher, als der Arzt, der die Behandlung durchführte – Dr. Felix Mann, in Cambridge in westlicher Medizin ausgebildet –, mir zunächst davon abriet, in der Überzeugung, mit Akupunktur sei bei Schlaganfällen nicht viel auszurichten. Später las ich in einem chinesischen Handbuch, daß die Chinesen selber Akupunktur in solchen Fällen zwar anwenden, aber einen Schlaganfall doch alles in allem für eine

> ziemlich ernste Sache halten, bei der nur geringe Aussichten auf Heilung bestehen.[348]

Ich war so beeindruckt von der Besserung, die bei Guy und auch bei einigen anderen, die ich zu Dr. Mann geschickt hatte, eingetreten war, daß ich bei meiner Ankunft in Hongkong im September 1964 beschloß, mich wegen meiner Migräne selbst in Akupunkturbehandlung zu begeben. Seit 30 Jahren hatten mich regelmäßig wiederkehrende, tagelange Migräneanfälle geplagt, die nur mit starken Schmerzmitteln gelindert werden konnten.

Ein gemeinsamer Freund stellte mich einem chinesischen Akupunkteur vor. Dieser war zwar kein Arzt, sondern eigentlich ein Filmverleiher, hatte aber sein Leben lang Akupunktur studiert und praktiziert – erst in China und später auch in Frankreich – und kannte sich auch in der menschlichen Anatomie ausgezeichnet aus. Er empfahl drei Behandlungszyklen über einen Zeitraum von jeweils einem Monat.

Der erste Behandlungszyklus war von einem dramatischen Erfolg begleitet. Die Auftretenshäufigkeit wie auch die Intensität der Migräneanfälle nahmen um 95 Prozent ab. Im zweiten Monat wurden mir zusätzlich noch Punkte in den Augenwinkeln genadelt, und meine Symptome gingen nur noch um etwa 50 Prozent zurück. Während des dritten Behandlungszyklus waren die Anfälle wieder so schlimm wie eh und je, und das Einführen der Akupunkturnadeln – was mir anfangs keinerlei Schmerzen verursacht hatte – empfand ich nun auf einmal als äußerst schmerzhaft. Ich brach die Behandlung ab. Wesentlich erfolgreicher verlief die Behandlung, der sich mein Mann bei dem gleichen Akupunkteur unterzog. Ein beschädigter Knorpel – Folge einer alten Fußballverletzung – hatte sich zu einem arthritischen Knie ausgewachsen, das George quälende Schmerzen und schlaflose Nächte bereitete. Nach der Akupunkturbehandlung konnte der Orthopäde, der George mit Cortisonspritzen weiterbehandelte, anhand einer Röntgenaufnahme feststellen, daß in den arthritischen Bereichen des Knies tasächlich Veränderungen stattgefunden hatten. Sechs Wochen später waren die Schmerzen plötzlich wieder da, und zwar genauso unerträglich wie zu Anfang. Jedoch verschwanden sie schon nach zwei halbstündigen Behandlungen, bei denen der Akupunkteur sowohl die Nadelungstechnik als auch Elektrostimulation anwandte, vollkommen und kehrten seither auch nicht wieder.

Elektroakupunktur: Einer meiner chinesischen Kollegen am 850 Betten großen *Tung Wah Hospital*, wo ich damals der gesamten Chirurgie vorstand, war Dr. H. L. Wen, der Leiter der neurochirurgischen Abteilung. Wen interessierte sich damals sehr für die Einsatzmöglichkeiten der Akupunkturanästhesie bei einigen seiner neurochirurgischen Eingriffe. Nachdem er sich bei einem sechswöchigen Aufenthalt in China mit der Technik vertraut gemacht hatte, bat er mich, einige freiwillige Patienten unter Elektroakupunktur-Anästhesie anstelle der herkömmlichen Narkose operieren zu dürfen. Außerdem war an der Erprobung der Elektroakupunktur noch Dr. Wens Oberarzt, Dr. Stanley Y. C. Cheung, beteiligt, der einer meiner chirurgischen Assistenten gewesen war, bevor er dann in Edinburgh seine Facharztprüfung ablegte und sich an der neurochirurgischen Abteilung der Universitätsklinik Edinburgh weiter spezialisierte. In der chinesischen Medizin werden außer der üblichen Nadelungstechnik noch eine Reihe anderer Stimulationsmethoden angewandt. So wird bei der Injektionsakupunktur destilliertes Wasser, Kochsalzlösung, Morphium etc. in Akupunkturpunkte gespritzt; bei der Fadenakupunktur werden mit Hilfe von chirurgischen Nadeln Akupunkturpunkte durch Darmsaiten miteinander verbunden; bei der Akupressur werden die Akupunkturpunkte massiert.

Die Stimulation kann entweder von Hand erfolgen oder durch schwache elektrische Ströme (Elektroakupunktur). Bei der manuellen Technik werden die Nadeln etwa 10 bis 15 Minuten lang auf- und abbewegt oder um die Längsachse gedreht. Dieses Verfahren hat den Nachteil, daß eine Stimulation über längere Zeiträume hinweg für den Akupunkteur recht mühsam ist. Deshalb wurde in den fünfziger Jahren, als die Akupunkturanästhesie einen Aufschwung erlebte, die Technik der Elektroakupunktur entwickelt. Dabei werden die zu stimulierenden Punkte wie bei der manuellen Technik zunächst genadelt, die Stimulation erfolgt dann aber mit Hilfe eines elektrischen Stimulators, dessen Elektroden an den Akupunkturnadeln befestigt werden. Neben einer technisch unbegrenzten Stimulationsdauer bietet diese Technik den weiteren Vorteil, daß die Stärke der Stimulation exakt eingestellt und so auf die Bedürfnisse der Patienten abgestimmt werden kann. Außerdem kann mit der Elektroakupunktur wenn nötig auch eine stärkere Stimulation erzielt werden, was mit der manuellen Technik vermutlich nicht möglich ist.

Wir drei – Wen, Cheung und ich – begannen nun mit dem ›6.26 Stimulator‹, einem in China damals weit verbreiteten Modell, zu experimentieren. Die technischen Daten dieses Geräts waren: bipolare Spike-Wellenform, Wechselstrom, 0,6 Millisekunden Impulsdauer und Frequenzen bis zu 111 Hertz.

Eine unerwartete Entdeckung: Nachdem wir diesen Apparat eine Zeitlang in der Anästhesie eingesetzt hatten, machten wir eines Tages eine völlig unerwartete Entdeckung: Wir hatten völlig unbeabsichtigt nebenbei auch noch mit Drogenabhängigen eine Entwöhnungskur durchgeführt. Einige unserer Patienten waren nämlich – ohne daß wir davon die leiseste Ahnung hatten – schon seit vielen Jahren opium-, heroin- oder morphiumsüchtig. Ja, in manchen Fällen übertraf die täglich konsumierte Rauschmittelmenge bei weitem die bei westlichen Rauschgiftsüchtigen übliche Tagesration. Freimütig und spontan erzählten uns diese Patienten, nach einigen Tagen Elektrostimulationsbehandlung hätten sie zum ersten Mal seit Bestehen ihrer Abhängigkeit kein Verlangen nach Drogen mehr verspürt.

Wen war es, der als erster auf die Idee kam, daß zwischen

den Entzugserscheinungen nach Drogenabhängigkeit und der Wirkung, die die Elektroakupunktur auf das autonome Nervensystem ausübt, möglicherweise eine Beziehung besteht. Er begann nun, die Elektrostimulation gezielt zur Behandlung einer größeren Gruppe von Drogenabhängigen einzusetzen. Diese Gruppe setzte sich aus Patienten des *Tung Wah Hospitals* zusammen sowie einigen ziemlich gerissenen jugendlichen Drogensüchtigen, die von der Sache Wind bekommen und sich privat an mich gewandt hatten. Die Behandlungsverläufe dieser Patienten dokumentierten wir mit Hilfe detaillierter Protokolle, wobei unser Interesse – um nicht zu sagen unsere Begeisterung – mehr und mehr zunahm.

Im Februar 1973 kam der Neurochirurg und Neurophysiologe S. Irving Cooper vom New Yorker *St Barnabas Hospital for Nervous Diseases* nach Hongkong und hielt einen Vortrag vor den Ärzten des *Tung Wah Hospitals.* Cooper war international bekannt geworden als Pionier auf dem Gebiet der neurochirurgischen Behandlung von Störungen der unwillkürlichen Motorik (einschließlich der Parkinsonschen Krankheit) sowie durch die Entwicklung neuer Techniken der Kryochirurgie. Bei seinem Vortrag beschrieb Cooper eine neuartige Behandlungsmethode, mit der er bei Spastikern und Epileptikern gute Erfolge erzielt habe: Bei einem neurochirurgischen Eingriff werden im Gehirn der Patienten Elektroden implantiert, die von einem im Brustkorb implantierten Empfangsgerät stimuliert werden; dieses Empfangsgerät wiederum wird durch einen kleinen tragbaren Sender aktiviert. Cooper ging dabei von der Theorie aus, daß die künstliche Stimulation des Kleinhirns überdauernde neurochemische Veränderungen zur Folge hat oder möglicherweise auch die reflektorische Funktion bestimmter neuronaler Netzwerke allmählich wiederherstellt [67].

Was Dr. Cooper uns damals vortrug, ließ mich natürlich aufhorchen; denn sollte sich zwischen seiner Forschungsarbeit und unserer Entdeckung eine Verbindung herstellen lassen, so eröffneten sich ungeahnte Möglichkeiten. Dr. Cooper zeigte großes Interesse für unsere Elektroakupunkturbehandlung, als ich ihm einige Tage später bei einem Treffen in privatem Rahmen von unserer Zufallsentdeckung erzählte. Er war überzeugt davon, daß einige Theorien über die Funktionsweise des Gehirns im Lichte solcher Befunde neu formuliert werden müßten. Seiner Ansicht nach wiesen auch jüngste Ergebnisse der Neurochirurgie in diese Richtung; so habe sich immer wieder gezeigt, daß nach elektrischer Stimulation bestimmter Nervenzellverbände wie der Formatio reticularis selbst bei bisher als unheilbar geltenden Zustandsbildern eine allmähliche Besserung eintrete.

Als ich mir dies alles noch einmal durch den Kopf gehen ließ, kam mir plötzlich folgender Gedanke: Es wäre doch gut möglich, daß die Chinesen vor einigen tausend Jahren – natürlich ohne zu wissen, was Elektrizität ist – eben auch schon die heilende Wirkung der Stimulation entdeckt hatten und sich von dieser Erkenntnis dann bei der Entwicklung ihrer Heilverfahren hatten leiten lassen. Denkbar wäre weiterhin, daß die Akupunktur im Grunde nichts anderes ist als eine bestimmte Form elektrischer Stimulation, mittels derer ein Stoffwechselungleichgewicht wieder ins Lot gebracht werden kann. Die moderne Elektroakupunktur würde dann einfach nur eine intensivere Stimulation bewirken als die traditionelle Drehtechnik. Wenn all dem so wäre, so folgte daraus für unsere Suchtbehandlung, daß es weniger auf die präzise Nadelung bestimmter Akupunkturpunkte ankäme als vielmehr auf die allgemeine elektrische Stimulation bestimmter Nervenbahnen, deren genaue Lokalisation allerdings noch aussteht.

Um diesen Hypothesen nachzugehen, befaßte ich mich in der folgenden Zeit eingehend mit westlicher wie chinesischer Literatur über Akupunktur und Elektrostimulation. Ich war sehr gespannt, ob sich irgendwo Hinweise auf eine Beziehung zwischen Elektrostimulation und Drogenabhängigkeit finden ließen. Mir war bereits bekannt, daß sich der Einsatz der Elektrokrampftherapie (Elektroschock) bei Alkoholismus und anderen Suchtformen als ausgesprochen nutzlos erwiesen hatte. Zwischen diesem Fehlschlag und unserem eigenen Erfolg mit der sehr viel sanfteren Elektroakupunktur verlief meine Suchrichtung.

Chinesische Medizin

Chinesische Kräuterheilkunde ist vermutlich schon über 4000 Jahre alt. Schriftlich dokumentiert wurde dieses uralte Wissen erstmals in dem zwischen dem zweiten Jahrhundert v. Chr. und dem zweiten Jahrhundert n. Chr. entstandenen *Arzneibuch des Shen-nung*, das 365 Kräuter in hochwertige, mittelmäßige und minderwertige einteilt. Auch das mittlerweile berühmte Ephedrin, von dem die westliche Welt erst 1926 durch einen gewissen Dr. Chen in Kenntnis gesetzt wurde, ist darin als *Ma-huang* aufgeführt und wird seither von chinesischen Ärzten zur Behandlung von Asthma verwendet.

Das *Huang-ti Nei-ching* oder die *Innere Heilkunde des Gelben Kaisers* ist der älteste noch vorhandene Klassiker der chinesischen Medizin. Es wurde zwischen dem achten und fünften Jahrhundert v. Chr. verfaßt und besteht aus 18 Bänden, die eine große Vielfalt von Themen abdecken, darunter die Theorie der Krankheiten, ihre Entstehung, Diagnose und Behandlung.

In diesem Buch wird der Mensch als Mikrokosmos des Universums verstanden, er ist den gleichen Spannungen ausgesetzt wie die Natur selbst. Der unveränderliche Kreislauf der Natur, das *Tao*, wird in Gang gehalten durch zwei polare und komplementäre Kräfte, das *Yin* (negativ, passiv und feminin) und das *Yang* (positiv, aktiv und maskulin). Bei einem Gesunden befinden sich die beiden Kräfte im Gleichgewicht und fördern den Fluß der Lebensenergie (*Chi* genannt) durch alle Teile des Körpers. Diese Energie zirkuliert in einem Netzwerk von 14 Kanälen oder ›Meridianen‹, wovon jeder über Verzweigungen mit einem wichtigen inneren Organ oder Knotenpunkt verbunden ist. Ist die Zirkulation des *Chi* durch

Blockade (Leere) oder Ausstrom (Fülle) beeinträchtigt, kommt es zu einem Ungleichgewicht der beiden Kräfte und in der Folge davon zu Krankheiten.

Traditionelle chinesische Medizin und Philosophie beruhen auf diesem Konzept des *Chi.* Danach wird allen Dingen, den belebten wie den unbelebten, eine ihnen von Natur aus innewohnende Energie zugesprochen.

Diese Energie stabilisiert die chemische Zusammensetzung der Materie; bricht nun diese Materie wieder zusammen, wird Energie frei. Wasser und Eis haben dieselbe chemische Formel; verwandelt sich Eis jedoch in Wasser, wird in irgendeiner Form Energie frei. Der Mensch ist zwar auch Materie, aber er hat auch ein lebendiges Bewußtsein. Daher hat er zwei Energiequellen: die elektrische Energie als Produkt der biochemischen und biophysikalischen Vorgänge in seinen Zellen einerseits und die angeborene Lebensenergie andererseits. Louis Moss, ein westlicher Akupunktur-Experte, bemerkte dazu: »Es wäre gut denkbar, daß diese Kraft *(Chi)* ein elektrisches Potential ist, das von den kleinsten Körperzellen aufgrund ihrer biochemischen und biophysikalischen Wechselwirkungen erzeugt wird.«

Der chinesiche Ausdruck für Heilkunst leitet sich aus vier Stammworten oder Symbolen ab, die zusammen zwei Schriftzeichen bilden. Das eine stellt eine Vertiefung dar, in der ein Pfeil steckt, und das andere ein Messer oder Werkzeug zusammen mit Alkohol. Chinesische Gelehrte interpretieren den Ausdruck folgendermaßen: Der Pfeil hat eine Wunde verursacht, das Messer wird gebraucht, um ihn wieder zu entfernen, und der Alkohol dient zur weiteren Behandlung. So besaßen die heilkundlichen Praktiker Chinas, ungeachtet späterer Spekulationen und oftmals absurder Theorien bezüglich der Ursachen und Behandlungsmöglichkeiten von Krankheiten, schon immer ein rationales, halbwissenschaftliches und anerkanntes Erfahrungswissen, das auf über Jahrhunderte zusammengetragenen Erkenntnissen und den scharfsinnigen Beobachtungen von intelligenten und integren Praktikern beruht.

Akupunktur (von lateinisch *acus* – Nadel und *pungere* – stechen) wird in China angewandt seit – so behaupten manche – fast 5000 Jahren. Sicher ist, daß sich die Anwendung der Akupunktur zusammen mit der Moxibustion, dem Abbrennen von Beifußblättern auf oder neben geeigneten Körperpunkten, entwickelt hat. Daher schließt der chinesische Ausdruck für Akupunktur – *Chen-chiu*, d. h. ›Nadel und Wärme‹ – üblicherweise beide Praktiken ein. Akupunktur und Moxibustion in Verbindung mit Kräuteranwendungen, Atemübungen und Heilmassage bilden immer noch den Kern der traditionellen chinesischen Medizin.

Der Einfluß der westlichen Medizin: Bevor sich China dem Westen – und damit auch der westlichen, naturwissenschaftlich orientierten Medizin – öffnen mußte, lag die medizinische Versorgung des Landes in den Händen jener heilkundlichen Praktiker, die ganz den traditionellen Methoden verpflichtet waren. Operationen führten die chinesischen Ärzte nur äußerst selten durch, und unter der Mandschu-Dynastie vom 17. bis zum Beginn des 20. Jahrhunderts war ihnen dies sogar verboten.

Während sich die westliche Medizin in China immer mehr durchsetzte, kam die traditionelle chinesische Heilkunde im allgemeinen und die Akupunktur im besonderen als unwissenschaftlich in Verruf. Nachdem der *Große Kaiserliche Rat* in Peking 1822 angeordnet hatte, auf die Anwendung der Akupunktur zu verzichten, begannen die in westlichen Missionarsschulen erzogenen chinesischen Intellektuellen in der chinesischen Medizin ein überkommenes System zu sehen, das der Entwicklung und Modernisierung ihres Landes im Wege stehe. 1929 verbot die nationalistische Regierung die Ausübung der traditionellen chinesischen Medizin, einschließlich der Akupunktur.

Bei den einfachen Leuten blieb der Glaube an die traditionellen Heilverfahren trotz dieser offiziellen Ächtung jedoch ungebrochen. Für jene 80 Prozent der Bevölkerung, die in ländlichen Gebieten lebten und deshalb von den in den Städten praktizierenden, westlich geschulten Ärzten gar nicht profitieren konnten, war es weiterhin selbstverständlich, bei Schmerzen und den verschiedensten Krankheiten Heilkräuter und Akupunktur anzuwenden.

Als dann 1949 die Kommunisten an die Macht kamen, gaben sie die Devise aus, ›auf beiden Füßen zu gehen‹, d. h. das Beste aus westlicher und östlicher Medizin miteinander zu kombinieren. Mit den folgenden vier Leitlinien steckte der Vorsitzende Mao Tse-tung den Rahmen für die kommunistische Gesundheitspolitik ab: Das Gesundheitswesen habe den Arbeitern, Bauern und Soldaten zu dienen; Vorrang gebühre der Krankheitsvorsorge; die westliche und die traditionelle chinesische Medizin sollten miteinander verbunden werden; und die Kampagnen zur Verbesserung der medizinischen Versorgung sollten vom ganzen Volk ausgehen und das ganze Volk erfassen. In die Praxis umgesetzt wurde diese Konzeption durch den massenhaften Einsatz von sogenannten ›Barfußärzten‹, die nach einer kurzen Schulung in alle Landesteile ausschwärmten, um eine medizinische Basisversorgung sämtlicher Bevölkerungsgruppen zu gewährleisten.

Der Westen lernt vom Osten: Von ungeahnter Tragweite war die Chinareise Präsident Nixons im Jahr 1972. Durch die Tür, die dabei aufgestoßen wurde, kam es in der Folge nicht nur zu engerer politischer Zusammenarbeit, sondern auch zu einem Austausch unter Ärzten und Wissenschaftlern. Den Journalisten und Ärzten, die den Präsidenten in Scharen begleiteten, eröffneten sich faszinierende Einblicke. So fehlte damals in fast keinem Korrespondentenbericht aus China die spektakuläre Schilderung eines unter Elektroakupunktur-Anästhesie durchgeführten chirurgischen Eingriffs.

James Reston von der *New York Times* litt, kurz nachdem er im Gefolge des Präsidenten in Peking angekommen war, an einer Blinddarmentzündung. Im ›Antikaiserlichen Hospital‹ in Peking wurde ihm darauf der Blinddarm unter konventioneller Narkose herausoperiert. Nach seiner Operation gestattete Reston jedoch einem Akupunkteur, bestimmte Punkte am Ellenbogen und an den Beinen zu nadeln, um die postoperativen Schmerzen zu lindern. Über die Wirkung dieser Behandlung schrieb er: »Innerhalb einer Stunde gingen die Schwellung und das Druckgefühl merklich zurück und kehrten nach Abschluß der Behandlung auch nicht wieder.«

Amerikanische Ärzte begannen nun, in der Akupunktur eine ernstzunehmende Behandlungsmethode zu sehen, vor allem nachdem eine Gruppe namhafter Kollegen – darunter der Bostoner Herzspezialist Paul Dudley White und der New Yorker Gehörchirurg Samuel Rosen – chinesische Krankenhäuser besucht hatte. Dabei konnte die Ärztegruppe Patienten beobachten, die sich bei vollem Bewußtsein und zur Schmerzausschaltung nur mit ein paar Akupunkturnadeln versehen größeren Operationen unterzogen. Unter diesen Bedingungen führten die chinesischen Chirurgen vor den Augen ihrer erstaunten amerikanischen Kollegen Eingriffe durch wie z.B. die Entfernung eines Gehirntumors oder einer Eierstockzyste, ja sogar eine Magenresektion. Bei seiner Rückkehr in die Vereinigten Staaten meinte Dr. Rosen: »Meine Kollegen und ich waren Zeugen der Vergangenheit – einer Vergangenheit, die wieder ganz aktuell ist.«

Auch andere Ärzte, die China bereisten, waren von den Errungenschaften der chinesischen Medizin stark beeindruckt. Einer davon war Dr. E. G. Dimond, Leiter der *University of Missouri Medical School* in Kansas City, der die Vorzüge der chinesischen Akupunkturanästhesie im *Journal of The American Medical Association* folgendermaßen beschrieb: »Dieses Verfahren ist absolut sicher; die Nahrungs- und Flüssigkeitsversorgung des Patienten wird nicht unterbrochen. Der Patient muß nicht fasten. Es kommt nach der Operation nicht zu Übelkeit und Erbrechen. Die Methode kann rasch und ohne großen Aufwand durchgeführt werden.«

Worauf beruht die Wirkung der Akupunktur?

Gegenüber ihren westlichen Kollegen gaben die chinesischen Ärzte freimütig zu, die Elektroakupunktur-Anästhesie einfach deshalb anzuwenden, weil sie sich als wirkungsvoll erwiesen habe. Eine befriedigende Erklärung des Wirkungsprinzips dieser Methode, die mit einer Erfolgsquote von 90 Prozent schon bei über 500000 Patienten zum Einsatz gekommen war,[1] konnten sie nicht bieten. Breite Zustimmung fand in China die Theorie, derzufolge die Akupunkturanästhesie »auf neurophysiologischen Veränderungen (beruht) und die von den bewegten Nadeln ausgehenden Impulse die elektrische Aktivität des Gehirns so weit herabsetzen, daß Schmerzen nicht mehr wahrgenommen werden«.

Die in den siebziger Jahren allgemein anerkannte Theorie über die Wirkungsweise der Akupunktur ließe sich etwa so zusammenfassen: Durch das Einstechen einer Nadel an exakt definierten Punkten der Haut werden dort bestimmte Nerven stimuliert, die elektrische Impulse über das Rückenmark zu den unteren Zentren des Gehirns aussenden, woraufhin das Gehirn dann seinerseits die Kontrolle über die genadelte Körperregion übernimmt. Jeder Teil des Körpers, und sei er noch so klein, wird von Nerven versorgt und steht unter der direkten Kontrolle eines Nervs oder einer Gruppe von Nerven. Fast alle Körperprozesse werden von Nerven kontrolliert. Ob z. B. die Darmmuskulatur sich zusammenzieht oder erschlafft, hängt davon ab, ob erregende oder hemmende Neurone des Darmnervensystems stimuliert werden. Ebenso werden die Magensaftproduktion oder auch die Herzfrequenz und der Blutdruck von bestimmten neuronalen Systemen gesteuert. Felix Mann schrieb dazu:

> Das Nervensystem könnte man mit der elektronischen Steuerung eines komplizierten Geräts vergleichen – mit einer Telefonvermittlung oder einem Autopiloten etwa. Grundlage einer kunstgerechten Anwendung der

> Akupunktur sind genaue Kenntnisse darüber, bei welchen Krankheitsbildern welche Nerven zu stimulieren sind. Das hört sich nun so an, als ob man sich diese Kenntnisse genauso einfach aneignen könnte wie etwa jene, die man braucht, um auf einer Schreibmaschine für ein bestimmtes Wort die richtigen Tasten zu drükken. Tatsächlich aber ist ein beträchtliches Maß an Wissen und Erfahrung notwendig, um die Akupunktur erfolgreich anzuwenden.[198]

In jüngster Zeit werden Akupunkturtheorien diskutiert, die die Entdeckung der Endorphine und anderer körpereigener Substanzen zum Verständnis der Akupunkturwirkung mit heranziehen (s. S. 189-192).

Akupunkturanästhesie: Zur chirurgischen Anästhesie (korrekterweise müßte man eigentlich von Analgesie sprechen) wurde die Akupunktur erstmals 1958 in China eingesetzt. Das erste große Anwendungsgebiet waren Mandeloperationen. Nach Tonsillektomien, die unter der herkömmlichen Lokalanästhesie durchgeführt wurden, konnten die Patienten einige Tage lang kaum etwas zu sich nehmen und klagten gewöhnlich über starkes Halsweh. Da nun die heilsame Wirkung der Akupunktur bei Halsweh und Halsentzündungen bekannt war, wandte man sie zunächst zur Linderung der nach Mandeloperationen auftretenden Beschwerden an. Schließlich wurde die Akupunktur nicht nur postoperativ, sondern auch schon während der Tonsillektomie mit großem Erfolg zur Schmerzausschaltung eingesetzt.

Die ersten systematischen klinischen Tests, von denen die Chinesen berichteten, wurden mit 660 im Gesundheitswesen tätigen Versuchspersonen und anderen Freiwilligen durchgeführt. In den darauffolgenden Jahren wurden insgesamt 40000 Personen in die klinische Erprobung der Akupunktur miteinbezogen. Durch die Ergebnisse dieser Untersuchungen ermutigt, begannen dann auch Psychiater, mit neuen Behandlungsmethoden für psychisch Kranke zu experimentieren. Dabei gingen sie von der Annahme aus, daß es möglich sein sollte, Reizströme über die sensorischen Nerven zu den höheren Zentren des Gehirns zu leiten, ohne den motorischen Cortex – wie dies bei der Elektroschocktherapie geschehen kann – zu schädigen.

Herkömmliche psychiatrische Behandlungsverfahren zielen darauf ab, die Aktivität des Großhirns zu hemmen, wodurch neben den pathologischen Symptomen leider oft auch gesunde physiologische Prozesse unterdrückt werden. Die Akupunktur – in Form der Elektrostimulation – schien dagegen selektiv pathologische Prozesse zu unterdrücken und die physiologische Aktivität des Gehirns intakt zu lassen. Bei Untersuchungen am Psychiatrischen Krankenhaus in Schanghai sprachen 73 Prozent der Patienten auf eine Stimulationsbehandlung gut bis sehr gut an.[186] Einer dieser Patienten lag in katatonem Stupor völlig bewegungslos im Bett. Er aß nicht, trank nicht, sprach kein einziges Wort und war ganz auf die Hilfe anderer angewiesen. Die einzige Möglichkeit, einen solchen Zustand zu beenden, hatte seither die Elektroschocktherapie geboten, wenn auch mit meist nur kurzfristigem Erfolg. Bei diesem Patienten trat nun durch die elektrische Stimulation seiner Akupunkturpunkte nach und nach eine merkliche Besserung ein, so daß er schließlich nicht nur wieder normal essen und trinken, sondern sich auch sinnvoll äußern konnte.

Die von ihnen entwickelte Technik der Elektroakupunktur des Trigeminusnervs stellte nach Meinung der chinesischen Forscher einen ähnlichen Durchbruch dar wie die Entwicklung vom externen zum internen Herzschrittmacher. Um die Impedanz der Haut und der Brustwand zu überwinden, benötigte der externe Herzschrittmacher Spannungen zwischen 60 und 70 Volt und stimulierte deshalb unerwünschterweise auch die Brustmuskeln. Der implantierte innere Schrittmacher, dessen Elektrodenspitze in die rechte Herzkammer geschoben wird, arbeitet mit einer Spannung von nur einem Millivolt, wodurch die umliegenden Strukturen nicht mit gereizt werden.

An Versuchspersonen wie Versuchstieren wurde die Wirkung der Elektroakupunktur auf die elektrische Aktivität des Gehirns untersucht. Dabei zeigte sich, daß es während der Stimulation des Trigeminusnervs zu einer relativ starken kortikalen Erregungsausbreitung kommt. Dagegen konnten bei Reizung der anderen Hirnnerven nur sehr viel schwächere, räumlich begrenzte elektrische Wellen registriert werden.

In verschiedenen chinesischen Untersuchungen stimulierte man Gebiete, die reich an freien Nervenendigungen sind, oder sogar bestimmte periphere Nerven und erzielte damit genauso gute Resultate wie mit der Stimulation der traditionellen Akupunkturpunkte. Experimentell bestätigt wurde ferner, daß die schmerzausschaltende Wirkung um so größer ist, je näher die Reizquelle dem Operationsort kommt. Weiterhin wurde die Wirkung der manuellen Stimulation durch Drehen der Akupunkturnadeln mit der Elektroakupunktur (wobei ein einfacher Impuls-Stimulator mit den Akupunkturnadeln verbunden wurde) verglichen: Beide Techniken eignen sich zur Schmerzausschaltung etwa gleich gut.

Die Ohrmuschel und der äußere Gehörgang, denen in der Elektroakupunktur-Anästhesie eine Schlüsselfunktion zukommt, stellen zusammen ein hochinnerviertes Gebiet dar, das durch sensorische Fasern des siebten und des zehnten Hirnnerven versorgt wird. Die Nervenendigungen sind dort eng miteinander verwoben und vernetzt. Versorgt werden diese Teile des Ohrs von sensiblen Fasern des siebten und des zehnten Hirnnerven. Da diese Nerven sehr weit verzweigt sind und weit in andere Körperregionen hinein ausstrahlen, liegt die Hypothese nahe, daß von der Stimulation des Ohrs eine reflektorische Wirkung auf beinahe sämtliche Teile des Körpers ausgeht.

Elektrische Stimulation im Westen

Elektrisch induzierte Schmerzausschaltung war für die westliche Welt nichts Neues. Lange bevor die Chinesen die Elektroakupunktur entwickelten, forschte man am *Hôpital Necker* in Paris nach einer Alternative zur chemischen Anästhesie. 1902 entdeckte dort François Leduc, daß bestimmte hochfrequente elektrische Ströme eine analgetische Wirkung haben. 1966 (als das erste internationale Symposium über Elektroanästhesie und Elektroschlaf in Europa stattfand) stellte Professor Aimé Limoge von der kieferchirurgischen Abteilung der Pariser Universität seinen Hochfrequenzgenerator vor, mit dem die Patienten ausreichend lang betäubt werden konnten. Im Gegensatz zur Elektrokrampftherapie, bei der der Strom nur sekundenlang einwirkt und die Patienten danach für einige Zeit bewußtlos sind, ermöglicht die Technik der Elektroanästhesie eine länger andauernde Stromeinwirkung und sofortiges Aufwachen nach Abschalten des Generators.[190]

In England veröffentlichten 1967 Patrick Wall und W. H. Sweet einen Bericht über die erfolgreiche Behandlung von acht Schmerzpatienten durch elektrische Stimulation peripherer Nerven.[333] Im darauffolgenden Jahr berichteten W. H. Sweet und J. G. Wespic von achtzehn Patienten, die sie mit Hilfe intermittierender peripherer Stimulation erfolgreich behandelt hatten[306] (s. Anhang II, Anm. 1). 1974 beschrieben Wall und Nathan die Elektrostimulationstherapie von dreißig Patienten, die an einer durch eine Herpesinfektion ausgelösten Neuralgie litten. Die Stimulation erfolgte über einen längeren Zeitraum mit Hilfe eines tragbaren Geräts, das die Patienten selbst bedienen konnten. In acht Fällen trat eine Besserung der neuralgischen Schmerzen ein, und in zwei Fällen klang die Neuralgie ganz ab.[217] Auf der Grundlage dieser Untersuchungen formulierten dann Melzack und Wall ihre ›Gate-Theorie‹[*] der Schmerzkontrolle (s. Anhang II, Anm. 2).

Schon zwanzig Jahre früher hatten sowjetische Wissenschaftler, ausgehend von der Pawlowschen Auffassung von

Schlaf als einer neuronalen Hemmung mit Schutzfunktion, ein neuartiges ›neurotropisches‹ Behandlungsverfahren entwickelt, den sogenannten Elektroschlaf. Dem war in der UdSSR und in anderen Ländern Osteuropas die intensive Erforschung der Wirkung elektrischer Reizströme auf das tierische wie menschliche Gehirn vorausgegangen.

Die Elektroschlaftherapie wurde allgemein begrüßt als eine Bereicherung des therapeutischen Maßnahmenkatalogs, zumal sie im Gegensatz zum medikamenteninduzierten Schlaf keine unerwünschten Nebenwirkungen aufweist. Doch obwohl auf diesem Gebiet sehr intensiv geforscht wird (bisher über 450 Veröffentlichungen), und obwohl der Elektroschlaf sowohl in der Sowjetunion als auch in Europa als therapeutisches Verfahren anerkannt ist und sich in der klinischen Praxis weithin bewährt hat, gehen die Meinungen bezüglich seines Entstehungs- und Wirkmechanismus immer noch sehr auseinander.

Mein besonderes Interesse fand die Sehweise des russischen Arztes G. V. Sergejew vom *Institut für Innere Medizin an der sowjetischen Akademie der medizinischen Wissenschaften* in Moskau. Bei einem Vortrag über das Thema ›Klinische Anwendungsmöglichkeiten des Elektroschlafs‹ sagte er: »Der Elektroschlaf übt eine neurotrope Wirkung auf das zentrale Nervensystem aus. Sein Einsatz empfiehlt sich bei all jenen – durchaus sehr unterschiedlichen – Krankheitsbildern, denen eine Störung der kortikalen Regulation somatischer Funktionen zugrunde liegt.« Zur praktischen Druchführung seines Elektroschlafverfahrens machte Sergejew folgende Angaben: »…Rechteckimpuls, konstante Polarität, Impulsdauer 0,2-0,3 Millisekunden, Amplitudenwert des Impulses bei einer Frequenz von 80-100 Hz: 15-20 mA Stromstärke, Dauer der täglichen Anwendungen: zwischen 30 Minuten und 2 Stunden, Dauer der gesamten Behandlung: 20-25 Anwendungen.«

Hirnelektrische Wellen und Frequenzen

Schlüssel zum Verständnis der rätselhaften ›Heilung‹ jener Drogensüchtigen, die wir in Hongkong mit Elektroakupunktur behandelt hatten, boten nicht nur die oben beschriebenen Forschungsergebnisse aus Ost und West, sondern auch die sogenannten ›Biofeedback*-Techniken‹ (s. Anhang II, Anm. 3). Als ich dann auf die Arbeiten von W. Grey Walter stieß, hatte ich das aufregende Gefühl, endlich auf der richtigen Spur zu sein. Dieser berühmte Neurophysiologe konnte als erster eine Beziehung zwischen epileptischen Krampfanfällen und den Frequenzen der hirnelektrischen Wellen aufzeigen; er beschrieb auch als erster den uns mittlerweile vertrauten Alpha-Rhythmus* und andere mit bestimmten Bewußtseinsveränderungen einhergehende hirnelektrische Kurvenbilder.

Das war genau das, was ich brauchte: eine Verbindung zwischen elektrischer Stimulation, hirnelektrischen Wellen und Bewußtseinsveränderungen, wie sie ja auch durch Drogen herbeigeführt werden. Sollte es mir nun noch gelingen, bei meinen süchtigen Patienten – wie Grey Walter bei seinen Epileptikern – eine systematische Beziehung zwischen den Frequenzen der Elektrostimulation und den hirnelektrischen Wellen zu finden, so wäre damit das Rätsel gelöst (s. Anhang II, Anm. 4).

Fast zur gleichen Zeit, als Grey Walter in Bristol bahnbrechende Entdeckungen auf dem Gebiet der Epilepsieforschung machte (1950), wurde Irving Cooper in New York auf eine Arbeit des italienischen Physiologen Giuseppe Moruzzi aufmerksam. Moruzzi hatte nämlich die interessante Beobachtung gemacht, daß sich die nach Durchtrennung des Gehirns oberhalb des Hirnstamms auftretende Starre des gesamten Körpers (die sogenannte Dezerebrationsstarre) durch elektrische Stimulation des vorderen Kleinhirnlappens beeinflussen läßt, und zwar abhängig von der Reizfrequenz. Bei einer Frequenz von 10 Hz nahm die Dezerebrationsstarre zu, bei Frequenzen zwischen 100 und 300 Hz nahm sie ab. Dabei konnte die nachteilige Wirkung einer Frequenzerniedrigung durch eine längere Stimulationsdauer kompensiert werden. Um jedoch überhaupt einen – hemmenden oder erregenden – Effekt auszulösen, mußte Moruzzi jedesmal zunächst eine Folge wiederholter Stimulationen durchführen.

Zwanzig Jahre später, im Winter 1972, implantierte Cooper mit Hilfe einer ›subokzipitale Kraniotomie‹ genannten Operationstechnik erstmals Elektroden im Kleinhirn von Patienten, die an schwerer Epilepsie oder verschiedenen spastischen Störungen litten. Die Auswirkungen dieses Eingriffs diskutierten wir mit Dr. Cooper während seines Hongkong-Aufenthalts im Februar 1973. Er berichtete damals, daß durch die Stimulation des Kleinhirns sowohl die Krampfanfälle als auch die damit einhergehenden Krampfpotentiale im EEG unterbunden würden, und interpretierte diesen Befund dahingehend, daß – wie sich im Tierversuch bereits zeigen ließ – zwischen der Aktivität des Kleinhirns und der Entladung von hirnelektrischen Krampfpotentialen möglicherweise ein Zusammenhang bestehe. Solch eine Sichtweise steht im Einklang mit anderen Beobachtungen bezüglich der Kleinhirnfunktionen. So erbrachte eine klinische Studie beispielsweise, daß durch Stimulation des Kleinhirnvorderlappens der Muskeltonus in spastischen Extremitäten vermindert, in normal angespannten Gliedmaßen jedoch nicht beeinflußt wird (s. Anhang II, Anm. 5).

Bleibt noch zu bemerken, daß Cooper bei seinen Patienten während der gesamten zweijährigen Dauer der Stimulationsbehandlung keinerlei Anzeichen für unerwünschte Nebenwirkungen – seien sie motorischer, sensorischer, intellektueller oder emotionaler Art – finden konnte.[68]

1973 fügten sich schließlich all diese aus West und Ost zusammengetragenen Erkenntnisse und Ergebnisse zu einer brauchbaren Arbeitshypothese, mit der die praktische Erprobung einer neuen Form von Suchtbehandlung beginnen konnte.

7 Ein wissenschaftliches Puzzlespiel

Vor meiner Ankunft in Hongkong im Jahr 1964 war ich noch nie einem Drogenabhängigen begegnet, oder zumindest war ich mir dessen nicht bewußt gewesen. Am chinesischen *Tung Wah Hospital* in Hongkong, dem größten Krankenhauskomplex Asiens, wurde jedoch der gesamte Problemkreis der Drogenabhängigkeit bald notgedrungen zu einem wesentlichen Teil meines beruflichen Alltags. Dort befanden sich auf einer mit vierzehn Patienten belegten Station sage und schreibe elf Opiatabhängige. Mag dieser Anteil auch zugegebenermaßen ungewöhnlich hoch gewesen sein, so konnte man doch auf den größeren Stationen des *Tung Wah* regelmäßig etwa zehn bis fünfzehn Opiatsüchtige antreffen. 1964 gab es in Hongkong laut offizieller Statistik 100000 Opiatabhängige bei einer Gesamtbevölkerung von nicht ganz vier Millionen, wobei die Kenner der Szene von einer erheblich höheren Dunkelziffer ausgingen.

Indirekt war ich schon lange vor dieser Zeit mit dem Drogenproblem in Berührung gekommen, und zwar durch meinen Mann George, der 1946, gleich nach dem zweiten Weltkrieg, als Missionar nach China ging. Dort und auch während eines dreijährigen Aufenthalts in Tibet waren ihm die vielen Drogensüchtigen aufgefallen, die vor allem Opium rauchten oder in Pillenform schluckten.

Unmittelbar nachdem ich die Prüfung zur Aufnahme in das *Royal College of Surgeons* in Edinburgh abgelegt hatte, ging ich nach Indien. Dort unterrichtete und praktizierte ich Allgemeinchirurgie am *Christian Medical College* in Ludhiana, Pandschab. 1952 während eines Urlaubsaufenthalts in der indisch-tibetischen Grenzstadt Kalimpong im nordbengalischen Himalaja lernte ich George kennen. Wir heirateten im September 1953 in Aberdeen, Schottland.

Als wir 1954 nach Indien zurückkehrten – und zwar nach

Kalimpong, das George als Stützpunkt diente, während er seine Artikel und Bücher schrieb und in verschiedenen Teilen Indiens einheimische Christen bei der Durchführung von Laienpredigten unterstützte –, stand mir kein Krankenhaus zur Verfügung, das die Voraussetzungen für große Chirurgie geboten hätte. 1956 übernahm ich die Leitung des etwa fünfzig Kilometer von Kalimpong entfernten Hospitals der *Indian Tea Association* in Darjeeling, womit auch die Verantwortung für über hundert kleinere Krankenstationen in den umliegenden Teegärten verbunden war. In vierjähriger Arbeit gelang es mir, die Zentralstation zu einem gutorganisierten Gemeindekrankenhaus auszubauen. Für diese Entwicklungsarbeit verlieh mir Ihre Majestät, Königin Elisabeth, den Titel ›Member of the British Empire‹.

1961 kehrten mein Mann und ich nach England zurück, weil George vorhatte, in die Politik zu gehen, und nicht zuletzt auch deshalb, weil ich mit unserem zweiten Kind im achten Monat schwanger war. Zurück in London kam George unerwarteterweise mit dem Drogenproblem wieder in Berührung, diesmal durch die inzwischen verstorbene Pianistin Hephzibah Menuhin, die Schwester von Yehudi, und durch deren Mann, den Soziologen Richard Hauser. Beide machten damals mit großem Engagement auf die Problematik der Gewalt und des Drogenmißbrauchs unter den Londoner Jugendlichen aufmerksam.

Im Januar 1964 trat George wieder eine Asienreise an, um eine Reihe von Fernsehdokumentationen zu drehen. Eine dieser Dokumentationen befaßte sich mit tibetischen Guerrilakämpfern, die vom nepalesischen Teil des Himalaja aus gegen die chinesiche Besatzungsarmee innerhalb Tibets vorgingen. Während sich George in Nepal aufhielt, war ich als Chirurgin am *United Mission Hospital* in der Hauptstadt Katmandu tätig.

Danach drehten George und seine Kollegen vom Fernsehen einen Film über den ›Opiumpfad‹, der vom ›goldenen Dreieck‹ im Nordosten von Birma über Thailand nach Hongkong führte. Hongkong galt damals als die Stadt mit dem weltweit größten Drogenproblem. Ein 300-Milligramm-Päckchen Heroin, das zu 40 Prozent aus Heroin und zu 60 Prozent aus Barbituraten bestand, war dort an jeder Ecke zu haben und kostete weniger als eine Schachtel Zigaretten. Fast jede noch so kleine Seitengasse hatte ihren Drogenhändler, der die Drogen seinen Kunden nach Bedarf drei- oder mehrmals täglich selbst injizierte oder sie in Pulverform verkaufte. Schulen und Hochschulen wurden von Drogen überschwemmt, zumal die Dealer ihre Ware in der Art von Bonbonverkäufern vor Spielplätzen und Schulhöfen ungeniert feilboten.

George, der unermüdlich Informationen über dieses Thema zusammentrug, wurde von der Hongkonger Verwaltung gebeten, eine umfassende offizielle Analyse des Drogenproblems zu verfassen. Bald war er ein begehrter Experte auf diesem Gebiet und hielt neben seiner Arbeit als Radio- und Fernsehjournalist viele Vorträge vor Schülern, Eltern und kirchlichen Jugendgruppen.

Erste klinische Erprobung der Behandlungstechnik

Als nun Dr. Wen meinen Mann bat, den Kontakt zu Drogenabhängigen herzustellen, die bereit wären, an einem Entwöhnungsversuch mit Hilfe der Elektroakupunktur teilzunehmen, lag es für mich nahe, mich an dieser ersten Erprobung der neuartigen Suchtbehandlung zu beteiligen.

Über einen Zeitraum von drei Monaten, von Januar bis März 1973, behandelten wir im *Tung Wah Hospital* in unserer freien Zeit 40 Drogenabhängige (30 Opium- und 10 Heroinsüchtige). Sechs kamen freiwillig wegen ihrer Abhängigkeit ins Hospital, die restlichen befanden sich bereits wegen verschiedenen anderen Krankheiten in stationärer Behandlung. Das Ausmaß des Drogenmißbrauchs war individuell recht unterschiedlich. (Laut offizieller Statistik konsumierte ein Drogenabhängiger in Hongkong im Durchschnitt täglich ungefähr 900 mg Heroin-Barbiturat-Mischung. Kostete Anfang der siebziger Jahre eine solche Tagesration noch etwa 1 Pfund, so müßte man heute – Mitte der achtziger Jahre – schon 60 Pfund dafür aufwenden.)

Zur chirurgischen Schmerzbetäubung werden bei der herkömmlichen Akupunkturtechnik bestimmte Punkte der Hand, des Handgelenks und der Ohren genadelt. Dieses Standardverfahren modifizierten wir bei der Behandlung unserer Drogenabhängigen dahingehend, daß wir nur die Ohren nadelten. In der Akupunkturterminologie wird der von uns benutzte Punkt in der Mitte der Ohrmuschel ›Lungenpunkt‹ genannt. Hier führten wir die Nadeln zwischen der Haut und dem Knorpel 0,635 cm tief ein und verbanden sie über Krokodilklemmen und Leitungen mit dem elektrischen Stimulator. Die Stromzufuhr wurde langsam gesteigert, bis die Patienten im Ohr ein leichtes, nicht unangenehmes Kribbeln spürten. Während der ersten fünf Behandlungstage, also in der akuten Entzugsphase, führten wir täglich zwei bis drei Sitzungen durch, die jeweils ungefähr 30 bis 40 Minuten dauerten. In den darauffolgenden vier bis fünf Tagen fand jeweils nur noch eine Behandlung statt.

10 bis 15 Minuten nach Beginn der Stimulation hörten die Augen der Patienten auf zu tränen und ihre Nasen hörten auf zu triefen; das Zittern und die Glieder- und Leibschmerzen ließen nach; die Patienten begannen, regelmäßig zu atmen und fühlten sich durchwärmt und entspannt.

Im *Asian Journal of Medicine* berichteten Wen und Cheung von den Ergebnissen unserer klinischen Erprobung:

> Von den 40 behandelten Abhängigen wurden 39 drogenfrei entlassen. Diese Patienten haben Gewicht zugelegt und gaben an, seither kein Verlangen nach Drogen mehr zu verspüren. 22 der Entlassenen gaben Urinproben ab. Eine Probe war positiv und eine zweifelhaft... Die ›zweifelhafte‹ Probe stammte von einem

> Patienten, der nach einer Gehirnerschütterung mit *Luminal* behandelt worden war. Die einzige positive Probe stammte von einem Patienten, der an einem schmerzhaften Blasentumor litt und deswegen Betäubungsmittel-Injektionen bekam. Die 20 Fälle, deren Urintest negativ ausfiel, sind offensichtlich drogenfrei und spüren bisher auch kein Verlangen nach Drogen... Bis zum jetzigen Zeitpunkt haben sich acht Patienten erneut an uns gewandt mit der Bitte, noch einmal ein oder zwei Behandlungen durchzuführen... Alle acht wurden ambulant behandelt und klagten bisher nicht über eine nochmalige Wiederkehr der Symptome.[330]

Während der darauffolgenden vier Monate behandelten wir mehr als 100 Fälle von Heroin- und Opiumabhängigkeit, und zwar mit ähnlichen Resultaten (s. Anhang II, Anm. 6).

Neue Hoffnung für Süchtige: Die erfolgreiche Entwöhnung dieser Patienten und auch anderer, die ich privat in Hongkong behandelte, eröffnete neue Heilungschancen bei bisher als hoffnungslos geltenden Fällen von Abhängigkeit. In vieler Hinsicht war Hongkong mit seinen vorzüglichen Krankenhäusern und seinem gewaltigen Drogenproblem der ideale Ort, um neue Wege in der Suchtbehandlung zu erproben. Die Haltung der offiziellen Stellen konnte man jedoch beinahe als paranoid bezeichnen. Wohl aus den verschiedensten politischen, sozialen und wirtschaftlichen Gründen schienen die zuständigen Behörden in Hongkong mehr damit beschäftigt zu sein, das Problem herunterzuspielen, als nach Möglichkeiten zu seiner Lösung zu suchen.

Auf Wen, Cheung und mich wurde Druck ausgeübt, alle Versuche mit Akupunkturanästhesie einzustellen; da aber die Anwendung der Akupunktur als traditionelles chinesisches Heilverfahren in Hongkong vom Gesetz her ausdrücklich erlaubt ist, war auf legalem Wege nicht gegen uns vorzugehen. Die Gesundheitsbehörden verschickten Rundbriefe, worin uns in scharfen Worten schwerwiegende Konsequenzen angedroht wurden. Nachdem Wen vor einem großen Kreis von Ärzten von seinen Untersuchungen berichtet hatte, warnte man uns davor, weiterhin öffentliche Vorträge zu halten. Auch die Leitung des Hospitals, an dem wir unsere Forschungsarbeit ja zusätzlich zu unseren Verpflichtungen als Chirurgen durchführten, begegnete uns mit Argwohn. Und obwohl in der *New York Times* und im Londoner *Observer* bereits einige Berichte erschienen waren, dementierten die offiziellen Stellen der lokalen wie der internationalen Presse gegenüber fortdauernd, daß sich auf dem Gebiet der Suchtbehandlung irgendein medizinischer Durchbruch abgezeichnet habe.

Wir selbst in unseren Untersuchungen wie auch die Berichterstattung in den Medien hoben sehr stark auf die Anwendung der Akupunktur ab – hauptsächlich wohl deshalb, weil dieses Verfahren nach dem Erfahrungsbericht von James Reston und nach den Veröffentlichungen jener Ärzte, die Präsident Nixon begleitet hatten, weithin starke Beachtung fand. Trotzdem wuchs in mir die Überzeugung, daß die Akupunktur für den Erfolg unserer Behandlungsmethode nicht ausschlaggebend war. Mir schien es, als beruhten die Resultate eher auf einem noch unbekannten elektrischen Faktor, der irgend etwas mit Frequenzen zu tun haben mußte. Von meinen chinesischen Kollegen, die in Geschichte und Praxis der traditionellen Akupunktur sehr gut bewandert waren, wußte ich, daß sich die Akupunktur in der Behandlung von Suchtkranken bisher nicht als wirksam erwiesen hatte, obwohl mit ihr Muskelentspannung leicht erzielt werden kann.

Aufgrund meiner Lektüre und zunehmenden klinischen Erfahrung wurde mir die Vermutung, daß es bei der Suchtentwöhnung weniger auf die systematische Anwendung der Elektroakupunktur als vielmehr auf die elektrische Stimulation bestimmter Nervenbahnen ankomme, immer mehr zur Gewißheit. Während ich mit verschiedenen Wellenformen und Frequenzen der Reizströme herumexperimentierte, konnte ich feststellen, daß ich mit bestimmten Frequenzen bei einem Patienten dramatische Effekte erzielte, während ich bei einem anderen mit denselben Frequenzen kläglich scheiterte. Die chinesischen Drogenabhängigen, die mit dem chinesischen Stimulatormodell ›6,26‹ behandelt wurden, sprachen in der Regel auf eine Frequenz von 111 Hz positiv an und verglichen die damit einhergehende Empfindung mit jener, die von einem durchschnittlichen Heroinschuß ausgelöst wird. Bei Amphetaminsüchtigen hatten wir hingegen mit dieser Frequenz keinen oder so gut wie keinen Erfolg.

Ich beschloß daher, selbst einen Stimulator zu entwerfen und nach meinen Angaben bauen zu lassen, der mir durch einen breiteren Frequenzbereich und vielfältigere Variationsmöglichkeiten bei den Wellenformen mehr Spielraum zum Experimentieren bieten würde. Gesteigert wurde mein Forscherdrang noch, als ich von spannenden Entdeckungen ausländischer Forscher hörte, die ebenfalls Untersuchungen zur Elektrostimulation durchführten.

Forschung in China

Eine Forschergruppe vom Kuang-si Medical College veröffentlichte in der *Scientia Sinica* einen Bericht über Untersuchungen zur Akupunkturanästhesie. Bei 52 Versuchstieren wurde die schmerzausschaltende Wirkung der Akupunktur vor und nach der Gabe verschiedener psychotroper Drogen gemessen. Der Vergleich der Meßwerte ergab, daß bestimmte Drogen die Akupunkturwirkung verstärken, während andere sie ausnahmslos hemmen (s. Anhang II, Anm. 7).

Ein weiteres chinesisches Forscherteam vom *Peking Medical College* ging der Frage nach, welche Rolle verschiedene Neurotransmitter – besonders jene, die vermutlich für Schmerz und Schmerzausschaltung verantwortlich sind – bei der Akupunkturanalgesie spielen. Dazu hatten diese Forscher mit Kaninchen eine Versuchsreihe durchgeführt,[261] die sie in einem Film dokumentierten.

In diesem Film, den ich mir in Hongkong anschauen konnte, wurden zwei Kaninchen mit gemeinsamem Blutkreislauf gezeigt. Obwohl nur bei einem der Kaninchen eine Akupunkturanalgesie herbeigeführt worden war, lag danach die Schmerzschwelle bei beiden Tieren signifikant höher. In einem weiteren Experiment übertrug diese Forschergruppe zerebrospinale Flüssigkeit von einem akupunktierten Kaninchen auf ein nicht-akupunktiertes. Die Schmerzschwelle des nicht-akupunktierten Kaninchens stieg dadurch zwar deutlich an, aber nicht so stark wie bei dem akupunktierten Tier. Bei dieser Versuchsreihe wurde anstelle der üblichen Nadelungstechnik die Akupressur (gezielte Massage von Akupunkturpunkten mit den Fingerkuppen) angewandt, da die Nadeln zuviele lokale Gewebsschädigungen verursacht hätten.

Diese Fingerakupunktur erfreute sich wieder wachsender Beliebtheit, zumal einige chinesische Akupunkteure behaupteten, sie sei vermutlich historisch gesehen die erste Akupunkturmethode gewesen. Als ich damals diesen Film sah, kam mir zum ersten Mal die Idee, daß die Nadeln womöglich entbehrlich wären und statt dessen vielleicht auch Oberflächenelektroden verwendet werden könnten. Die entscheidende Bedeutung dieser Beobachtungen wurde bald auch außerhalb Chinas erkannt. So konnte man im Wissenschaftsteil der *Times* vom 28. 3. 1974 eine Besprechung verschiedener Artikel lesen, die in der chinesischen Fachzeitschrift *Scientia Sinica* erschienen waren:

> Die Vergleichsuntersuchungen mit Morphium ergaben wertvolle und interessante Hinweise darauf, daß der durch Akupunktur und der durch Morphium induzierten Schmerzausschaltung unterschiedliche Wirkmechanismen zugrundeliegen.
>
> Darüber hinaus liefern diese Experimente den Beweis dafür, daß die von den Autoren verwendeten Untersuchungs- und Meßmethoden wissenschaftlichen Anforderungen genügen und die vorgestellten Ergeb-

nisse durchaus ernst zu nehmen sind. Es scheint somit kaum noch zweifelhaft, daß die Akupunktur Veränderungen hervorruft, die letztlich zu einer Blockade der Schmerzimpulse im Gehirn führen.[281]

Forschung im Westen

Westliche Forscher stimulierten mittels implantierter Elektroden das periaquäduktale Grau (eine an Opiatrezeptoren reiche Gehirnregion) von Ratten und Katzen. Dadurch wurden die Versuchstiere »vollkommen unempfindlich gegenüber Schmerzreizen – ein Effekt, der die Stimulation um einige Stunden überdauerte –, während sie auf andere Stimuli weiterhin normal reagierten«[205] (s. Anhang II, Anm. 8).

Dr. Cooper, mit dem ich brieflich in Kontakt geblieben war, erzählte mir von der Behandlung einer Patientin, die als Folge eines zerebralen Sauerstoffmangelzustands drei Jahre lang an schweren Muskelkrämpfen (Myoklonie) gelitten hatte. In den ersten Wochen nach Implantation der Elektroden hatte die Stimulationsbehandlung mit 200 Hz noch keinen Erfolg. Erst allmählich trat eine stetige Besserung ein, so daß die den ganzen Körper erfassenden Zuckungen, die die Patientin schwer behindert hatten, nach einigen Monaten praktisch verschwunden waren. In etwa dreißig weiteren Fällen – darunter als unbehandelbar geltende Epilektiker sowie Patienten, die an verschiedenen Formen von spastischer Lähmung oder infolge eines Schlaganfalls an zerebralen Lähmungen litten – konnte Cooper ähnlich dramatische Erfolge verbuchen. Seine Behandlungstechnik bestand aus der chirurgischen Implantation von Elektroden und der Kontrolle der Kleinhirnstimulation durch die – wie er es nannte – »prothetische Mobilisierung des inhibitorischen Potentials der Kleinhirnrinde«. Etwas einfacher ausgedrückt: Er aktivierte mit Hilfe elektrischer Stimulation bislang ungenützte Funktionen des Kleinhirns.

»Das Kleinhirn ist ein inhibitorischer Mechanismus, der gewissermaßen wie ein Rheostat (regelbarer elektrischer Präzisionswiderstand, d. Übers.) funktioniert«, erklärte Cooper. «Es wirkt modulierend auf das restliche Gehirn. Diese Sichtweise der Kleinhirnfunktion ist durch die Ergebnisse jahrelanger tierexperimenteller Forschung mittlerweile gut belegt. Neuland beschreite ich also nur insofern, als ich mir diese tierexperimentell gewonnenen Erkenntnisse in der Humanmedizin zunutze mache.«

Dr. Cooper entwickelte den nach ihm benannten ›Gehirnschrittmacher‹ zur Behandlung neurologischer Störungen. Zunächst wird im Brustraum des Patienten ein kleines, auf Radiofrequenzen eingestelltes Empfangsgerät implantiert. Bei einem zweiten chirurgischen Eingriff werden auf der Kleinhirnrinde (s. Anhang II, Anm. 9) des Patienten Kunststoffplättchen angebracht, auf denen vier bis acht Paar Platinelektroden befestigt sind. Diese Elektroden dienen der Reizübertragung und sind über Kabel, die unter der Haut liegen, mit dem Empfangsgerät verbunden. In Gang gesetzt wird die Stimulation von einem außerhalb des Körpers befindlichen Reizgeber, dessen Signale von einem direkt auf die Brust des Patienten geklebten Fühler aufgefangen und durch transepidermale induktive Kopplung an den unmittelbar darunter implantierten Empfänger weitergeleitet werden. Der Reizgeber hat ungefähr die Größe einer Zigarettenschachtel und paßt somit gut in eine Hosen- oder Handtasche.

Cooper selbst ging nicht davon aus, daß der natürliche Verlauf etwa einer zerebralen Lähmung oder einer der anderen Krankheiten, die er behandelte, durch die Kleinhirnstimulation aufzuhalten wäre. Überzeugt war er jedoch davon, daß »die Reflexfunktion einiger neuronaler Schaltkreise durch prothetische Stimulation des Kleinhirns wiederhergestellt werden kann«.

Bei allen seinen Patienten konnte Cooper Verhaltensänderungen beobachten, sogar bei jenen, die nur eine geringe oder gar keine Besserung ihrer körperlichen Symptomatik erfah-

ren hatten. Alle Patienten waren vor und nach der Schrittmacherimplantation sowie zu verschiedenen Nachuntersuchungszeitpunkten von unabhängiger Seite begutachtet worden und zeigten in ihrem Verhalten folgende Veränderungen:
(1) Verminderung von Angst, Streß und Anspannung;
(2) Verbesserung des Denkvermögens und der Sprachflüssigkeit;
(3) geringere Depressionsneigung und optimistischere Lebenseinstellung;
(4) geringere Neigung zu Wutausbrüchen und aggressiven Verhaltensweisen, allgemein gesteigerte emotionale Kontrolle.[68]

Das Puzzle nimmt Gestalt an

Langsam begannen die vielen Einzelteile jenes wissenschaftlichen Puzzles namens ›Elektrostimulation‹ ineinander zu passen. Zwischen elektrischer Stimulation einerseits und Schmerz, Emotion und Bewußtsein andererseits haben sich enge Beziehungen bereits nachweisen lassen. Zwischen elektrischer Stimulation und abhängigkeitserzeugenden Drogen, die ja regelmäßig zu kognitiven und emotionalen Veränderungen und Verzerrungen führen, schien eine Verbindung zumindest sehr wahrscheinlich zu sein.

Mit großem Interesse verfolgte ich Studien, die an in sogenannten Skinner-Boxes gehaltenen Ratten den Bedingungsfaktoren des Suchtverhaltens nachgingen. In diesen Experimenten bot man den Versuchstieren die Möglichkeit zur intrakraniellen Selbstreizung. Sie konnten nämlich durch einen Hebeldruck Reizelektroden unter Strom setzen, die man ihnen in das mediale Vorderhirnbündel (ein das Gehirn weiträumig durchziehendes Faserbündel, das vielfach als ›Belohnungszentrum‹ angesprochen wird, Anm. d. Übers.) implantiert hatte. Man konnte nun beobachten, daß die Tiere sich in dieser Weise bis zur Erschöpfung selbst stimulierten, jedoch – wie neuropharmakologische Untersuchungen zeigten – nur dann, wenn am Reizort der Neurotransmitter Noradrenalin* ausreichend vorhanden war (s. Anhang II, Anm. 10). Derartige Selbstreizungsexperimente stützten die Hypothese, daß abhängigkeitserzeugende Substanzen deshalb so euphorisierend wirken, weil sie das Gehirn zu gesteigerter Produktion von Noradrenalin (und anderer Catecholamine*) anregen. Entscheidend war für mich jetzt die Frage, ob sich mit Hilfe elektrischer Stimulation beim Menschen dieselben Effekte erzielen ließen. Der britische Wissenschaftler H. O. J. Collier beschrieb die Bedeutung der Skinner-Box-Experimente für das Verständnis der Drogenabhängigkeit:

> Bei Tieren, die psychische Prozesse durch ihr Verhalten sichtbar kundtun, könnte man von einer ›verhaltensmäßigen Abhängigkeit‹ sprechen, die psychische wie physische Komponenten einschließt... In Untersuchungen zum Suchtverhalten wird dem Versuchstier gewöhnlich eine feine Kanüle intravenös gelegt, die an eine Infusionspumpe angeschlossen ist. Das Tier kann sich nun selbst Drogen verabreichen, indem es einen Hebel drückt, der darauf die Pumpe aktiviert... Bietet man dem Tier statt einer schwachkonzentrierten Heroinlösung eine starkkonzentrierte an, so wird sich die Hebeldruck-Rate verändern: Das Tier lernt, den Hebel immer häufiger zu drücken.
>
> Der Vergleich zwischen der Selbstverabreichung einer belohnenden Droge und der intrakraniellen Selbstreizung liegt nahe. Auch wenn – wie bei letzterer – die Selbstbelohnung durch elektrische Stimulation bestimmter Gehirngebiete erfolgt, neigen die Versuchstiere dazu, dies mehrmals pro Stunde auszulösen ... Ganz allgemein gesagt scheint man einer Erklärung des Suchtphänomens am nächsten zu kommen, wenn man annimmt, daß die abhängigkeitserzeugende Droge auf irgendeine Art von Rezeptor*, Vesikel, Enzym, Trägermolekül oder Neuron aktivierend wirkt, wo-

> durch eine endogene Substanz freigesetzt oder vermehrt produziert wird, die wiederum in die neuronale Reizbeantwortung modulierend eingreift.[64]

Im März 1973 berichteten Solomon Snyder und Candace Pert von der *Johns Hopkins University School of Medicine* in Baltimore in der Fachzeitschrift *Science*, daß es ihnen gelungen sei, jene Rezeptoren im Gehirn zu lokalisieren, an die Opiate gebunden werden.[245] Als dasjenige Gehirngebiet mit der höchsten Dichte von Opiatrezeptoren erwies sich das Corpus striatum, von dem angenommen wird, daß es an der Integration motorischer Aktivitäten und sensorischer Informationen beteiligt ist. In sehr viel geringerer Konzentration fand man die Rezeptoren im zerebralen Kortex, der höhere intellektuelle Funktionen reguliert, und im Hirnstamm, der den Schlaf-Wach-Rhythmus kontrolliert.

Daraus leitete Snyder eine Reihe von Eigenschaften ab, die ein idealer Opiatantagonist aufweisen müßte: Er sollte hochwirksam, langanhaltend und oral zu verabreichen sein; er sollte natürlich nicht süchtig machen und keine Nebeneffekte haben. Über einen gewissen Zeitraum eingenommen, würde eine solche Substanz – so die Hoffnung Snyders – bei ehemaligen Drogenabhängigen zu einer Löschung des konditionierten Heroin-Suchtverhaltens führen und möglicherweise auch allgemeine psychische Veränderungen bewirken.

Könnte man sich eine solche Wirkung anstatt von einer chemischen Substanz nicht auch von der Elektrostimulation erhoffen? All die klassischen Reizungs- und Selbstreizungsexperimente beruhen ja auf der stillschweigend vorausgesetzten Grundannahme, daß durch elektrische Stimulation eine wie auch immer geartete physiologische Aktivität ausgelöst wird. Zu Recht stellt daher das Paradigma der Elektrostimulation eine Bereicherung des herkömmlichen medizinischen Denksystems dar, auch wenn sich die Resultate dieser Stimulationstechnik von normalen physiologischen Reaktionen unterscheiden.

Ein Leitartikel der medizinischen Fachzeitschrift *The Lancet* beschäftigte sich mit jenem »einfachen technischen Trick«, der eben darin besteht, Körperfunktionen durch implantierte Reizelektroden zu normalisieren:

> Es spricht im Grunde nichts dagegen. Was an den Reizungsexperimenten Delgados so fasziniert, ist nicht allein die Tatsache, daß ein im Galopp angreifender Bulle durch elektrische Stimulation gestoppt werden kann, sondern daß ganz offensichtlich auch die Wut des Bullen durch elektrische Fernkontrolle gewissermaßen ausgeschaltet wurde... Es schien, als habe sich ein physiologischer Effekt bis auf die Verhaltensebene ausgewirkt. Das limbische System (der in den hier angesprochenen Experimenten stimulierte Teil des Gehirns, d. Übers.), dem sowohl autoregulatorische als auch emotional bewertende Funktionen zugeschrieben werden, verarbeitet relativ lang nachwirkende, einfache An-Aus-Befehle und scheint daher für gezielte Stimulation hervorragend geeignet zu sein. Obwohl schon in vielen Teilen des limbischen Systems Reizungsversuche unternommen wurden, stehen wir mit unserem Wissen über die Möglichkeiten der Langzeitstimulation noch ganz am Anfang, ungeachtet der zahlreichen Untersuchungen, die Delgado und seine Mitarbeiter an verschiedenen Versuchstieren, einschließlich der Primaten, sowie an einigen Versuchspersonen durchführten.[16]

In demselben *Lancet*-Leitartikel wurde der Fall eines Patienten beschrieben, der nach einer »überwiegend kortikalen« Läsion unter spontan auftretenden Schmerzen litt. Infolge intermittierender elektrischer Stimulation mittels einer stereotaktisch in bzw. in die Nähe der Capsula interna implantierten Elektrode trat eine spürbare Linderung ein. Im einzelnen wurde das Behandlungsverfahren folgendermaßen vorgestellt:

Wie in allen aus der Literatur bekannten, ähnlich gelagerten Fällen war auch hier der temporale Kortex beschädigt. Bei dem Patienten zeigte sich ein Verlust rechts-hemisphärisch gesteuerter Funktionen der linken Körperhälfte.

Von der Reizelektrode nahm man an, daß sie sich im hinteren Schenkel der Capsula interna befand. Die bipolare Stimulation mit 100 bis 150 Hz, 1,5 bis 2,5 Volt und einer Wellendauer von 0,25 Millisekunden rief ein Vibrationsgefühl und ein leichtes Kribbeln hervor. Nach fünf bis fünfzehn Minuten verschwanden die Schmerzen sowie eine unangenehme, ausstrahlende Dysästhesie für einen Zeitraum zwischen einer und 26 Stunden. *Wichtig ist die exakte Form des elektrischen Stroms.* In Anbetracht der charakteristischen Merkmale des Reizstroms wie auch der am Patienten beobachteten Symptomveränderungen muß man annehmen, daß hier aller Wahrscheinlichkeit nach eine richtig eingestellte, spezifische Stimulation stattgefunden hat.[16]

Morphologische Veränderungen: Schon vor einiger Zeit wurden in England von L. S. Illis Experimente durchgeführt, die den Beweis dafür erbrachten, daß nach elektrischer Stimulation morphologische Veränderungen eintreten können. Ich schrieb seinerzeit an Dr. Illis, um Näheres über seine Reizungsexperimente zu erfahren und um ihm einige meiner eigenen Erfahrungen mitzuteilen. Er antwortete:

> Besonders aufmerksam las ich Ihre Bemerkungen über eine etwaige Beeinflussung des Gewebewachstums durch elektrische Stimulation. Ich dachte mir, von Interesse wären für Sie wohl einige Arbeiten, die sich mit der Wirkung wiederholter Reizung auf das zentrale Nervensystem befassen. Seit der Veröffentlichung dieses Artikels stieß ich auf zwei weitere Berichte über ähnlich angelegte Untersuchungen, die – was morpho-

logische Veränderungen infolge elektrischer Reizung angeht – ganz ähnliche Ergebnisse erbrachten.

Robert Becker, Forschungsleiter am *Veterans Administration Hospital* in Syracuse (New York) und Professor für orthopädische Chirurgie, war nicht nur eine weltweit anerkannte Autorität auf dem Gebiet der Elektrostimulation, sondern auch ein Experte in Fragen der Gewebsregeneration. Nachdem es ihm bei Versuchstieren gelungen war, Gewebe durch elektrische Reizung zur Regeneration anzuregen, wandte er seine Technik auch bei Patienten mit nichtheilenden Knochenbrüchen an.

Beckers Beschäftigung mit dem Thema Gewebsregeneration reicht bis ins Jahr 1958 zurück. Damals führten er und seine Kollegen eine Reihe von Experimenten durch, um festzustellen, ob in Knochen und anderen Geweben mit Hilfe elektrischer Stimulation ein Wachstumssignal ausgelöst werden könnte. Frühere Studien hatten bereits gezeigt, daß die Chancen für eine Regeneration mit dem Anteil des Nervengewebes an den betroffenen Körperregionen steigen. Becker wies darauf hin, daß der Mensch, dessen Gehirn etwa 70 Prozent der gesamten Nervengewebsmasse beansprucht, zur Regeneration praktisch unfähig ist, während Salamander, deren Nervengewebe nur zur Hälfte im Gehirn konzentriert ist und im übrigen den ganzen Körper durchzieht, neue Schwänze und Beine, ja sogar Herzmuskelgewebe regenerieren können. Er stellte nun die Hypothese auf, daß sich das Regenerationsvermögen höherer Arten steigern ließe, wenn man – als Ausgleich für den relativ geringen Anteil an Nervengewebe in den Extremitäten – die elektrische Aktivität der neuronalen Netzwerke von außen verstärkt. Zur Überprüfung dieser Hypothese nahm Becker bei 39 Ratten Amputationen vor und implantierte dann am Amputationsort Elektroden, um dort durch Reizströme zelluläre Veränderungen auszulösen. Bis auf zwei reagierten alle Ratten auf die Elektrostimulation mit einem gewissen Gliederwachstum; viele regenerierten ihre amputierten Vorderbeine bis runter zum ersten Gelenk.[27]

Bei einem in Frankreich veranstalteten Symposium über Bioelektrochemie erweiterte Becker seine Hypothese noch, indem er »ein vollständiges Betriebssystem« postulierte, das »in lebenden Organismen derartige Basisfunktionen wie etwa biologische Zyklen, Wachstums- und Heilungsprozesse kontrolliert«. Dieses System beschrieb er als »ein analog arbeitendes Datenübertragungssystem, dem die variierende Stärke des jeweils fließenden elektrischen Gleichstroms als Signal dient«. Es »ist mit dem Nervensystem eng verzahnt und muß als dessen Vorstufe angesehen werden«. Jenes Gleichstrom-System interagiert also mit dem Nervensystem und auch mit allen Körperzellen. »Die Theorie erklärt die biologische Wirksamkeit von Reizströmen, wie sie etwa bei der *Elektroanästhesie, der elektrischen Wachstumskontrolle und der Elektroakupunktur* zum Einsatz kommen. Darüber hinaus lassen sich aus dieser Theorie überprüfbare Hypothesen ableiten, mit deren Hilfe möglicherweise weitere klinisch relevante Effekte vorhergesagt werden könnten«[28] (s. Anhang II, Anm. 12).

Eine schwierige Entscheidung

Eigentlich hatte ich nun das Gefühl, genügend Informationen zusammengetragen zu haben, um eine Arbeitshypothese und auch ein hypothetisches Wirkprinzip zu formulieren, auf deren Grundlage die Elektrostimulation als aussichtsreiche Behandlungsmethode bei stoffgebundenen Suchtformen weiter systematisch untersucht werden könnte. Doch ließ meine damalige Situation eine vertiefte Forschungstätigkeit nicht zu. Ich war nicht in der glücklichen Lage, die vielfältigen Möglichkeiten einer Forschungseinrichtung nutzen zu können wie z.B. Dr. Cooper, der als Neurochirurg an einem Ausbildungskrankenhaus tätig war, oder wie Dr. Becker, der ein Forschungslabor zur Verfügung hatte. Gegenüber diesen beiden Kollegen, die in den USA und auch weltweit als Autoritäten auf ihrem Gebiet bekannt waren, hatte ich auf dem Gebiet der

Suchtbehandlung natürlich überhaupt noch keinen Namen. Ich war eben Allgemeinchirurgin, die die letzten fünfundzwanzig Jahre damit verbracht hatte, die verschiedensten chirurgischen Eingriffe – in Asien manchmal auch unter primitiven Bedingungen – durchzuführen.

Nachdem ich jedoch in Hongkong neun Monate lang über hundert Abhängige mit Hilfe der Elektroakupunktur erfolgreich behandelt hatte und nachdem mir aufgrund meines ausgiebigen Studiums der einschlägigen Literatur klar geworden war, daß der elektrischen Reizung von Nervenbahnen allgemein wachsende Bedeutung zukommt, sah ich mich nun vor eine schwierige Wahl gestellt: Entweder mußte ich meine Chirurgie – an der ich sehr hing – aufgeben oder eine therapeutische Chance ungenutzt lassen, die meine Chirurgie an Wichtigkeit weit übertraf.

Ich entschloß mich gegen die Chirurgie, gab meine Stelle in Hongkong auf und kehrte nach London zurück, um mich ganz der Erforschung und der Anwendung der – wie ich es damals bereits nannte – neuroelektrischen Therapie zu widmen. 1973 eröffnete ich eine Praxis in Londons medizinischem Mekka – in der Harley Street (einem Zentrum niedergelassener Privatärzte, d. Übers.).

8 Die Entwicklung der NET

Beginn meiner Forschungsarbeit in England

Nach meiner Rückkehr nach England im Jahr 1973 verbrachte ich die meiste Zeit damit, meinen eigenen neuroelektrischen Stimulator zu entwickeln und die in verschiedenen Ländern zum Thema Elektrostimulation veröffentlichten Arbeiten zu sichten.

Ohne das persönliche Engagement und die Hilfsbereitschaft einiger Freunde und Patienten wäre die Weiterführung meiner Forschungsarbeit nicht möglich gewesen. Der berühmte Geiger Yehudi Menuhin beispielsweise stellte mich seinem Freund, Andrew Grima, dem Juwelier der englischen Königin, vor. Grima arbeitete mehrere Monate mit mir zusammen an dem Entwurf eines für meine Zwecke geeigneten Ohrklipps, in den eine winzige, keinerlei Schmerzen verursachende Nadel eingelassen war. (Ich hatte beobachtet, daß meine europäischen Patienten die Nadelung ihrer Ohren mit chinesischen Akupunkturnadeln unerträglich schmerzhaft fanden.) Ein anderer Freund von Yehudi Menuhin, David Shackman von *Shackman Instruments Limited*, stellte mir die gesamten Einrichtungen seiner Firma zur Verfügung. Sein Betriebsleiter, Geoff Bennett, machte sich mit viel Geduld an die Herstellung eines nach meinen Vorgaben konzipierten Stimulators. Ich hatte nämlich die einzigen in Großbritannien damals erhältlichen Stimulatoren (alle aus den USA importiert) ausprobiert und als für meine Zwecke nutzlos befunden. Geoff Bennett hatte jedoch natürlich genausowenig Ahnung von Biologie wie ich von Elektronik.

Historische Vorläufer: Die Entstehung des Begriffs wie auch der Wissenschaft ›Elektrophysiologie‹ läßt sich bis in das sechzehnte Jahrhundert zurückverfolgen. Ungefähr zur selben Zeit, als Galilei ein aus zwei Linsen zusammengesetztes Fernrohr entwickelte und ein neues Weltbild begründete, führte der englische Arzt William Gilbert neben seiner heilkundlichen Praxis Untersuchungen zum Magnetismus und zur ›Elektrizität‹ – ein von ihm geprägter Begriff – durch. Gilbert erfand auch das erste Instrument zur Messung elektrischer Felder, das ›Elektroskop‹.

Im achtzehnten Jahrhundert nahm dann das Interesse an elektrischen Phänomenen sprunghaft zu. Stephen Hales, ein naturwissenschaftlich gebildeter Geistlicher, behauptete, die Nerventätigkeit beruhe auf »elektrischen Kräften«. Der Abbé Nolet versuchte, Lähmungen mit Elektrizität zu heilen und Abraham Bennet erfand ein ›Blattgold-Elektroskop‹ zur Aufspürung und Messung elektrischer Ladungen.

1775 begann Luigi Galvani mit seinen elektrophysiologischen Experimenten, und bald schon war die Zeit reif für die erste einer ganzen Reihe von bahnbrechenden Zufallsentdekkungen. 1786 berührte nämlich einer von Galvanis Asssistenten bei der Präparation eines Froschbeines mit seinem Skalpell zufällig den motorischen Nerv, und zwar gerade zu einem Zeitpunkt, als auf einem danebenstehenden Tisch ein elektrostatischer Generator in Betrieb war. Durch dieses zufällige Zusammentreffen wurde der motorische Nerv erregt und eine Muskelkontraktion ausgelöst – ein Ereignis, das eine Periode gewaltiger Fortschritte auf dem Gebiet der Elektrophysiologie einläutete. Ende des achtzehnten Jahrhunderts behandelte Galvanis Neffe, der Physiker Giovanni Aldini, einen an einer Persönlichkeitsstörung leidenden Patienten, indem er ihm im Kopfbereich elektrischen Strom zuführte. Infolge dieser Behandlung soll eine stetige Besserung und schließlich eine vollständige Heilung eingetreten sein.

Dem dänischen Physiker Hans Christian Ørsted fiel während einer Vorlesung auf, daß jedesmal, wenn er einen Stromkreis schloß, die Nadel eines auf dem Experimentiertisch liegenden Kompasses abgelenkt wurde. Ausgehend von dieser Zufallsbeobachtung führte Ørsted eine Reihe von Versuchen durch, mit denen er den Beweis für die Existenz des Elektromagnetismus lieferte.

Im neunzehnten Jahrhundert gelang es dem italienischen Physikprofessor Carlo Matteucci, zweifelsfrei nachzuweisen, daß verletzte Gewebe elektrische Ströme erzeugen. Diese Spur nahm in Berlin ein Mitarbeiter von Johannes Müller, dem wohl bedeutendsten Physiologen seiner Zeit, auf, indem er zunächst Matteuccis Experiment wiederholte. Bald ging er jedoch noch einen Schritt weiter und machte dabei eine aufregende Entdeckung: Wird ein Nerv gereizt, so erzeugt er einen meßbaren elektrischen Impuls, der mit hoher Geschwindigkeit fortgeleitet wird und eine Muskelkontraktion auslöst.

Im zwanzigsten Jahrhundert entwickelten die schon genannten amerikanischen Ärzte Cooper und Becker aufgrund ihrer intensiven Beschäftigung mit den Arbeiten Matteuccis und anderer italienischer Wissenschaftler spezielle Stimulationstechniken, die bei neurologischen Störungen und schlechtheilenden Frakturen Anwendung finden.

Ebenso wie in früheren Jahrhunderten spielten auch bei den neueren wissenschaftlichen Erkenntnisfortschritten zufällige Entdeckungen eine nicht unwesentliche Rolle. Cooper, der als Vater der Kryochirurgie gilt, kam auf die Idee, die Kältetechnologie in der Chirurgie anzuwenden, als er eine Flasche Wein mit einem Kohlendioxyd-Öffner entkorkte. 1967 beschrieb Becker, wie seine Arbeitsgruppe – während sie sich mit den elektrophysiologischen Faktoren beschäftigte, die bei der Heilung von Knochenbrüchen eine Rolle spielen – »rein zufällig einen regenerationsartigen Wachstumsprozeß bei den Fröschen bemerkte«.[29] Und natürlich auch unsere Entdeckung, daß Drogenabhängigkeit durch Elektroakupunktur ›geheilt‹ werden kann, war ja ursprünglich das unbeabsichtigte Nebenprodukt einer Untersuchung zur Akupunkturanalgesie.

Bioelektrische Behandlungstechniken heute: In unseren Tagen kommt die Elektrostimulation bei einem breiten Spektrum klinischer Zustandsbilder zum Einsatz. Schwache elektrische Ströme, die lediglich eine schonende Stimulation verursachen, haben sich auf folgenden klinischen Anwendungsgebieten als therapeutisch wirksam erwiesen:

- Epilepsie und spastische Lähmungen (mittels am Kleinhirnkortex angebrachter Elektroden);[67]
- Schlechte oder ausbleibende Frakturenheilung (mit Hilfe von Elektroden, die nahe der Bruchstelle in den Knochen implantiert werden);[28,108]
- Schwer behandelbare Hautgeschwüre (mittels auf die Geschwüre aufgelegter Elektroden);[163,275]
- Allgemeine Anästhesie (mit Elektroden, die über dem Nasenrücken und hinter den Ohren befestigt werden);[49]
- Chronische Schmerzzustände (mit lokal im Schmerzbereich oder segmental plazierten Elektroden);[103,194,211]
- Unwillkürlicher Harnabgang (mit Hilfe von Elektroden, die in den After oder in Form einer Nadel in den Damm eingeführt werden);[114]
- Reaktivierung gelähmter Muskeln und insbesondere der Harnblase bei multipler Sklerose (mittels in den Epiduralraum implantierter [66,151] oder extern über den unteren Rückenmarkssegmenten angebrachter Elektroden);
- Verminderung der Krampfbereitschaft bei spinaler progressiver Muskelatrophie (durch subkutane elektrische Nervenreizung);[332]
- Beschleunigte Vereinigung durchtrennter Nerven und vielleicht auch des Rückenmarks (mittels elektromagnetischer Felder – EMF);[27,175,256,345]
- Steigerung der Hautdurchblutung bei mit peripherer Ischämie einhergehenden Zustandsbildern wie etwa der Raynaud-Krankheit oder diabetischer Polyneuropathie (mittels an der betroffenen Extremität angebrachter Elektroden);[164]

- Bösartige Lungentumore (mittels in den Tumor eingeführter Nadelelektroden);[224]
- Außerdem wird die Elektrostimulation von mir und auch von anderen Ärzten bei Muskel- und Gelenkverletzungen sowie bei lokalen Infektionen angewendet.

Gerade heute las ich in der *Times*, die Queen habe sich wegen einer Schulterzerrung mit einem impulsgebenden EMF-Gerät behandeln lassen und sei »nach zwei neunzig-minütigen Sitzungen vollkommen genesen«.[314]

Erste Ergebnisse meiner Forschungsarbeit

Zwischen 1973 und 1975 entwickelten Geoff Bennett und ich zwei Geräte, mit denen ich nach und nach eine wachsende Zahl solcher Reaktionen auslösen konnte, wie sie aufgrund meiner Arbeitshypothese zu erwarten waren. Allerdings schien es zunächst ein reines Glücksspiel zu sein, ob man dabei einen Treffer erzielte oder einen Fehlschlag landete. Eine gewisse Systematik war jedoch in den Resultaten durchaus erkennbar; und die Trefferquote war letztlich hoch genug, um mich darin zu bestärken, daß ich – indem ich mich auf das ebenso neue wie verheißungsvolle Gebiet der Biotechnik wagte – einen wichtigen Schritt vorwärts getan hatte in Richtung auf ein echtes therapeutisches Angebot für all jene, die sich von der Geißel der Sucht befreien wollen.

Der zweite von uns entwickelte ›Shackman-Patterson-Stimulator‹ erzeugte Impulse von 0,1 bis 1,5 Millisekunden Dauer, Frequenzen zwischen fünf und zweitausend Hertz und eine Vielzahl von Wellenformen. Dieses mit viel Elektronik ausgerüstete Gerät ermöglichte es, nicht nur mit quadratischen und rechteckigen Standardwellenformen, wie sie bei intrakraniellen Implantationen und den meisten elektrotherapeutischen Verfahren angewendet werden, zu arbeiten, sondern auch mit den in China üblichen Spike-Wellenformen. Die Chinesen haben vermutlich – obwohl dies in keiner außerhalb Chinas erhältlichen Veröffentlichung ausdrücklich festgehalten ist – einen besonderen Grund, gerade diese Wellenform zu bevorzugen.

Wenn sich auch die Rechteckform in meinen Untersuchungen als wirksamer erwies, so halte ich doch nach wie vor die präzise, auf den Einzelfall abgestimmte Festlegung einer bestimmten Wellenform für äußerst wichtig. Einer Forschergruppe gelang es beispielsweise, mit Dreieckimpulsen einen Effekt zu erzielen, der bei der Verwendung von Rechteckimpulsen ausgeblieben war.[168] Unser Stimulator war so konstruiert, daß zusätzlich noch ein Signal von 50 Kilohertz aufmoduliert werden konnte (wie mir erst später bekannt wurde, verwendeten französische Forscher zur Elektroanästhesie eine Modulation von 100 Kilohertz[239]).

Nachdem ich ein halbes Jahr lang, von November 1973 bis Juni 1974, Erfahrungen mit der Elektrostimulation gesammelt hatte, gelangte ich zu der Überzeugung, daß die Drehbewegungen der Akupunkturnadeln einen schwachen elektrischen Strom erzeugen, der in die elektrophysiologischen Abläufe der Nervenzellen eingreift. Schließlich wiesen klinische Untersuchungen ja darauf hin, daß die NET möglicherweise regenerative Prozesse in den Nervenzellen auslöst oder doch zumindest zur Wiederherstellung der Reizleitung in einigen neuronalen Schaltkreisen – etwa der Retikulärformation* – beitragen kann.

Diese Hypothesen erörterte ich mit Patrick Wall, einem der Begründer der Gate-Theorie der Schmerzkontrolle. Meiner Behauptung, die NET könne neuronales Gewebe zur Regeneration anregen, begegnete er zwar mit Skepsis, meinte dann aber doch, es sei offensichtlich, daß die NET eine – wie auch immer geartete – spezifische Wirkung auf die neuronalen Schaltkreise des Gehirns ausübe. Mir war klar, daß dieser spezifische NET-Effekt chemisch vermittelt sein mußte. Denn der zu Beginn einer NET-Behandlung regelmäßig um etwa zehn bis fünfzehn Minuten verzögerte Wirkungseintritt legte den Schluß nahe, daß die Linderung der Entzugssymptome auf der Freisetzung einer Substanz aus den Nervenzellen des Gehirns beruhte.

Auch bei jenen Heroin- und Opiumsüchtigen, die wir in den Jahren 1972/73 in Hongkong behandelten, konnten wir beobachten, daß die akuten Entzugssymptome etwa zehn bis fünfzehn Minuten nach Behandlungsbeginn merklich nachließen. Nach weiteren fünf bis zehn Minuten schliefen einige Patienten sogar ein. Insgesamt dauerte es bei allen Patienten ungefähr eine halbe Stunde, bis sie beschwerdefrei waren und sich rundherum wohlfühlten. Aus diesem Grund gaben wir als Richtwert für die Gesamtdauer einer einzelnen Stimulationsbehandlung dreißig Minuten an. In London ging ich jedoch bei ambulant durchgeführten Behandlungen zu vierzig-minütigen therapeutischen Basiseinheiten über. Stationär behandelte Patienten, Alkohol- wie Drogenabhängige, ermutigte ich dazu, den Stimulator, wenn irgend möglich, ohne Unterbrechung angeschaltet zu lassen. Nachdem ich dann mein drittes Stimulatormodell entwickelt hatte, kristallisierte sich allmählich heraus, daß bei sämtlichen stoffgebundenen Suchtformen eine zehntägige Behandlung vollkommen ausreicht, um die Entwöhnung erfolgreich zum Abschluß zu bringen, ganz unabhängig von der Dauer des Drogenmißbrauchs und der Höhe der täglichen Suchtmitteldosis. Nur gelegentlich mußten die zehn Tage überschritten werden, wenn der Zustand des Patienten dies erforderte oder im Falle einer Abhängigkeit von bestimmten Drogenkombinationen. Außerdem machten sich bei den von mir behandelten Patienten – von der Besserung des körperlichen Befindens einmal ganz abgesehen – auch im psychischen Bereich positive Veränderungen bemerkbar.

Jenen körpereigenen Stoff, von dem ich damals rein hypothetisch annahm, daß er für die Wirkung der NET verantwortlich sei, nannte ich der Einfachheit halber ›Substanz X‹. Obwohl ich damals über die nähere Beschaffenheit dieser ›Substanz X‹ nur spekulieren konnte, so ermutigten mich doch meine Behandlungserfolge sowie die rasch und zuverlässig eintretenden Reaktionen der Patienten auf die Elektrostimulation dazu, in dieser Richtung weiterzudenken. Mut machte mir schließlich auch die Tatsache, daß ja die meisten medizinischen Behandlungsverfahren auf diese Weise – ausgehend von Zufallsbeobachtungen und ohne vorherige wissenschaftliche Absicherung – entstanden sind. Durch Penicillin wurden schon viele Menschenleben gerettet, lange bevor die Biologen den exakten molekularen Geheimnissen der bakteriellen Infektion auf die Spur kamen. In einem *Lancet*-Artikel, der sich mit der Frage beschäftigte, welchen Beitrag intuitive Einfälle und phantasievolle Spekulationen zum wissenschaftlichen Fortschritt leisten, las ich: »Eine Vielzahl gerade jener für die modernen Naturwissenschaften grundlegenden Entdeckungen waren das Ergebnis eines spontanen Geistesblitzes. Mittlerweile geht die Wissenschaft retrospektiv vor; im nachhinein sucht sie nach Beweisen für nützliche und bewährte Theorien, ganz gleich wie spekulativ diese ursprünglich anmuteten.«

Ein biochemischer Durchbruch

1975, einen Monat nachdem in Europa der erste ›Zwischenbericht‹ über meine Forschungsarbeit veröffentlicht wurde, kam die Kunde von einem wissenschaftlichen Durchbruch, der in der Folge dann als eine der größten Entdeckungen dieses Jahrhunderts gefeiert wurde. Hans Kosterlitz und John Hughes von der Universität Aberdeen konnten im mittleren Hirnstamm von Ratten morphinähnliche körpereigene Substanzen, die sogenannten Enkephaline, nachweisen.[145]

Kurz darauf wurde dieser Befund von anderen Forschern in Schweden und in den Vereinigten Staaten bestätigt. Nach der Entdeckung der Enkephaline wurden in rascher Folge weitere körpereigene Substanzen mit morphinähnlicher Wirkung identifiziert und unter der Kurzbezeichnung ›Endorphine‹

(von ›endogene Morphine‹) zusammengefaßt. Diese Substanzen sind im Körper eines Gesunden ständig vorhanden und wirken wie Morphium analgetisch und euphorisierend. Die schmerzausschaltende Wirkung eines dieser Endorphine, des sogenannten Beta-Endorphins, ist verglichen mit Morphium bis zu zweihundertmal stärker, wie D. K. Smyth vom Londoner *Institute of Neurology* zeigen konnte.[291]

Bald schon stieß man in vielen Fachzeitschriften auf Untersuchungsberichte zum Thema ›Endorphine‹, denn schnell war daraus ein Hauptforschungsgebiet der Neurophysiologen geworden. Beta-Endorphin ist nur eines einer ganzen Klasse von neuroregulatorischen Peptiden, die alle dadurch gekennzeichnet sind, daß sie gerade in jenen nachweislich an der Bewertung und Verarbeitung von Emotionen – insbesondere auch von Schmerzen – beteiligten Gehirnstrukturen nachgewiesen wurden. Darüber hinaus werden diese Neuropeptide mit einem biochemischen Mechanismus in Verbindung gebracht, der dadurch, daß er in die homöostatische Regulation körpereigener Substanzen störend eingreift, zur Entstehung von Geisteskrankheiten beitragen soll.[34] Kosterlitz und Hughes vermuteten, die Abhängigkeit von Opioiden* wie Morphium und Heroin sei das Resultat einer gewissen Wechselwirkung zwischen den endogenen und exogenen Liganden* der Opioidrezeptoren. Ein Abstinenzsyndrom (umgangssprachlich ›Entzugserscheinungen‹), wie es typischerweise nach Opioidmißbrauch auftritt, kann durch die Gabe von Naloxon innerhalb weniger Minuten herbeigeführt werden. Mit dieser Entdeckung hatte man zugleich ein Verfahren an der Hand, mit dem sich eine endorphinerge Aktivität experimentell nachweisen ließ. Zwar wurde von diesen körpereigenen Substanzen angenommen, sie wirkten an den synaptischen Verbindungsstellen zwischen den Neuronen wie Neuromodulatoren* oder Neurotransmitter*, doch war es nicht leicht, ihnen auf die Spur zu kommen, da sie im Gegensatz zu Morphium einem raschen enzymatischen Abbau unterliegen.[176] Leider führt die Langzeitverabreichung von synthetischen wie körpereigenen Endorphinen genauso wie der fortgesetzte Mißbrauch anderer Opioide unweigerlich zu Toleranzentwicklung und Abhängigkeit; und außerdem besteht zwischen den Endorphinen und Morphium eine Kreuztoleranz*. Aufgrund dieser Erkenntnisse trat bei all jenen eine gewisse Ernüchterung ein, die gehofft hatten, die Entdeckung der Endorphine würde bald zur Synthese von Schmerzmitteln führen, die weder Toleranz noch Abhängigkeit erzeugen.

Einen Durchbruch stellte die Entdeckung körpereigener Opiate jedoch zweifellos im Hinblick auf meine neuroelektrische Therapie und das ihr zugrundeliegende Wirkprinzip dar. Natürlich war ich neugierig, wie Kosterlitz, der während meiner Assistentenzeit an der Universität Aberdeen mein Tutor gewesen war, meine Forschungsergebnisse beurteilen würde. Als ich ihm bei einem Treffen von meiner Arbeit berichtete, zeigte er großes Interesse und wartete gleich mit einer ganzen Reihe nützlicher Vorschläge auf. Außerdem machte er mich auf einige Wissenschaftler aufmerksam, die sich ebenfalls mit Elektrostimulation und körpereigenen Opiaten beschäftigten, und er stimmte mit mir darin überein, daß meine ›Substanz X‹ möglicherweise mit Enkephalin identisch sei.

Die Tatsache, daß es für die auf Opioide spezialisierten Rezeptoren körpereigene Liganden gibt, schien mir für eine bestimmte Suchttheorie zu sprechen. Nach dieser Theorie steht am Beginn des süchtigmachenden Prozesses ein Verdrängungswettbewerb zwischen exogenen und endogenen Opioiden. Damit ist gemeint, daß in großen Mengen von außen zugeführte Opioide die körpereigenen Liganden von ›ihren‹ Rezeptoren im Gehirn verdrängen, was mit einer kontinuierlichen Drosselung der körpereigenen Opioidproduktion einhergeht. Mit dieser Endorphintheorie der Abhängigkeit lassen sich nun die typischen Merkmale des Suchtverhaltens sehr gut erklären. Der regelmäßig bei Drogenkonsumenten zu beobachtende Zwang, die tägliche Dosis bis zum Erreichen des Toleranzstadiums zu steigern, wäre als Versuch zu verstehen, den zunehmenden Endorphinverlust wieder wettzumachen.

Drogenhunger und Entzugserscheinungen des Süchtigen könnten auf einen chronischen Endorphinmangelzustand zurückgeführt werden.

Laut Kosterlitz und Hughes muß ein bestimmter Rückkopplungsmechanismus dafür verantwortlich sein, daß die Enkephalinausschüttung der Nervenzellen durch fortgesetzte Gaben von Morphium zum Erliegen kommt. Die zentrale Aussage ihrer neuen Suchttheorie ist also, daß Morphium oder verwandte Drogen einen abhängigkeitserzeugenden Prozeß auslösen, indem sie die körpereigenen Schmerzmittel nach und nach substituieren.[144]

Nun sah ich bald auch eine Möglichkeit, auf den ersten Blick so unterschiedliche Konzepte unter einen Hut zu bringen wie Beckers ›hybrides Datenübermittlungs- und Kontrollsystem‹ (s. Anhang II, Anm.12), Melzacks ›zentralen Kontrollauslöser‹, der die Signalübertragung an allen Synapsen* beeinflussen soll,[210] und den von Kosterlitz und Hughes postulierten Rückkopplungsmechanismus.

Elektrostimulation bei Mensch und Tier

Tierexperimentelle und klinische Untersuchungen zur Elektroanalgesie mittels intrakraniell implantierter Elektroden sowie Studien, die sich mit dem Zusammenhang zwischen Elektroanalgesie und der Wirkung von Neurotransmittern beschäftigten, brachten Aufschluß über einige Beobachtungen, die ich an meinen Patienten während der neuroelektrischen Therapie regelmäßig machen konnte. Mir war aufgefallen, daß bestimmte Drogen – einschließlich des Kokains und verschiedener Narkotika – ihre erhoffte physische und psychische Wirkung nicht entfalten können, wenn sie neben einer laufenden NET eingenommen oder injiziert werden. Gelegentlich zeigten Patienten, die während der Therapie weiterhin Drogen konsumierten, sogar sehr ernste aversive Reaktionen.

Wie aus der Literatur bekannt, kann bei Ratten[111], Katzen[188] und Affen[122] mittels elektrischer Stimulation bestimmter Hirngebiete, insbesondere des periaquäduktalen Grau,[188] eine sehr weitgehende Analgesie erzielt werden. Typisch für diese Art der Schmerzausschaltung ist, daß sie die Versuchstiere zwar gegenüber Schmerzreizen vollkommen unempfindlich macht, sie aber ansonsten in ihrem Reaktionsvermögen in keiner Weise beeinträchtigt.[207] Dadurch unterscheidet sich die Elektroanalgesie erheblich von der üblichen medikamentengestützten Schmerzbekämpfung bzw. Narkose.[205] Unter Elektrostimulation wurde weder ein Absinken des allgemeinen Wachheitsgrads noch eine vermehrte Bereitschaft zu Krampfanfällen beobachtet.[5,188]

Weiterhin konnte gezeigt werden, daß die Analgesie in der Tat auf die elektrische Reizung der Zellen und nicht auf deren Zerstörung zurückzuführen ist; elektrolytisch wirkende starke Ströme erwiesen sich im Gegensatz zur Elektrostimulation als schädlich (s. Anhang II, Anm. 13).[189,207,225]

J. C. Liebeskind von der *University of California*, weithin bekannt für seine Arbeiten auf dem Gebiet der Elektrostimulation, wies mit Nachdruck auf die Nützlichkeit jener – inzwischen durch eine beachtliche Anzahl von Befunden gestützten – Arbeitshypothese hin, wonach »elektrische Stimulation die Verfügbarkeit der Enkephaline an den Opiatrezeptoren erhöht, sei es durch eine Steigerung der Enkephalinproduktion oder auf einem anderen Weg, während Morphium aufgrund seiner Ähnlichkeit mit den körpereigenen Liganden unmittelbar mit dem Rezeptor interagiert«.[187]

Sehr aufschlußreich war in diesem Zusammenhang auch die Entdeckung, daß sich die Wirkung sowohl der Enkephaline als auch der Elektroanalgesie mit Hilfe des Opiatantagonisten Naloxon umkehren läßt.[145,146] Obwohl diese Antagonisierung mit Naloxon im Falle der Elektroanalgesie nicht ganz vollständig gelang,[6] sprachen diese Studien doch für eine Wechselwirkung zwischen Elektrostimulation und körpereigenen Opioiden. Deutlich wurde dies etwa an dem Fall eines

Patienten, dessen äußerst starke Schmerzen mittels einer stereotaktisch implantierten Elektrode vollkommen unter Kontrolle gebracht werden konnten. Nach einer Naloxoninjektion verspürte dieser Patient erneut akute Schmerzen, während er nach Injektion eines Placebos (physiologische Kochsalzlösung) weiterhin schmerzfrei blieb.[3] Dafür, daß in Fällen wie diesen die Analgesie tatsächlich auf Elektrostimulation und nicht auf irgendeine Suggestivwirkung zurückzuführen war, sprach jenes Untersuchungsergebnis, wonach eine mittels Hypnose induzierte Analgesie durch Naloxongaben nicht abgeschwächt werden konnte.[120] Somit deutete alles darauf hin, daß die Elektrostimulation eine wirksame Form der Schmerzkontrolle darstellt, die im Gegensatz zu den herkömmlichen Schmerzmitteln nicht mit unerwünschten Nebenwirkungen verbunden ist.

Angesichts dieser Erkenntnisse schlugen in Forscherkreisen die Wellen der Begeisterung natürlich hoch. Viele sahen nun eine das Übel an der Wurzel packende Behandlungsmethode für Suchtkranke unmittelbar in Reichweite. Gedämpft wurden diese Erwartungen jedoch bald wieder von einigen Wissenschaftlern, die darauf hinwiesen, daß die Entwicklung eines analgetisch wirksamen Peptids mit erheblich verringertem Abhängigkeitspotential ein vollkommen hoffnungsloses Unterfangen sei. Aussichtsreich war dagegen ihrer Meinung nach die Suche nach solchen Substanzen, »die auf indirektem Wege zur Aktivierung des Enkephalinsystems beitragen oder unmittelbar die Freisetzung von Enkephalinen auslösen«.[144]

Genau das war es aber, was ich mit meiner Stimulationstechnik zu bewirken schien. Anders als meine zur Vorsicht mahnenden Kollegen sah ich die Entwicklung einer – Heilung nicht nur versprechenden, sondern auch tatsächlich herbeiführenden – Suchttherapie in greifbare Nähe gerückt. Meine Zuversicht gründete sich zum einen auf die Beobachtung, daß die NET in keiner Weise abhängig machte. Zum anderen rührte sie daher, daß meine externe Stimulationstechnik offensichtlich ebenso wirksam war wie die sehr viel aufwendigere interne Reizung mittels implantierter Elektroden. Aus diesem Grund hielt ich einen solch schwerwiegenden Eingriff, wie ihn die intrakranielle Elektrodenimplantation zweifellos darstellt, in keinem Fall für gerechtfertigt, ganz gleich ob es sich nun um einen Tablettensüchtigen oder um einen hartgesottenen Fixer handelte.

Es galt nun dasjenige technische Hilfsmittel zu finden, das am besten dazu geeignet wäre, gerade solche elektrischen Signale zu erzeugen, die vom Gehirn ›verstanden‹ und mit der Freisetzung von Enkephalinen beantwortet werden. Nach fünfzehn Monaten intensiver Erprobung kam ich zu dem Schluß, daß jener Ohrklipp mit der winzigkleinen Nadel, den ich speziell hatte anfertigen lassen, genauso entbehrlich war wie die üblichen Akupunkturnadeln.[236] Da der elektrische Reizstrom offenbar auch ohne Nadelung in ausreichendem Maße durch die Haut hindurchdringen konnte, entwarf ich einen mit einer stumpfen Elektrode ausgerüsteten Ohrklipp, der ebenfalls in der Ohrmuschel zu befestigen war. Diese Technik brachte weitere Vorteile mit sich: Zum einen entfiel die von vielen Patienten als schmerzhaft empfundene Nadelung; zum anderen war die Gefahr, sich eine lokale Infektion oder eine durch unsterile Nadeln übertragene Hepatitis zu holen, gebannt.[9]

In Tierversuchen konnte die Aktivität der Opioidrezeptoren durch externe elektrische Stimulation genauso wirksam beeinflußt werden wie durch direkte interne Stimulation.[219] Nach Schätzung einer Forschergruppe genügt schon ein winziger Strom von einem Milliampère, um das spontane Erregungsmuster der Neurone zu verändern.[94] Weiterhin nahmen diese Forscher an, daß bei der Elektroschlaf-Therapie jener Anteil des extern – mittels frontookzipital oder frontomastoid angelegter Elektroden – applizierten Stromes, der das Gehirn auch tatsächlich durchfließt, bei 45 Prozent liegt. Diese Zahl hielten Becker und ich jedoch für bei weitem zu hoch gegriffen, ein Anteil von etwa ein Prozent schien uns der Wirklichkeit näher zu kommen.

Wie sich bald herausstellte, war mit der Entdeckung der Enkephaline der Grundstein gelegt für den Aufbau eines ganzen Forschungszweiges. Die Tatsache, daß der Mensch Rezeptoren besitzt, zu denen körpereigene Opioide wie der Schlüssel zum Schloß passen, löste nämlich prompt Spekulationen darüber aus, ob es nicht womöglich noch weitere, auf andersartige Substanzen spezialisierte Rezeptoren gebe. Intensive Forschung auf diesem Gebiet eröffnete faszinierende Einblicke in die Welt der körpereigenen Substanzen, Systeme und Wirkmechanismen.

In der Tat konnten in den darauffolgenden Jahren weitere neuronale Bindungsstellen identifiziert werden, die mit bestimmten Liganden wie etwa den Benzodiazepinen (typische Vertreter: *Valium* und *Tavor*)[38] oder den Halluzinogenen LSD und PCP (Phencyclidin oder ›Angel Dust‹)[10] interagieren. Erst kürzlich wurde überdies ein endogener Ligand der PCP-Rezeptoren isoliert.[255]

Der Nachweis solcher neuronaler Schlüssel-Schloß-Mechanismen spornte mich an, in der eingeschlagenen Richtung weiterzuforschen. Nach und nach kristallisierte sich heraus, daß jedem Suchtmittel – Opioide, Barbiturate, Amphetamine, Tranquilizer, Alkohol, Nikotin, Kokain, Cannabis – eine bestimmte elektrische Frequenz zuzuordnen war, auf die Patienten mit entsprechendem Abhängigkeitstyp optimal ansprachen.

Nicht nur der Wirkung der verschiedenen psychoaktiven Substanzen galt es bestimmte elektrophysiologische Korrelate zuzuordnen, sondern auch verwandten psychophysiologischen Zustandsbildern wie Streß, Angst, Depression und Schlaflosigkeit. Die präzise Bestimmung dieser elektrophysiologischen Einflußfaktoren erforderte jedoch noch umfassende Forschungsarbeiten – sowohl experimentelle als auch klinische Untersuchungen.

Ein weiteres ungelöstes Problem stellten jene Patienten dar, die unter schwersten chronischen Schmerzen litten und deshalb narkotikasüchtig geworden waren. Es schien nicht viel Sinn zu machen, diesen Patienten die Schmerzmittel, auf die sie angewiesen waren, zu entziehen, es sei denn die NET diente gleichzeitig auch der Beseitigung oder Linderung ihrer Schmerzen.

Erprobung meiner ersten Stimulatormodelle

Der ›Shackman-Patterson-Stimulator‹[237] ermöglichte die optimale Einstellung jener drei Größen, die sich als entscheidend für eine erfolgreiche Behandlung stoffgebundener Suchtformen erwiesen hatten: Wellenform (wichtig bei Schlaflosigkeit), Impulsdauer (wichtig bei Schmerzkontrolle) und Frequenz. Letztere mußte auf den jeweils vorliegenden Abhängigkeitstyp abgestimmt werden. Relativ einfach war die Frequenzeinstellung bei Abhängigkeit von nur einer Substanzklasse (z.B. der stimulierenden Amphetamingruppe oder der sedierenden Opioidgruppe) und bei Zustandsbildern wie Depression oder ängstlicher Agitiertheit, die psychologisch gesehen mit Suchtverhalten in Verbindung stehen. Schwieriger war die Suche nach der therapeutisch wirksamen Frequenz bei Mehrfachabhängigkeit (z.B. von der Heroin-Kokain-Kombination ›Speed Ball‹).

Nachdem ich mich durch die erstaunlich umfangreiche Literatur zur Bioelektrizität hindurchgelesen hatte, kam ich zu dem Schluß, daß die für meine Zwecke in Frage kommenden Frequenzen zwischen einem und zweitausend Hertz lagen – ein Frequenzbereich, der sich von dem bei fünftausend Hertz beginnenden diathermischen* Bereich deutlich unterscheidet. Was die Impulsdauer anbetrifft, so schien mir der Bereich zwischen 0,1 und 1,5 Millisekunden optimal.

Um Gewebsschädigungen durch Ionisierung zu vermeiden, arbeitete ich bevorzugt mit Wechselstrom, obwohl bei einigen elektrotherapeutischen Verfahren bekanntlich auch Gleichstrom verwendet wird. Der Einsatz von Wechselstrom ohne jeden Gleichstromanteil mag einer der Gründe dafür sein, daß es während der NET, dort wo die Elektroden anliegen, zu keinerlei Hautverbrennungen kommt.

Jene ringförmigen, stumpfen Elektroden aus rostfreiem Stahl mit einer leitenden Fläche von 2,5 Millimeter Durchmesser, die ich zu Anfang benutzte, wurden zur Verbesserung der Leitfähigkeit mit Elektrodenpaste bestrichen und – ähnlich wie ein Ohrklipp – mit Hilfe einer Klemme am Ohr befestigt. Eine Halterung in der Art eines Kopfhörers, die die Patienten – je nachdem was für sie bequemer war – auf dem Kopf oder um den Hals trugen, verhinderte das Verrutschen der Elektroden. Wurde der Stimulator angeschaltet, so war lediglich ein leichtes, nicht unangenehmes Kribbeln auf der Haut zu spüren.

Übelkeit, Kopfschmerzen und – nur bei höheren Frequenzen auftretende – Erregtheit waren die einzigen nachteiligen Nebenwirkungen, die ich in den ersten Jahren der NET-Erprobung beobachtete. Diese Symptome traten jedoch nur äußerst selten auf und konnten durch Fortsetzung der Behandlung mit erniedrigter Frequenz oder geringerer Stromstärke jedesmal mühelos beseitigt werden. Daneben wurde ich aber auch mit unerwarteten Effekten der NET konfrontiert, die sich im weiteren als vorteilhaft erwiesen. So war etwa – aus Gründen, die mir bis heute nicht ganz klar sind – die Polarität des Stromes von Bedeutung; interessanterweise waren jene Patienten, die auf die Behandlung besser ansprachen, wenn die Polarität umgekehrt wurde, alle Linkshänder.

So rätselhaft mir nach wie vor ist, wieso die Polarität für den Erfolg der NET (bei der ja Wechselstrom ohne Gleichstromanteil verwendet wird) ausschlaggebend sein kann, so einsichtig ist andererseits ihre Wirkung bei der Behandlung anderer Krankheitsbilder. Wird z.B. bei infektiösen Hautgeschwüren die negative Elektrode an der befallenen Stelle angebracht, so geht nicht nur der Heilungsprozeß insgesamt, sondern auch die Entzündung zurück; gefördert werden hingegen beide Prozesse bei Verwendung der positiven (oder indifferenten) Elektrode. Deshalb legt man in der ersten Behandlungsphase die negative Elektrode am Geschwür an, um zunächst die Infektion zu bekämpfen, und setzt dann die positive Elektrode ein, bis das Geschwür ganz abgeheilt ist.[275]

Auch im Rahmen der Stimulationsbehandlung schlechtheilender Frakturen wird mit Bedacht eine bestimmte Polarität gewählt: Die negative Elektrode wird in der Nähe der Bruchstelle implantiert und die indifferente Elektrode auf eine benachbarte Hautstelle aufgelegt.[29] Bei bösartigen Lungentumoren wird dagegen genau umgekehrt die positive Elektrode in das Zentrum des Tumors eingeführt und die negative peripher angelegt,[224] weil es ja hier darauf ankommt, das Zellwachstum zu drosseln und nicht zu steigern. Das Wachstum der Nervenzellen wird durch Kathodenstimulation gefördert, während Anodenstimulation in diesem Fall völlig wirkungslos bleibt.[250] Bei der Behandlung chronischer Schmerzzustände wird gewöhnlich die negative Elektrode an der schmerzenden Stelle befestigt.

Offen geblieben ist bis heute die Frage, welches das für die Behandlung von Abhängigkeiten günstigste elektrische Spannungsniveau ist. Die Ergebnisse experimenteller Untersuchungen an Ratten weisen darauf hin, daß an den Opioidrezeptoren mehr Met-Enkephalin als Leu-Enkephalin verfügbar ist, wenn hohe Spannungen angelegt werden; wird hingegen mit niedriger Spannung gereizt, so überwiegt Leu-Enkephalin gegenüber Met-Enkephalin.[326]

Oberste Regel: Keine Ersatzdrogen! Während einer NET-Behandlung verabreiche ich keinerlei Medikamente – ein Grundsatz, dessen Wichtigkeit gar nicht genug betont werden kann. Sämtliche Suchtmittel müssen bei Behandlungsbeginn sofort abgesetzt werden, und weder Methadon, noch Tranquilizer, noch Sedativa nehmen ihre Stelle ein. Nur bei jenen Polytoxikomanen, die unter anderem auch von Barbituraten abhängig waren, machte ich – als ich noch ausschließlich ambulant behandelte – eine Ausnahme. Ihnen entzog ich die barbiturathaltigen Schlafmittel nicht abrupt, sondern ließ sie langsam ›ausschleichen‹, da damals noch nicht feststand, mit Hilfe welcher Frequenzen entzugsbedingten Krampfanfällen verläßlich vorgebeugt werden kann. Von zweien meiner Patienten, die die Behandlung trotz schwerer Drogenabhängigkeit ohne Krampfanfälle überstanden, erfuhr ich hinterher, daß sie die Barbiturate, von denen sie u.a. auch abhängig gewesen waren, bei Behandlungsbeginn von sich aus abgesetzt hatten. Beide Patienten gaben außerdem an, früher unter schweren Krämpfen gelitten zu haben, sobald die gewohnte Schlafmitteldosis einmal nicht verfügbar war.

Erst 1980, als wir unsere eigene Klinik eröffneten, hatten wir die notwendigen Einrichtungen wie auch das entsprechend ausgebildete und erfahrene Personal zur Verfügung, um uns den Umgang mit Krampfanfällen zuzutrauen, wenn sie denn auftreten sollten. Gleich bei der Aufnahme entzog ich den Patienten sämtliche Drogen, einschließlich Barbiturate und Tranquilizer, und verabreichte auch keinerlei krampfhemmende Mittel. Dieses Vorgehen erwies sich gegenüber der früheren Regelung bald als deutlicher Fortschritt. Selbst von denjenigen Patienten, die sehr schwer ›drauf‹ waren, hatten nur sehr wenige entzugsbedingte Krampfanfälle; diese Anfälle hielten nie länger als einige Sekunden an und traten in keinem Fall ein zweites Mal auf.

Schon in Hongkong ergaben sich erste klinische Hinweise darauf, daß ein Wechsel der Frequenz bestimmte Veränderungen der Stimmungslage nach sich zieht. Als wir einmal die Frequenz von 111 Hz auf 250 Hz erhöhten, wurden unsere chinesischen Suchtpatienten dadurch beinahe ohne jede Verzögerung in eine euphorische Stimmung versetzt. Zurück in London machte ich eine weitere Beobachtung, die für die Wichtigkeit des Frequenzparameters sprach.

Einigermaßen überrascht war ich nämlich damals über den Behandlungsverlauf bei einem Polytoxikomanen, dessen Abhängigkeit von der stimulierenden Droge *Ritalin* zunächst hartnäckig weiterbestand, obwohl ich ihn von Methadon in vier zweistündigen, ambulant durchgeführten Sitzungen erfolgreich entwöhnen konnte. Glücklicherweise erhielt ich in jenen Tagen gerade den Prototyp meines ersten selbstentwikkelten Stimulators, der mit einem größeren Frequenzbereich ausgestattet war. Nach der ersten Behandlung mit diesem Gerät, bei der ich eine Frequenz von zweitausend Hertz verwendete (eine Wahl, die sich auf nicht viel mehr als auf eine vage Vermutung gründete), verspürte der Patient achtzehn Stunden lang kein Verlangen nach Ritalin.

Wie aber ist es möglich, daß die NET auch die Entzugssymptome unterdrückt? Als ich anfing, mit Elektrostimulation zu arbeiten, erklärte ich mir diesen NET-Effekt damit, daß der therapeutische Reizstrom – über den Vagusnerven mit seinen sensorischen Verbindungen zur Ohrmuschel, zum äußeren Gehörgang und zur Haut im Gebiet des Warzenfortsatzes (Processus mastoideus) – auch das gesamte autonome Nervensystem mit beeinflußt. Diese Hypothese einer direkten parasympathischen Modulation erklärte jedoch nicht, wieso während der NET neben viszeralen auch zentral gesteuerte Symptome nachlassen wie Unruhe, Reizbarkeit, Muskelschmerzen, anhaltendes Gähnen und Schlaflosigkeit.[106] Außerdem war dieser Erklärungsansatz nicht in der Lage, den Langzeiteffekten der NET Rechnung zu tragen. Wieso spürten meine Patienten schon nach einigen wiederholten Kurzzeitbehandlungen kein Verlangen mehr nach ihrem ›Stoff‹? Wie konnten sie durch die NET eine zunehmend optimistischere Lebenseinstellung gewinnen – ganz im Gegensatz zu den nach herkömmlichen Methoden behandelten Suchtkranken, die gewöhnlich einen geknickten Eindruck machen? Wieso schafften meine Patienten den Entzug ohne jede medikamentöse Unterstützung? Wieso verbesserte sich ihr Schlafmuster so rasch und nachhaltig, obwohl keine sedierenden Mittel verabreicht wurden? All diese Fragen harrten noch einer befriedigenden Antwort.

Das Ende der schlaflosen Nächte: Offenbar schien eine gewisse Verwandtschaft zu bestehen zwischen der NET und

Heilverfahren wie dem Elektroschlaf bzw. der zerebralen Elektrotherapie (ZET), zu denen aus den letzten zwanzig Jahren eine beträchtliche Anzahl europäischer, vor allem sowjetischer, Studien vorliegen. Bei der ZET wird wie bei der NET der elektrische Strom durch das Gehirn geleitet; im Falle der ZET werden die Elektroden allerdings so plaziert, daß der Strom von der Stirnregion aus nach hinten fließt[25,294] und nicht von einer Seite des Kopfes zur anderen wie bei der NET. Als therapeutisch wirksam erwies sich die ZET bei chronischen Angstzuständen, Depression und Schlaflosigkeit.[221,270,271,272] Den spezifischen Wirkfaktoren der ZET wurde auch in einer Untersuchung mit einer Kontrollgruppe[277] und in einer Doppelblindstudie mit neurotisch ängstlichen und depressiven Patienten [269] nachgespürt.

Eine gefürchtete Komplikation bei der Behandlung stoffgebundener Suchtformen stellt die hartnäckige Schlaflosigkeit dar, die mit dem Entzug der gewohnten Drogen regelmäßig einhergeht. Die natürlichen Körperrhythmen sind durch den Drogenkonsum und die einzig auf die Droge abgestellten Lebensgewohnheiten des Süchtigen so durcheinandergekommen, daß kein normales Schlafmuster mehr existiert. Die Betroffenen fürchten nicht nur die Nächte, in denen sie keine Ruhe finden, allenfalls mit Unterbrechungen schlafen und von intensivem Verlangen nach Drogen geplagt werden, sondern auch das Aufwachen am Morgen, bei dem sie sich körperlich vollkommen zerschlagen fühlen.

Drogenabhängige behaupten, daß es nach einem Heroinentzug ungefähr zwei Monate dauert, bis sich ein normaler Schlaf-Wach-Rhythmus wieder einpendelt. Eine Bestätigung erfuhr dieser Erfahrungswert durch elektrophysiologische Messungen an freiwilligen Versuchspersonen, bei denen eine Heroinabhängigkeit experimentell induziert worden war.[185] Obwohl diesen Probanden lediglich an sieben aufeinanderfolgenden Abenden Heroin verabreicht wurde, wiesen ihre Hirnfunktionen noch zwei Monate nach dem Entzug gewisse Anomalien auf. In der gleichen Studie konnte gezeigt werden, daß der REM-Schlaf*, der ja unter dem Einfluß von Opioiden unterdrückt wird,[172] in der Entzugsphase – eben aufgrund des Nachholbedarfs – verstärkt auftritt. Nach Meinung einiger Forscher brauchen verschiedene Körperfunktionen nach dem Entzug von Opioiden sogar mehrere Monate, um stabile Werte im Normbereich zu erreichen.[130,220]

Nach dem Entzug von Amphetaminen dauert die Wiederherstellung des normalen Schlafmusters ebenfalls bis zu zwei Monaten[230], nach Barbituratmißbrauch sogar bis zu vier Monaten.[166] Besonders qualvoll ist für die Betroffenen während dieser Zeit, daß ihre kurzen Schlafphasen von Alpträumen beherrscht werden, in denen sich die tagsüber durchlebten Ängste spiegeln. Wird bei Schlaflosigkeit Nitrazepam *(Mogadan)* verabreicht, so entsteht nachweislich schon nach kurzer Zeit und selbst bei geringer Dosierung ein Schlafmuster, das noch stärker von der Norm abweicht als vor der Medikation und erst nach ein bis zwei Wochen wieder seine ursprüngliche Gestalt annehmen kann.[2,167]

1975 entwickelte ich selbstklebende Haftelektroden, die den beim EKG verwendeten Elektroden ähnelten, und ging dazu über, sie hinter dem Ohr über dem Warzenfortsatzknochen anzubringen. Auf diese Weise konnte die Stimulationsbehandlung in den ersten sechs Tagen der Entwöhnungskur Tag und Nacht ohne Unterbrechung durchgeführt werden. Insgesamt entfaltete sich die heilende Wirkung der NET bei kontinuierlicher Stimulation sehr viel rascher. Die nunmehr auch nachts stimulierten Patienten konnten ruhig und traumlos schlafen und fühlten sich nach dem Aufwachen erheblich weniger zerschlagen. Einige Patienten meinten, sie könnten zwar auch ohne die NET einschlafen, einmal eingeschlafen sei ihr Schlaf aber dank der Elektrostimulation tiefer und frei von Alpträumen. Die meisten meiner suchtkranken Patienten fanden mit Hilfe dieser verbesserten Stimulationstechnik zwischen der dritten und neunten Nacht nach Behandlungsbeginn zu einem tiefen erholsamen Schlaf.[241] Diese unerwartet durchschlagende Wirkung der schlafbegleitenden Stimulation erklärte ich mir damit, daß zwischen den Schlafrhythmen des Gehirns und der therapeutischen Frequenz wohl eine Art Synchronisation stattfand.

Die Bedeutung der Frequenz: Treffend umriß ein bekannter Wissenschaftler die entscheidende Rolle der Frequenz: »Die Sprache des Gehirns ist die Frequenz. Einige Implikationen dieser Feststellung zeichnen sich bereits ab. Gewisse Beobachtungen verschließen sich unserem Verständnis noch. Wenn wir verstehen wollen, was das Gehirn sagt, müssen wir selbst erst einmal die Frequenzsprache erlernen.«[301] Auf anderen Gebieten der medizinischen Elektronik tätige Forscher kamen zu ganz ähnlichen Schlüssen[279] (s. Anhang II, Anm. 14).

Aufgrund meiner Erfahrungen mit der NET gewann ich die Überzeugung, daß auch bei der Stimulationsbehandlung stoffgebundener Suchtformen die Frequenz der ausschlaggebende Faktor ist.

Eric Claptons freimütiger Bericht über seine Drogenabhängigkeit und seine erfolgreiche NET-Behandlung hatte weitreichende Folgen. Zum einen begannen daraufhin zwei internationale Schallplattenfirmen, *Atlantic Records* und die *Robert Stigwood Organization*, mit der finanziellen Unterstützung meiner Forschungsarbeit; zum anderen begaben sich nun – dem Beispiel Erics folgend – weitere Rockmusiker bei mir in Behandlung. Ohne die Geldspenden wäre die Weiterführung meiner Forschung wohl überhaupt fraglich gewesen; entscheidende Anstöße verdanke ich jedoch auch meinen Patienten aus der Rockszene. Viele von ihnen waren nämlich ausgesprochene Experten, was elektronische Synthesizer und die verschiedenen Effekte elektroakustischer Verstärkung anging. Daraus folgte, daß sie über einen reichen Schatz an Erfahrungswissen verfügten zu genau dem Thema, das auch mein Thema war: Frequenzen und deren Wirkung auf die Psyche des Menschen.

Stundenlang experimentierten die Rockmusiker mit meinem NET-Gerät, indem sie sich selbst mit verschiedenen

Frequenzen stimulierten, denn die Vorstellung, mit ihrem Wissen zur Entwicklung einer wirksamen Suchttherapie beizutragen, faszinierte sie ungemein. Die Ergebnisse ihrer Selbstversuche bestätigten meinen Eindruck, daß die NET erst dann ihre optimale Wirkung entfaltet, wenn die Impulsfrequenz – abgestimmt auf die körperlichen und seelischen Veränderungen der Patienten – mehrmals täglich neu eingestellt wird.

Einer der Musiker erzählte mir, wie er einen Auftritt vor 52000 amerikanischen Fans erlebte, bei dem er einen ›LSD-Trip eingeworfen‹ hatte.

Während dieses Konzerts war ihm aufgefallen, daß er seine eigene subjektive Wahrnehmung ebenso wie die des Publikums mit seiner Musik beeinflussen konnte. Abhängig von Tempo und Rhythmus des jeweiligen Stücks ›sah‹ er das Publikum einmal in den Farben schwarz, gelb und rot – wie ein loderndes Feuer –, ein andermal wiederum in weiß und blau, was ihm dann ein Gefühl heiterer Gelassenheit gab. Auch die Stimmung und das Verhalten der Zuhörer schienen sich nach einem Wechsel der Musik tatsächlich so zu verändern, wie es seiner Wahrnehmung entsprach. Aufgrund einer eingehenden Analyse jener Musikstücke, die diese charakteristischen Reaktionen ausgelöst hatten, gelangte der Patient zu der Überzeugung, daß der entscheidende Faktor die Frequenz sein mußte.

Jedesmal wenn es mir gelang, genau diejenige Frequenz zu finden, die ihrer Suchtform entsprach, so pflegten die Musiker zu sagen: »Jetzt fühlt es sich richtig an.« In jenen Fällen, in denen unsere Meinungen bezüglich der optimalen Frequenz auseinandergingen, erwies sich ihre Wahl letztlich ausnahmslos als die geeignetere. Die von den Rockmusikern so treffsicher vorgenommene Zuordnung von bestimmten Frequenzen zu bestimmten Abhängigkeitstypen erfuhr später durch meine tierexperimentellen Untersuchungen eine eindrucksvolle Bestätigung.[46,47]

Wegen meiner recht häufig auftretenden, schweren Migräneanfälle wandte ich die NET bei mir selbst an, indem ich ebenfalls sämtliche verfügbaren Frequenzen durchprobierte, bis ich eine fand, die sich ›richtig‹ anfühlte.

Auf diese Weise gelang es mir, meine Migräne so weit einzudämmen, daß ich fortan nur noch hie und da unter kaum merklichen Kopfschmerzen zu leiden hatte. Bei diesem therapeutischen Selbstversuch fiel mir auf, daß der Schmerz immer dann am deutlichsten nachließ, wenn die angelegte Spannung hoch genug war, um in den okzipitalen Muskeln regelrechte Schüttelkrämpfe auszulösen – eine nebenbeibemerkt keineswegs unangenehme Empfindung. Eine haschischsüchtige Patientin wählte bei ihrer zweiten NET-Sitzung eine solch hohe Spannung, daß sich beinahe sämtliche Muskeln im Kopfbereich stark zusammenzogen. Danach erzählte sie mir, sie habe dabei ein Gefühl gehabt, als ob ihr »Gehirn gesäubert worden wäre«. Mein Stimulator war übrigens so ausgelegt, daß selbst bei solch dramatischen Effekten für die Gesundheit der Patienten keinerlei Gefahr bestand.

Fortschritte bei der Behandlungstechnik

Gegen Ende der 70er Jahre traten verschiedene Ereignisse ein, die meine Forschungsarbeit entscheidend beeinflußten.

Die Mitarbeiter der *Shackman Company*, die sich bisher mit großem Engagement in den Dienst meiner Sache gestellt hatten, sahen sich nun doch in Anbetracht meiner immer anspruchsvoller werdenden technischen Vorgaben am Ende ihrer Weisheit angelangt und schlugen mir vor, mich an spezialisiertere Fachleute zu wenden.

In den USA waren zwar damals schon Stimulatoren zur transkutanen elektrischen Nervenreizung in großer Auswahl erhältlich; diese Geräte waren jedoch allesamt im Hinblick auf die Behandlung chronischer Schmerzen in den Extremitäten und im Rumpf konstruiert und zur Drogenentwöhnung vollkommen ungeeignet, denn sie arbeiteten mit so hohen

Stromstärken, daß ihre Anwendung im Kopfbereich nicht in Frage kam.

Nun hatte ich das Glück, daß mich ein Freund Peter Loose vorstellte, dessen Firma modernste elektrotechnische Apparate produzierte. Obwohl er über keinerlei Erfahrung mit Elektrostimulation verfügte, zeigte sich Peter gleich sehr interessiert und hilfsbereit. Geduldig ließ er sich von mir erklären, welchen Anforderungen ein speziell für die neuroelektrische Suchttherapie ausgelegter Stimulator gerecht werden müßte. Die vielen wünschenswerten Kombinationen und Permutationen der verschiedenen technischen Parameter hatten mittlerweile einen Komplexitätsgrad erreicht, der mir zu Beginn meiner Forschungstätigkeit kaum vorstellbar erschienen wäre. So bedurfte es einer zweijährigen Entwicklungs- und Erprobungszeit, um ein Stimulationsgerät herzustellen, das nicht nur erheblich kleiner und handlicher als die Shackman-Patterson-Modelle war, sondern im Vergleich zu seinen Vorgängern auch erheblich mehr Variationsmöglichkeiten und eine größere Genauigkeit bot. Anfang des Jahres 1980 stand uns dann endlich ein solches Gerät in zwei verschiedenen Ausfertigungen – die ich ›Pharmakon-Patterson NeuroElectric Stimulator, Modell III bzw. Modell IV‹, nannte – zur Verfügung.

Die ganzen Jahre über hatte ich immer wieder versucht, die Voraussetzungen zur Durchführung einer Doppelblindstudie oder einer Kontrollgruppenuntersuchung zu schaffen, denn mir war klar, daß ein neues Behandlungsverfahren wie die NET seine Wirksamkeit unter kontrollierten Bedingungen beweisen mußte, wenn es den üblichen medizinischen und wissenschaftlichen Kriterien genügen wollte. Obwohl ich von der Nützlichkeit des Doppelblindverfahrens auf diesem Gebiet nicht restlos überzeugt war, stellte ich doch bei verschiedenen Einrichtungen, die Forschungsvorhaben fördern, Antrag auf finanzielle Unterstützung einer kontrollierten Erprobung der NET. Unter anderem wandte ich mich auch an das *British Medical Research Council* und an das *National Institute on Drug Abuse (NIDA)* in den USA. Beim *Medical Research Council* zeigte man sich zwar interessiert und wohlwollend, meinen Antrag auf Förderung lehnte man aber nichtsdestotrotz ab. (Später erfuhr ich von einem hochgestellten Freund, vor allem die Psychiater unter den Komiteemitgliedern hätten entschieden gegen meinen Antrag votiert, mit der Begründung, daß ich Chirurgin und keine Psychiaterin sei und deshalb von meiner Ausbildung her nicht in der Lage wäre, auf dem Gebiet der Suchtbehandlung forschend tätig zu sein.) Wie dem auch sei, offiziell wurde ich vom Council dazu ermutigt, meine Untersuchungen in meiner »freien Zeit« weiterzuführen.

Auch beim *NIDA* verweigerte man mir jede Unterstützung, unter anderem mit dem Hinweis darauf, daß ich ja in der Durchführung von Forschungsprojekten noch gänzlich unerfahren sei. Umgekehrt hätte man sich dann aber auch fragen müssen, welcher erfahrene Forscher denn über irgendwelche NET-Kenntnisse verfügte. Ich kannte damals jedenfalls keinen, auf den dies zutraf. Tatsache ist, daß zur Wirksamkeit von Suchttherapien bisher überhaupt nur sehr wenige kontrollierte Studien vorliegen. Ein praxisnaher Vorschlag, wie diese Forschungslücke geschlossen werden könnte, stammt von dem bekannten englischen Psychiater und Suchtexperten Griffith Edwards, der 1975 im ersten *BBC*-Fernsehbericht über die NET als unabhängiger Kommentator aufgetreten war:

> Bis heute ist in diesem Lande erst eine großangelegte kontrollierte Untersuchung zu einem bestimmten Teilaspekt der Suchtbehandlung durchgeführt worden (Mitcheson und Hartnoll, 1978 [214]). Praktikabler und aussichtsreicher scheint mir jener Ansatz zu sein, der eine Reihe aufeinanderfolgender, vom Umfang her eher beschränkter Untersuchungen vorsieht, die jeweils einzelne Elemente des gesamten Therapiepakets herausgreifen und – mit Hilfe kontrollierter Vergleichsgruppen *oder indem man die Patienten gleichzeitig auch als Kontrollgruppe fungieren läßt* – auf ihre spezifische Wirksamkeit hin überprüfen.[97]

Andere Experten auf dem Gebiet der Suchtbehandlung haben nach Gründen dafür gesucht, warum sie bei ihren verschiedenen Anläufen, die Wirksamkeit von Suchttherapien nach wissenschaftlichen Kriterien zu untersuchen, bisher immer gescheitert sind. D. D. Simpson nahm eine detaillierte Analyse des von der amerikanischen Regierung geförderten *Drug Abuse Reporting Program (DARP)* vor, bei dem die Behandlungsverläufe von 1496 Abhängigen verfolgt wurden. Sein Resümee:

> Nach Meinung all jener, die den Einsatz der Feldforschung zur Evaluation von Behandlungsverläufen kritisieren, kann eine wissenschaftliche Seriosität beanspruchende Entscheidung darüber, ob ein spezifischer Therapieeffekt vorliegt oder nicht, nur auf dem sicheren Boden experimenteller Versuchspläne und randomisierter Kontrollgruppen gefällt werden. Solche Untersuchungsmethoden haben sich jedoch im Rahmen der Erfolgskontrolle von Suchttherapien als fragwürdig erwiesen und konnten auf diesem Gebiet bisher auch nicht befriedigend in Forschungspraxis umgesetzt werden.[285]

Beim Studium der einschlägigen Literatur war ich nur auf eine einzige kontrollierte Untersuchung gestoßen, und das war noch nicht einmal eine Doppelblindstudie. Dabei wurden 28 Methadonabhängige auf drei Versuchsgruppen verteilt: Eine Gruppe wurde ohne spezifische therapeutische Unterstützung entgiftet, während mit den anderen beiden Gruppen eine aktive oder simulierte zerebrale Elektrotherapie (das oben bereits beschriebene ZET-Verfahren) durchgeführt wurde. Nach acht bis zehn Tagen waren von den dreizehn Patienten, die tatsächlich eine ZET erhalten hatten, zehn vollkommen drogenfrei. Alle dreizehn verspürten eine merkliche Linderung ihrer Entzugssymptome. In der Kontrollgruppe konnten hingegen keine signifikanten Veränderungen festgestellt werden.[121] Interessant sind in diesem Zusammenhang die Ergebnisse jener Doppelblindstudien, die die Wirkung intravenös verabreichten ß-Endorphins bei Probanden untersuchten, die einen Heroin- oder Methadonentzug durchmachten: Nach der Injektion ließen die Entzugserscheinungen nach und die Patienten fühlten sich zunehmend wieder »normal«.[52,302]

Unsere erste Klinik

Im Juli 1977 wurde der zweite Fernsehbericht über die NET (›Still Off The Hook‹) ausgestrahlt. Er enthielt u. a. auch ein Interview mit dem amerikanischen Arzt Richard Corbett, der die NET in den höchsten Tönen lobte und bei dieser Gelegenheit auch erwähnte, daß aus den Vereinigten Staaten eine Einladung an mich vorläge. Dies hatte dramatische Folgen: Die Gefahr, daß ich die NET mit nach den USA nehmen könnte, führte in den Medien zu einem vehementen Aufschrei gegen meine drohende Auswanderung.

Diese Fernsehsendung fand letztlich darin ihren Niederschlag, daß mir nun auf einmal gleich drei Angebote zur Forschungsförderung vorlagen. Das beste Angebot kam von der *Rank Foundation*; diese Stiftung erklärte sich bereit, die räumlichen und finanziellen Voraussetzungen dafür zu schaffen, daß ich in einer Einrichtung, die meinen grundlegenden Vorstellungen zur Entgiftung [240] und zur Rehabilitation [238] von Suchtkranken entsprach, eine einjährige klinische Erprobung meiner NET durchführen konnte.

Fast zwei Jahre dauerte es aber noch, ehe wir damit beginnen konnten.

Zunächst mußten wir eine geeignete Klinik finden und entsprechend ausstatten; die zukünftigen Mitarbeiter mußten geschult und das zur Analyse des Behandlungsprozesses notwendige Material mußte erstellt werden – eine Arbeit, die, da wir ja mit der NET völlig neue Wege beschritten, viel Zeit in Anspruch nahm. Während ich für die Untersuchungsprotokolle und die Einweisung des Personals verantwortlich war, widmete sich mein Mann der schwierigen Aufgabe, für die psychospirituelle Rehabilitation, die die kurze Entgiftungsphase ergänzen sollte, geeignetes Material vorzubereiten.

Etwa zur gleichen Zeit nahm ich zu Don Williams, dem damaligen Direktor der *Marie Curie Memorial Foundation*, Kontakt auf und besprach mit ihm verschiedene Möglichkeiten, die Wirkung der NET unter bestimmten – u. a. auch krebserzeugenden – Bedingungen wie Streß, Zigaretten- und Alkoholmißbrauch in den Laboratorien der Stiftung tierexperimentell zu untersuchen.

Die geplante einjährige klinische Erprobung fand zwischen Januar und Dezember 1980 im Broadhurst Manor, Sussex, einer medizinisch anerkannten, gemeinnützigen Klinik statt. Zum Mitarbeiterstab, der in jeder Hinsicht sehr qualifiziert war, gehörten zwar einige Krankenschwestern mit psychiatrischer Ausbildung, aber keine Psychiater. Entscheidendes Kriterium bei der Auswahl der Berater war die Fähigkeit, spirituelle Werte in Alltags- und Krisensituationen zu vertreten und umzusetzen. Die Supervision dieser Berater übernahm mein Mann George, der aus einem reichen spirituellen Erfahrungsschatz schöpfen kann. Seit über vierzig Jahren hatte sich George mit spirituellen Werten beschäftigt – gerade auch in der Auseinandersetzung mit andersartigen Religionen, Bräuchen und Ideologien während seiner zahlreichen Auslandsaufenthalte.

Vor ihrer Aufnahme in die Klinik hatten sich die Patienten lediglich der üblichen medizinischen Erstuntersuchung zu unterziehen, in der wir feststellten, ob eine Psychose oder eine andere im Rahmen dieser Einrichtung nicht behandelbare Krankheit vorlag. Ansonsten trafen wir keine Vorauswahl unter unseren zukünftigen Patienten.

Dadurch, daß wir nun Detoxifikation und Rehabilitation unter einem Dach durchführen konnten, erzielten wir einen ungeheuren Motivationseffekt; statt der erwarteten Elendsgestalten lebensfrohe Rehabilitanden zu Mitpatienten zu haben, spornte die Neuankömmlinge, die ja erst einmal die Entgiftungsphase durchstehen mußten, enorm an. So wurde während der klinischen Erprobung bald klar, daß die NET nicht nur zu einer raschen Entgiftung des Körpers führt, sondern auch den Boden bereitet für eine langfristige psychische Neuorientierung der Abhängigen – eine Erkenntnis, die völlig neue Wege in der Suchtbehandlung eröffnete.

Als ich 1979 eine Gastprofessur an der *University of Pennsylvania* innehatte, bat man mich, dort in den USA an einem staatlichen Intermediate Treatment Center ein kurzfristiges Pilotprogramm zu leiten. Die Einrichtung, in der ich dann mein NET-Verfahren demonstrierte, bestand aus zwei Abteilungen. In der einen wurden die Suchtkranken mit Hilfe allmählich abnehmender Methadondosen von ihren Drogen stufenweise entwöhnt und in der anderen fanden zwölf bis achtzehn Monate dauernde Rehabilitationsprogramme statt. Diejenigen Patienten, die an meinem NET-Programm teilnahmen, erhielten selbstverständlich weder Drogen noch Medikamente. Bei einem Mitarbeitertreffen verglich der Leiter des Beraterteams (ein ehemaliger Drogenabhängiger und der kompetenteste Berater, dem ich in einem solchen Rehabilitationszentrum je begegnet bin) meine NET-Patienten mit den nach herkömmlichen Methoden behandelten Abhängigen:

> Ich habe Ihre NET-Patienten täglich befragt, und so unglaublich es klingt: Sie können alle schon recht gut durchschlafen. Wenn unsere Suchtkranken endlich vollkommen drogenfrei sind und in die Rehabilitationsabteilung hinüberwechseln, dauert es nochmal etwa zwei Monate, bevor wir überhaupt etwas mit ihnen anfangen können – so elend fühlen sie sich. Gesetzt den Fall, wir würden unsere Entgiftungsmethode durch die NET ersetzen, so müßten wir auch unser gesamtes Reha-Programm neu überdenken, denn schließlich hätten wir es ja dann mit Leuten zu tun, die bereits wieder klardenkend und leistungsfähig sind.

Jener Untersuchungsplan, den ich – allein auf der Grundlage meiner bisherigen Erfahrungen – für die klinische Erprobung der NET an der *Pharmakon Clinic* entworfen hatte, erwies sich im nachhinein als gute Annäherung an die von Griffith Edwards drei Jahre später vorgeschlagenen Richtlinien für die Suchttherapieforschung (s. S. 208).

Bessere Arbeitsbedingungen in den USA

Mit Abschluß der klinischen Erprobung im Dezember 1980 lief auch die Förderung durch Stiftungsgelder aus. Nun war es Sache der zuständigen Behörden zu entscheiden, ob unsere Klinik bzw. unser Behandlungsverfahren in das staatliche britische Gesundheitswesen integriert werden sollte. Meine diesbezüglichen Anträge wurden jedoch allesamt abgelehnt – obwohl sich die zuständigen Entscheidungsträger in privatem Rahmen sehr löblich über unsere Arbeit äußerten. In Anbetracht dieser Situation widmete ich mich zunächst vorrangig der statistischen Analyse des einjährigen klinischen Versuchs und begann mit einer Nachuntersuchung all jener suchtkranken Patienten, die ich in den vorhergehenden sieben Jahren in England behandelt hatte. Mein Mann George beschäftigte sich außerdem mit den politisch-gesellschaftlichen Implikationen des Suchtproblems und erarbeitete einen ganz an der Praxis orientierten, auf nationaler wie internationaler Ebene ansetzenden Vorschlag zu seiner Bewältigung.

Mit zu den größten Hindernissen, die einer weiteren Entwicklung der NET im Wege standen, gehörte die ablehnende Haltung weiter Kreise gegenüber jeder Form von Suchtbehandlung. In Großbritannien waren weder die Regierung (die sich zu jener Zeit sogar mit der Finanzierung namhafter Krankenhäuser und anderer wichtiger medizinischer Einrichtungen schwertat) noch die Wohlfahrtsorganisationen (die meinten, man sollte sich zunächst einmal vorrangig um die Krebskranken und die geistig oder körperlich Behinderten kümmern) noch Einzelpersonen (die oftmals die Ansicht vertraten, die Abhängigen litten ganz zu Recht unter ihrer selbstverschuldeten Misere) gewillt, die für Forschung, Entwicklung und klinische Anwendung notwendigen Mittel zur Verfügung zu stellen.

Wieder einmal hatten wir es der Initiative eines Privatmannes zu verdanken, daß wir trotz dieser widrigen Umstände unsere Arbeit fortsetzen konnte. Ein amerikanischer Geschäftsmann mit weltweiten Finanzverbindungen, mit dem uns eine langjährige Freundschaft verband, bot seine Hilfe an. Früher vielbeschäftigter Finanzberater, Aufsichtsratsvorsitzender, Ingenieur und Erfinder befand er sich nun seit geraumer Zeit im Ruhestand und schlug uns vor, in die Vereinigten Staaten zu kommen, wo es seiner Meinung nach einfacher wäre, sich hochentwickelte Technologien zunutze zu machen und Finanzierungsquellen zu erschließen.

Wir nahmen dieses Angebot an und gingen im Frühjahr 1981 nach Kalifornien.

Gleich nach unserer Ankunft beschloß ich – nicht zuletzt wegen des amerikanischen Patentrechts –, ein noch ausgefeilteres Stimulatormodell zu entwerfen. Dieser neue Stimulator sollte eine Reihe zusätzlicher Eigenschaften aufweisen, die ich aufgrund meiner klinischen Erfahrungen für wünschenswert hielt. Ein ausgesprochener Glücksfall war, daß ich den Elektronikingenieur Walter Underhill zur Mitarbeit gewinnen konnte, der in der Lage war, meine immer komplexer werdenden Theorien zur bioelektrischen Stimulation intuitiv zu erfassen und mit großem Sachverstand praktisch umzusetzen. So gelang es uns, ein Gerät zu entwickeln, das eine Feinabstimmung der NET-Behandlung auf die täglich, ja stündlich wechselnden Bedürfnisse und Reaktionen der Patienten ermöglicht. Um die Komplexität der Problemstellung, der wir uns gegenübersahen, zu ermessen, muß man sich die vielfältigen Entzugssymptome vor Augen halten, die den einzelnen Gruppen psychoaktiver Substanzen zugeordnet werden können (s. Anhang III).

Mein siebtes Stimulatormodell bedeutete nicht nur einen gewaltigen Fortschritt bei der Behandlungstechnik, mit ihm entfiel auch jenes Hindernis, das die rasche Verbreitung der NET bisher immer schon im Ansatz vereitelt hatte: die Notwendigkeit, zukünftige NET-Anwender intensiv in die Handhabung des Stimulators einzuweisen. Da der ›Model VII NeuroElectric Stimulator‹ vorprogrammiert ist und vollautomatisch arbeitet, genügt ein sorgfältiges Studium der Gebrauchsanweisung, um ihn sachgerecht einzusetzen.

Unter diesen Voraussetzungen kann auch medizinisches Hilfspersonal – unter ärztlicher Aufsicht – mit der Durchführung der Stimulationsbehandlungen betraut werden.

Die Verantwortung für den Gesamtablauf einer NET sollte jedoch nach wie vor beim Arzt liegen, denn bei bestimmten Patienten ist mit Komplikationen zu rechnen, die besondere Vorkehrungen und gegebenenfalls auch schnelles Eingreifen erforderlich machen. Risikoreicher ist der Entzug z. B. für Herzkranke oder für solche Abhängige, bei denen aufgrund ihrer speziellen Suchtform entzugsbedingte Krampfanfälle auftreten können. Klinische Beobachtungen sprechen dafür, daß es beim NET-unterstützten Entzug erheblich seltener zu derartigen Krampfanfällen kommt (s. Kap. 9, S. 241f.); ein vorrangiges Ziel meiner Forschungsarbeit ist es, diese Anfälle vollkommen unter Kontrolle zu bringen.

Ende 1982 konnte ich dank eines Forschungsstipendiums die statistische Analyse der zwischen 1973 und 1980 in England behandelten Fälle abschließen; ein detaillierter Bericht über einige Ergebnisse dieser ersten NET-Langzeitstudie wurde im Mai 1984 im *Journal of Bioelectricity* veröffentlicht.[242]

1980, im gleichen Jahr, in dem der klinische Test an der *Pharmakon Clinic* stattfand, wurde in den Forschungslabors der *Marie Curie Memorial Foundation* unter meiner Mitwirkung eine Versuchsreihe durchgeführt, um verschiedene Hypothesen bezüglich der biochemischen Grundlagen der NET zu überprüfen.

Ermöglicht wurde diese Forschungsarbeit durch eine großzügige Spende, die wiederum aus der Rockszene kam – dieses Mal von Pete Townshend und der *Who*.

Pete hatte Eric Clapton, als dieser sich bei mir in Behandlung befand, regelmäßig besucht und war von der Wirkung der NET so beeindruckt, daß er mir spontan seine Hilfe zusagte. Die Rockgruppe *The Who* stellte mir dann einen Großteil ihres Erlöses aus einer Konzertreihe für meine Forschung zur Verfügung. Ohne diese Unterstützung wären all die Untersuchungen, über die im nächsten Kapitel zu berichten sein wird, nicht finanzierbar gewesen.

9 Forschungsergebnisse

Die erste der in den Marie Curie Laboratorien durchgeführten Studien erbrachte einen schlagenden Beweis für die streßmindernde Wirkung der NET. Experimentell ausgelöst wurde der Streß bei den Versuchstieren (Ratten) dadurch, daß man sie in Spezialkäfigen hielt, in denen ihre Bewegungsfreiheit stark eingeschränkt war. Der Plasmaspiegel des als Streßindikator geltenden Nebennierenrindenhormons Cortisol* war bei den NET-behandelten Ratten signifikant niedriger als bei den Tieren der Kontrollgruppe.[48]

Dieses vielversprechende Resultat ließ die Forscher der *Marie Curie Foundation* aufhorchen – zumal Streß vermutlich eine wichtige Rolle bei der Entstehung von Krebserkrankungen spielt.

Elektrische Frequenzen

Durch die in Zusammenarbeit mit den *Marie Curie Laboratories* geleistete vierjährige Forschungsarbeit erweiterte sich unser Wissen über die Wirkungsweise der NET ganz beträchtlich. Außerdem erfuhren jene elektrischen Parameter, die ich im Laufe der Jahre rein nach der Versuch-und-Irrtum-Methode als zur Suchtbehandlung geeignet identifiziert hatte, eine eindrucksvolle experimentelle Bestätigung. Gerade sie erwiesen sich in einer Reihe kontrollierter Studien, bei denen Ratten von verschiedenen Drogen entwöhnt wurden, fast ausnahmslos als wirkungsvoll.

Durchgängiges Ergebnis all dieser tierexperimentellen NET-Studien war die kurze Dauer der Entgiftungsphase, vorausgesetzt die Stimulation wurde korrekt – d. h. *mit den jeweils geeigneten technischen Parametern* – ausgeführt.[45,46,47] Zwar sind mir bisher noch keine Untersuchungen bekannt, die sich mit der Wirkung der Elektrostimulation bei akuten Arzneimittelvergiftungen befassen; ich wage jedoch die Hypothese, daß die NET z. B. bei Üderdosierungen von Barbituraten ein ebenso nützliches Gegenmittel darstellen könnte wie eine Naloxon-Injektion bei Patienten, die infolge einer Überdosis an Opiaten das Bewußtsein verloren haben (und schon wenige Minuten nach der Injektion wieder zu sich kommen). Jedenfalls bestätigten die tierexperimentellen Studien meine klinische Erfahrung, daß die Entgiftung dann am raschesten vorankommt, wenn man mit Reizfrequenzen arbeitet, die auf die verschiedenen Gruppen psychoaktiver Substanzen jeweils genau abgestimmt sind (unveröffentlichte Ergebnisse). In diesem Zusammenhang stellten wir fest, daß sich die wirksamen Frequenzbereiche von dem Kontinuum der technisch realisierbaren Frequenzen in Form von relativ weit auseinanderliegenden ›Fenstern‹ abheben – eine Beobachtung, die auch schon bei anderer Gelegenheit gemacht wurde, z. B. bei der frequenzgesteuerten In-vitro-Ausschüttung von Substanz P aus Nervenzellen der Darmwand (Plexus myentericus).[112]

Es sei hier noch einmal an die programmatischen Worte des amerikanischen Physikers D. F. Stubbs erinnert:

> Die Sprache des Gehirns ist die Frequenz. Einige Implikationen dieser Feststellung zeichnen sich bereits ab. Gewisse Beobachtungen verschließen sich unserem Verständnis noch. Wenn wir verstehen wollen, was das Gehirn sagt, müssen wir selbst erst einmal die Frequenzsprache erlernen.[301]

Langsam aber sicher nimmt diese Zukunftsvision Gestalt an – vor allem durch Untersuchungen, in denen die Frequenzabhängigkeit der Transmitterausschüttung nachgewiesen werden konnte.[32,78,157] So gelang es beispielsweise einer Forschergruppe, die Noradrenalin-Ausschüttung aus einzelnen geklonten Nervenzellen durch elektromagnetische Stimulation mit 500 Hz merklich zu erhöhen[88]. In einem anderen Reizungsexperiment konnte gezeigt werden, daß die Art und Weise, wie Dopamin*-Agonisten, -Antagonisten und Wiederaufnahme-Inhibitoren (letztere sind Stoffe, die die Aufnahme des Transmitters in die präsynaptische Nervenendigung verhindern und ihn dadurch länger verfügbar halten; Anm. d. Übers.) die Freisetzung von Dopamin und Acetylcholin* beeinflussen, sehr stark von der Frequenz abhängt, mit der stimuliert wird.[77]

Auch in verschiedenen klinischen Studien erwies sich die Frequenz als die entscheidende Variable. Schwedische[287] und norwegische[162] Forscher berichten von frequenzabhängigen Effekten bei der Stimulationsbehandlung von Patienten mit chronischen Schmerzen; und in einer Untersuchung, in der periphere Nerven mittels gepulster elektromagnetischer Felder zur Regeneration angeregt wurden, erbrachte eine Stimulation mit 15 Hz Resultate, die jene der Kontrollgruppe nur geringfügig übertrafen, während eine Reizung mit 72 Hz »eine signifikante und konsistente Wirkung auf das distale Wachstum der Axone ausübte«[175].

Die Leberfunktion

Daß die Leber durch Alkoholmißbrauch geschädigt wird, ist wohl eine allgemein bekannte Tatsache; weniger bekannt dagegen ist, daß viele Drogenabhängige – und zwar selbst jene, die sich nie eine Hepatitis zugezogen haben – gleichfalls unter Funktionsstörungen der Leber leiden. Bei denjenigen meiner Patienten, die davon betroffen waren, trat infolge der NET-Behandlung auch hinsichtlich der Leberfunktion regelmäßig eine rasche Besserung ein. Eine Erklärung für diesen NET-Effekt erbrachte einer unserer Tierversuche, bei dem wir an Ratten nachweisen konnten, daß die Enzymaktivität in der Leber durch die NET gesteigert wird.[48] Auch an einer kleinen Stichprobe von gesunden Versuchspersonen, die allesamt

Nichtraucher waren, beobachteten wir nach einer NET-Behandlung eine Steigerung der hepatischen Leistungsfähigkeit (unveröffentlichte Ergebnisse).

Der Normalisierung der Leberfunktion scheint beim Entzug eine Schlüsselrolle zuzukommen – eine Erkenntnis, die Robert Moore, Professor für Psychiatrie an der *University of California*, auf folgenden Nenner brachte: »Ob die Entwöhnung eines Alkoholabhängigen gelingt, hängt von seiner Leber ab und nicht von den Ärzten, den Krankenhäusern oder den Entzugsprogrammen.«[215]

Körpereigene Opioide

Die Beziehung zwischen der Heroinabhängigkeit und dem körpereigenen Opioidsystem wurde in ihren Grundzügen bereits im achten Kapitel skizziert. Seit der Entdeckung der Endorphine im Jahre 1975 durch Professor Kosterlitz haben sich weltweit viele Ärzte und Wissenschaftler mit der Frage beschäftigt, ob zwischen körperlicher Abhängigkeit und veränderten Konzentrationen verschiedener Neurohormone und Neurotransmitter ein Zusammenhang besteht. Inzwischen liegen dazu zahlreiche Erkenntnisse vor, die in der Regel nicht ganz einfach zu verstehen sind und sich teilweise sogar widersprechen. Einige Ergebnisse dieses intensiv beforschten Wissenschaftszweiges gelten jedoch schon als recht gut abgesichert und sollen im folgenden kurz beschrieben werden. Daß es zwischen der Abhängikeit von Heroin oder anderen schmerzausschaltenden Substanzen und den Opioidpeptiden, deren Hauptvertreter die Enkephaline, Endorphine und Dynorphine sind, eine – wie auch immer geartete – Verbindung geben muß, liegt auf der Hand. Über zwanzig dieser opiatartig wirkenden körpereigenen Substanzen konnten bisher isoliert werden; außerdem wurden schon drei verschiedene Rezeptortypen als opioidspezifische Haftstellen identifiziert.[177] In erster Linie dienen die endogenen Liganden dieser Rezeptoren genauso wie das exogene Heroin der Schmerzmodulation und der emotionalen Verarbeitung; darüber hinaus beeinflussen sie *die Motivation für verschiedene Formen zielgerichteten Verhaltens.*[33]

Gibt man Ratten die Möglichkeit, sich ß-Endorphin in einer weit unterhalb der analgetischen Schwelle liegenden Dosierung selbst zu verabreichen, so zeigt sich, daß dieses körpereigene Opioid ähnlich wie injiziertes Heroin als positiver Verstärker innerhalb des Belohnungssystems fungiert.[330] Interessant ist weiterhin der Befund, daß die Enkephaline und ihre Vorstufen auch in den chromaffinen Zellen des Nebennierenmarks (Bildungsort von Adrenalin* und Noradrenalin, Anm. d. Übers.) lokalisiert sind und bei Stimulation des Nebennierenmarks möglicherweise in die Blutbahn gelangen, wo sie nur für sehr kurze Zeit ›überleben‹ können; wie diese Entdeckung zu deuten ist, blieb bisher allerdings noch unklar.[184]

Was leisten nun die körpereigenen Opioide für das Verständnis des süchtigmachenden Prozesses? Die Abhängigkeit von Heroin wird – so vermuten die Vertreter der Endorphintheorie der Sucht – dadurch aufrechterhalten, daß die fortdauernde Besetzung der Opioidrezeptoren durch Heroin den Rückmeldemechanismus des Gehirns dazu veranlaßt, die Aktivität der endorphinergen und enkephalinergen Neurone zu reduzieren.[144] Dieser Feedback-Effekt konnte an Ratten demonstriert werden, bei denen über einen Zeitraum von vier Wochen hinweg eine Morphiumabhängigkeit experimentell erzeugt worden war. In bestimmten Hirngebieten dieser Versuchstiere nahmen die Konzentrationen an ß-Endorphin, Met-Enkephalin und adrenocorticotropem Hormon* (ACTH) um die Hälfte ab, und auch im Plasma war der Gehalt an ß-Endorphin stark reduziert.[117]

Ein ähnliches Resultat ergab eine Untersuchung an heroinabhängigen Männern: Ihr ß-Endorphin-Plasmaspiegel lag mit 345 Picogramm pro Milliliter deutlich unter dem der Kontrollgruppe, der durchschnittlich 1,024 Picogramm pro Milliliter betrug.[131] Was Methadonabhängige anbetrifft, sind die Ergebnisse derartiger Studien allerdings widersprüchlich; Mark Gold, einem Wissenschaftler aus New Jersey, fiel jedoch bei seinen Untersuchungen auf, daß der Anteil derer, bei denen überhaupt kein ß-Endorphin feststellbar war, unter den Methadonabhängigen größer war als in der Kontrollgruppe.[117]

Die akute Entzugssymptomatik, die auf die abrupte Beendigung des Opioidkonsums unweigerlich folgt, könnte durch eine reaktive Hyperaktivität des Locus coeruleus – jenes im Hirnstamm gelegenen Kernes, der mit die höchste Konzentration an Endorphinen und Opioidrezeptoren aufweist – erklärt werden. Nach diesem Modell führt die überschießende Aktivität des Locus coeruleus (einem der ›Hauptproduzenten‹ von Noradrenalin, Anm. d. Übers) zu einem Noradrenalin-Überangebot, das, da die Endorphinproduktion infolge der fortgesetzten Opioidzufuhr noch stark gedrosselt ist, nicht ausbalanciert werden kann. Die für den Entzug so charakteristischen Angst- und Panikzustände können nun als verhaltensmäßiger Ausdruck dieser noradrenergen Überaktivität interpretiert werden.

Endorphine und Elektrostimulation: Die Anwendungsmöglichkeiten der Elektrostimulation im Rahmen der Schmerzbekämpfung wurden in Kapitel 8 bereits kurz beschrieben. Auch auf das Wirkungsgefüge, das Elektrostimulation und Endorphinsystem zusammen bilden, wurde schon hingewiesen. Es folgt nun ein Überblick über wissenschaftliche Veröffentlichungen, die sich mit dem Einsatz der Elektrostimulation bei stoffgebundenen Suchtformen und mit ihren vielfältigen biochemischen Effekten beschäftigen.

Bei süchtigen Ratten, die mit Hilfe von Naloxon entwöhnt wurden, linderte eine Elektroakupunktur-Behandlung die Entzugssymptome und führte zu einem Anstieg der ß-Endorphin-Konzentration im Gehirn, nicht jedoch im Plasma[340] (in welchem Verhältnis Plasma- und Liquorspiegel der Opioidpeptide zueinander stehen, harrt noch der Aufklärung). In einer anderen Versuchsreihe mit süchtigen Ratten wurden der Entzug einfach durch Beendigung der Drogenzufuhr – ohne Naloxon – eingeleitet. Die sich anschließende Elektroakupunktur-Behandlung reduzierte die mit einem Punktesystem bewerteten Entzugssymptome um 85 Prozent und bewirkte einen Anstieg der ß-Endorphin- wie auch der Met-Enkephalin-Konzentration – und zwar in diesem Fall im Plasma.[349]

Bei ebenfalls mit Elektroakupunktur behandelten Heroinabhängigen stieg gleichzeitig mit dem Rückgang der Entzugssymptome die Met-Enkephalin-Konzentration im Liquor, die vor der Entwöhnung sehr niedrig war, an, während der ß-Endorphin-Spiegel konstant blieb.[57] Wenn es zutrifft, daß – wie Sidney Cohen von der *University of California* vermutet – »Menschen mit einem niedrigen Enkephalinspiegel für Depressionen möglicherweise anfälliger sind«,[62] dann wäre umgekehrt eine Erhöhung der Enkephalinproduktion eine Erklärung für die Stimmungsaufhellung, die wir bei unseren NET-Patienten durchweg feststellen konnten.

Bei Patienten, die wegen chronisch wiederkehrender Schmerzen mit Elektroakupunktur behandelt wurden, registrierte man eine Steigerung der ß-Endorphin-, nicht jedoch der Met-Enkephalin-Konzentration.[58] Schwedische Forscher fanden gleichfalls erhöhte Endorphinwerte im Liquor von Patienten, die sich einer Elektroakupunktur unterzogen hatten.[288] Diese Befunde weisen darauf hin, daß der Sucht und dem Schmerz jeweils unterschiedliche biochemische Mechanismen zugrunde legen.

Will man mit Hilfe von Stimulationstechniken die Endorphinausschüttung beeinflussen, so kommt es dabei sehr stark auf die elektrische Reizfrequenz an. Diesen Schluß legen unsere eigenen tierexperimentellen Studien nahe, bei denen die detoxifizierende Wirkung der Stimulationsbehandlung immer dann ausblieb, wenn bei niedrigfrequenter Reizung Naloxon gegeben wurde.[47] Da Naloxon die Endorphine antagonisiert, bedeutet dies, daß lediglich die Effekte niedrigfrequenter Stimulation durch Endorphine vermittelt sind.

Verblüfft waren wir allerdings, als wir in derselben Versuchsreihe feststellten, daß der Entgiftunsprozeß bei barbituratabhängien Ratten durch Naloxon sogar beschleunigt wird, sobald höhere Frequenzen zum Einsatz kommen.[47] Weiterhin lassen die Ergebnisse unserer Tierversuche vermuten, daß die Stelle, an der der elektrische Strom angelegt wird, bei Hochfrequenz-Stimulation (500 Hz) eine weniger wichtige Rolle spielt als bei niedrigfrequenter Stimulation (10 Hz).[46] Der Einsatz hoher Frequenzen am Menschen birgt jedoch Risiken, die der Anwender im Einzelfall abwägen sollte.

Das vielleicht faszinierendste Experiment gelang einer italienischen Forschergruppe um Giuseppe Salar. Zwar kann der Gehalt an Opioidpeptiden im Liquor cerebrospinalis einfacher und exakter bestimmt werden als im Plasma, doch kann man es Patienten in der Regel nicht zumuten, sich allein der Wissenschaft zuliebe einer Lumbalpunktion zu unterziehen. Salar standen jedoch dreizehn Patienten mit einer chronischen Liquorfistel zur Verfügung, bei denen häufigere Liquormessungen ohne irgendeinen schädigenden Eingriff vorgenommen werden konnten. Vorweg sein noch erwähnt, daß keiner dieser Patienten an Schmerzzuständen litt. Die italienischen Wissenschaftler applizierten nun nach der Technik der transkutanen Elektrotherapie einen Reizstrom mit einer Frequenz zwischen vierzig und sechzig Hertz. Zwanzig Minuten nach Beginn der Stimulation war durchgängig ein Anstieg des ß-Endorphin-Spiegels im Liquor der Probanden zu beobachten; nach 45 Minuten erreichte die ß-Endorphin-Kurve ihren Höhepunkt, um nach 90 Minuten schließlich wieder zum Ausgangsniveau zurückzukehren. (Die Messungen wurden mit Säulen-Chromatographie und Radioimmunoassay* durchgeführt.) Die Autoren interpretieren das Ergebnis dahingehend, daß die Endorphinspeicher bei Probanden wie den ihren – die ja weder süchtig waren noch unter Schmerzen litten – nach etwa einer Stunde vollkommen entleert sind und sich erst nach einem zwischenzeitlichen Aussetzen der Elektrostimulation wieder im anfänglichen Normbereich einpendeln.[278] Die amerikanische Biochemikerin Huda Akil, eine ausgesprochene Expertin auf dem Gebiet der Opioidpeptide, fand im Liquor von Schmerzpatienten, die durch fokale elektrische Hirnreizung eine Linderung erfuhren, gleichfalls erhöhte Werte von »enkephalin-ähnlichem Material«.[7,133]

Serotonin

Gut denkbar wäre, daß die Wirkung der NET teilweise auch über serotonerge Nervenbahnen vermittelt ist. Diese Hypothese – für die es zum jetzigen Zeitpunkt allerdings noch keine schlüssigen Beweise gibt – stellt einen weiteren Erklärungsansatz für die stark stimmungsaufhellende Wirkung der NET dar, die oft schon am Anfang der zehntägigen Entgiftungsphase zum Tragen kommt.

Bei Patienten mit chronischen Schmerzen oder Depressionen fand man erniedrigte Serotoninkonzentrationen im Gehirn;[295] manisch-depressive Patienten wiesen einen erniedrigten Serotoningehalt in den Thrombozyten auf.[280] Weiterhin konnte ein Zusammenhang zwischen suizidalem Verhalten und einer verminderten Konzentration an 5-Hydroxyindolessigsäure (dem Hauptabbauprodukt von Serotonin) im Liquor aufgezeigt werden.[20,42] Aus diesem Grund wird das Selbstmordrisiko bei Menschen mit niedrigem Serotoninspiegel höher eingeschätzt.[329] Eine gewisse Rolle spielen Serotonindefizite vermutlich auch bei der Fettsucht; ob allerdings mit Hilfe der NET auch dieser weitverbreiteten Suchtform beizukommen ist, müssen zukünftige Untersuchungen erst noch zeigen.

Elektrische Reizung mittels chirurgisch implantierter Elektroden wirkt sich auf die Serotoninsynthese nachweislich förderlich aus.[79,123] In einem unserer Tierversuche injizierten wir Ratten das Kurznarkotikum Hexobarbital, das unter Normalbedingungen den Serotoninumsatz im Gehirn herabsetzt.[213] Bei jenen Tieren, die anschließend einer NET unterzogen wurden, war die Aktivität der serotonergen Neurone im Gehirn gegenüber der nichtstimulierten Kontrollgruppe signifikant erhöht. Die Kontrollgruppe brauchte überdies fast doppelt so lange wie die NET-behandelten Tiere, um sich von der Hexobarbital-Narkose wieder zu erholen.[45] Auch nach Elektroakupunktur wurde bei Patienten mit chronischen Schmerzen ein signifikanter Anstieg des Serotoningehalts in den Thrombozyten festgestellt.[199]

Des öfteren haben mich Patienten darauf aufmerksam gemacht, daß ihre sonst ständig kalten Hände und Füße während der NET-Behandlungen warm geworden seien – ein Effekt, der mir lange Zeit Rätsel aufgab. Einen Erklärungsansatz bot erst eine 1983 veröffentlichte Studie zur Wirkungsweise der transkutanen elektrischen Nervenreizung in Fällen peripherer Ischämie (Blutleere einzelner Organteile infolge mangelnder Blutzufuhr), wie sie etwa bei der Raynaud-Krankheit oder bei diabetischen Polyneuropathien auftreten. Der gefäßerweiternde Effekt der Nervenreizung konnte in dieser Untersuchung durch Verabreichung eines zentral wirksamen Serotonin-Blockers wieder rückgängig gemacht werden, was nach Meinung der Autoren darauf schließen läßt, daß die heilende Wirkung dieser Elektrotherapie auf einer Stimulierung der Serotoninproduktion beruht.[165]

An experimentell abhängig gemachten Ratten konnte gezeigt werden, daß es beim Entzug von so unterschiedlichen Stoffen wie Alkohol, Morphium, Nikotin und Phenobarbital jeweils immer zu einer Hemmung der Serotoninsynthese im Gehirn kommt.[23] Im Liquor von chronischen Alkoholikern wies man während einer Abstinenzphase gleichfalls reduzierte Serotoninwerte nach.[329] Wenn es zutriftt – und vieles spricht ja dafür – , daß die NET serotonerge Bahnen stimuliert, so könnten die letztgenannten Befunde eine Erklärung dafür liefern, warum gerade auch Alkoholsüchtige auf die NET so gut ansprechen.

ACTH*

Zahlreiche Untersuchungen weisen darauf hin, daß zwischen der Verfügbarkeit des adrenocorticotropen Hormons (ATCH) und den charakteristischen Entzugserscheinungen – vor allem dem chronischen Abstinenzsyndrom – ein Zusammenhang besteht. ACTH und ß-Endorphin entstehen durch enzymatische Spaltung aus einer gemeinsamen Vorstufe, dem Pro-Opiocortin[273], und werden zusammen aus der Hirnanhangsdrüse ausgeschieden[125]. Streß ist für den Organismus das Signal, ACTH in den Blutkreislauf auszuschütten, was wiederum die Nebennierenrinde dazu anregt, vermehrt Cortisol zu produzieren. Im Plasma von Heroin-[131] und Methadonabhängigen[115] fand man erniedrigte ACTH- und Cortisolkonzentrationen. Bei starken Alkoholikern stellte man während einer längeren Abstinenzphase einen verminderten Noradrenalinumsatz im Gehirn fest.[36]

Die Forschergruppe um Mark Gold untersuchte die Cortisolausschüttung bei Suchtkranken nach intravenöser Gabe von Naloxon. Bei den gesunden Probanden der Kontrollgruppe stiegen die Plasmaspiegel von ACTH, ß-Endorphin und Cortisol durchweg deutlich an, während Methadonabhängige einen signifikanten Abfall der Cortisolausschüttung zeigten.[117] Diese Ergebnisse wurden von anderen Forschern bestätigt; jedoch führen einige diesen Cortisolmangel eher auf eine primäre als auf eine sekundäre Unterfunktion der Nebennierenrinde zurück.[254] Die bei Methadonabhängigen zu beobachtende verminderte Funktionstüchtigkeit der Nebennieren könnte eine Erklärung dafür sein, warum diese Suchtkranken über »geringe Belastbarkeit, Kränklichkeit, Appetitlosigkeit, Gewichtsverlust, Niedergeschlagenheit und Verdauungsbeschwerden« klagen – Symptome, die »oftmals noch lang nach der Entgiftung anhalten und in der Regel zu Rückfällen führen«.[82]

Obgleich Streßreize an und für sich die Cortisolausschüttung stimulieren, betrugen die Cortisolwerte von Ratten, die in einer Streßsituation (die durch Einschränkung der Bewegungsfreiheit induziert wurde) mit NET behandelt wurden, weniger als die Hälfte der entsprechenden Werte der Kontrollgruppe. Dies legt den Schluß nahe, daß Streßeffekte durch Elektrostimulation signifikant abgemildert werden. (Paradoxerweise war die Aktivität der mischfunktionellen Oxidase, die sowohl durch Streß als auch durch Cortisol gesteigert wird, in diesem Experiment nicht herabgesetzt, obwohl der Cortisolwert ja abnahm.[48]) Gleichfalls reduziert waren die Plasma-ACTH- und Cortisolwerte von Heroinabhängigen wie auch von Kontrollpersonen, die sich einer Elektroakupunktur mit einer Frequenz von 125 Hz unterzogen.[341]

Eine weitere Studie erbrachte, daß zwar sowohl eine niedrigfrequente (10 Hz) als auch eine hochfrequente (500 Hz) Stimulation die Entgiftungszeit bei mit Hexobarbital narkotisierten Ratten signifikant reduziert, der Plasma-Corticosteron*-spiegel jedoch auf niedrige Frequenzen mit einer merklichen Abnahme und auf hohe NET-Frequenzen mit einer Zunahme reagiert.[47] Dieser letztere Befund liefert eine Erklärung dafür, daß sich meine Patienten im Laufe der NET-Behandlung von ihrem suchtbedingten Mangel an Nebennierenhormonen rasch wieder erholen, was ja darin zum Ausdruck kommt, daß sie ihre teilnahmslose Haltung schnell ablegen – keine andere Entzugsmethode kommt dieser hartnäckigen Lethargie bei – und wieder Hoffnung schöpfen.

Alkoholentzug

Der Zusammenhang zwischen dem Endorphinsystem und der Alkoholabhängigkeit bleibt noch ziemlich im unklaren, obwohl in Tierversuchen der Nachweis gelang, daß Opioidrezeptoren eines bestimmten Typs nach chronischem Alkoholmißbrauch zahlenmäßig reduziert sind.[12,149] Einige Forscher vertreten den Standpunkt, daß die Endorphin- oder Enkephalinproduktion beim Alkoholismus genauso wie bei der Opioidabhängigkeit gedrosselt ist oder vielleicht sogar ganz zum Erliegen kommt.[129]

In vitro- wie auch In vivo-Studien haben gezeigt, daß Äthanol mit den Opioidbindungsstellen in offenbar ganz spezifischer Weise interagiert. So war die Met-Enkephalinausschüttung im Striatum (zu den Basalganglien zählender subcorticaler Kernkomplex, Anm. d. Übers.) von Ratten nach einer nur kurz dauernden Äthanolgabe erhöht, nach chronischem Äthanolkonsum dagegen erniedrigt.[196] Insgesamt gleicht das Bild, das sich uns bei Alkoholismus bietet, einem komplizierten und noch ziemlich unvollständigen Puzzle.

Eine Entdeckung, die mit Sicherheit auch ein Teil dieses Puzzles darstellt, machten unlängst die Forscher um Merton Sandler am *Queen Charlotte's Hospital* in London. Sie isolierten aus menschlichem Urin eine körpereigene Substanz, die bei freiwilligen Versuchspersonen eine derart unkontrollierbare Panik auslöste, daß erst nach Verabreichung von *Valium* wieder eine Beruhigung eintrat.[59] Als ihnen danach auch noch der Nachweis gelang, daß diese Substanz – von Professor Sandler auf den Namen ›Tribulin‹ getauft – in der Lage ist, unmittelbar mit dem Benzodiazepinrezeptor zu interagieren,[113] wähnten sie sich schon dem schwer faßbaren endogenen Liganden des ›*Valium*-Rezeptors‹ auf der Spur. Nach einer Hypothese Sandlers wirken das körpereigene *Valium*-Äquivalent und sein Gegenspieler Tribulin so zusammen, daß ein dynamisches Gleichgewicht zwischen den extremen Polen Überstimulation und Betäubung entsteht. Dieses Tribulin, das offenbar mit dem gesamten Symptomkomplex Panik-Streß-Angst in Verbindung steht, wird nun nicht nur während des *Valium*entzugs, sondern auch beim Alkoholentzug vermehrt ausgeschieden[247] und fällt bei Alkoholikern erst nach sechsmonatiger Abstinenz wieder auf einen normalen Wert zurück.[318] So faszinierend die Befunde der Sandler-Gruppe auch sind, es bleibt abzuwarten, ob sie durch andere Wissenschaftler bestätigt werden können.

GABA*

Beim Entzug von anxiolytisch wirkenden Substanzen wie den Barbituraten, Benzodiazepinen oder Alkohol beobachtete man einen reduzierten Umsatz des Neurotransmitters Gamma-Aminobuttersäure (GABA).[208]

Wenn die GABA-erge Reizübertragung beeinträchtigt ist, so wird dadurch nicht nur verschiedenen Formen von Krampfanfällen, einschließlich Grand-mal-Attacken, Vorschub geleistet, sondern – da meist auch die cholinergen und monoaminergen Systeme mitbetroffen sind – auch Schlafstörungen und deliranten Zuständen;[74] das aber sind genau jene Symptome, die die Entwöhnung von angstlösenden Drogen charakteristischerweise begleiten. Im Hinblick auf das Wirkprinzip der NET ist weiterhin von Interesse, daß die Wirkung eines ähnlichen elektrotherapeutischen Verfahrens, nämlich der Stimulationsanalgesie, u. a. vermutlich auch GABA-erg vermittelt ist.[195]

Biochemische Effekte körperlicher Betätigung

Seit 1973 pflegen wir unsere Patienten von Beginn der NET-Behandlung an dazu zu ermutigen, viel Sport zu treiben oder im Freien körperlich zu arbeiten; denn – wenn es auch die meisten anfangs einige Überwindung kostet – der wohltuende Effekt einer wie auch immer gearteten körperlichen Betätigung ist augenfällig. Seitdem nachgewiesen wurde, daß starke körperliche Beanspruchung das Endorphinsystem auf natürliche Weise stimuliert, bilden gezielte körperliche Belastungen einen integralen Bestandteil unserer Suchttherapie – der initialen Entgiftungsphase wie auch der Langzeitbehandlung.

Bei trainierten Läufern stellte man nach einem Langstreckenlauf nicht nur erhöhte Plasmaspiegel des Wachstumshormons, von ACTH und Prolactin fest, sondern auch – mit hochempfindlichen radioimmunologischen Methoden – einen

Anstieg der ß-Endorphinkonzentration im Plasma. Um einen weiteren Nachweis für die Beteiligung des Endorphinsystems zu erhalten, injizierte man den Läufern nach Beendigung ihres Laufs Naloxon. Daraufhin beobachteten die Autoren u.a., daß der bei sämtlichen Läufern zu verzeichnende »Anstieg der Selbstbeurteilung auf den Genuß- und Euphorieskalen unter Naloxon stark abgeschwächt war«.[155]

Ein ähnliches Experiment beschrieb Avram Goldstein von der Stanford Universität in einer Vorlesung, der ich in Kalifornien beiwohnte. Er verabreichte freiwilligen Versuchspersonen Naloxon, während diese Musik hörten, die sie sich – egal ob Rock oder Klassik – nach ihren besonderen Vorlieben aussuchen konnten. Die durch die Musik hervorgerufenen angenehmen Empfindungen wurden durch Naloxon vollkommen unterdrückt!

Für einen Zusammenhang zwischen körperlicher Beanspruchung und Endorphinsystem sprechen weiterhin die Ergebnisse einer Studie an 18 Freiwilligen, die sich bis zum Untersuchungszeitpunkt nicht regelmäßig sportlich betätigt hatten. Während des Lauftrainings, das die Versuchspersonen in der Untersuchung dann regelmäßig absolvieren mußten, wurde ein signifikanter Anstieg des radioimmunologisch bestimmten ß-Endorphingehalts im Plasma verzeichnet. Die höchsten Endorphinkonzentrationen wurden etwa zwei Stunden nach Trainingsbeginn, d. h. gegen Ende einer Übungseinheit, gemessen; sie lagen zwischen 40 und 1706 Nanogramm pro Liter (der endorphinerge Basaltonus liegt zwischen 10 und 80 Nanogramm pro Liter oder darunter). Der Plasmaspiegel von Met-Enkephalin stieg ebenfalls bis auf 1063 Nanogramm pro Liter an – d. h. auf mehr als das Fünffache des normalen Wertes. [143] In weiteren Veröffentlichungen ist über einige ähnlich angelegte Untersuchungen berichtet worden.

NET, Biochemie und Streß

Bisher wurden über vierzig verschiedene Neurotransmitter entdeckt.[153] Obwohl alle Krankheiten mit signifikanten Veränderungen des Transmitterstoffwechsels einhergehen, fällt es oft schwer herauszufinden, ob der Konzentrationsanstieg oder -abfall eines Neurotransmitters nun Ursache ist oder Wirkung, oder vielleicht auch nur einen Teil eines übergreifenden Wirkungsgefüges darstellt. Das gleiche gilt auch für die NET, die ja die Aktivität einiger Transmittersysteme beeinflußt. Doch zumindest *ein* kausaler Zusammenhang zeichnet sich bereits ab: Die richtig getroffene Wahl der elektrischen Parameter scheint es zu sein, womit die Detoxifikation nach Drogenmißbrauch genauso steht und fällt wie die Stimulierung der Hormon- und Neurotransmitterproduktion. Den Mechanismen, die diesem Zusammenhang zugrundeliegen, bleiben wir mit unserer derzeitigen Forschungarbeit weiterhin auf der Spur. Die Wirkung der NET im Rahmen der Streßverarbeitung stellt eine weitere Spur dar, die es in Zukunft zu verfolgen gilt. Der Nachweis, daß von der NET eine Art Anti-Streß-Effekt ausgeht, war für mich eine sehr wichtige Erkenntnis und zugleich auch eine große Ermutigung; zum einen deshalb, weil dadurch meine langjährigen klinischen Erfahrungen mit der NET bestätigt wurden, und zum anderen weil Streß in der industrialisierten Welt eines der ganz großen Probleme darstellt und bei der Entstehung von Abhängigkeit und anderen Krankheiten eine entscheidende Rolle spielt. Nach Meinung von Hans Selye – jenes Endokrinologen, der durch seine bahnbrechenden Arbeiten auf dem Gebiet der Streßforschung weltweit bekannt wurde – lassen sich Nierenfunktionsstörungen, Herz-Kreislauf-Erkrankungen, ja selbst solche Krankheitsbilder wie Arthritis oft auf eine streßbedingte Überproduktion der Nebennierenhormone zurückführen. Selye stellt fest:

> Augenscheinlich liegt die Ursache einer Erkrankung oftmals bei einer Infektion, einer Vergiftung, bei psychischer Erschöpfung oder einfach bei fortgeschrittenem Alter; was aber letzten Endes beim Menschen zum Tode führt, ist der Zusammenbruch der hormonellen Steuerung ... Wir haben alle die Chance, über hundert Jahre alt zu werden, sofern wir uns dem Streß stellen und uns mit ihm vertraut machen – nur so kann er überwunden werden. Es kann kein Zweifel daran bestehen, daß der Streß bestimmte klinische und psychologische Merkmale besitzt, die einer Messung zugänglich sind. Unser Ziel muß sein, diese Merkmale dingfest zu machen. [283]

Die in diesem Kapitel beschriebenen Forschungsergebnisse lassen das der NET zugrundeliegende Wirkprinzip zumindest in seinen Umrissen erkennbar werden. Wenn auch viele Zusammenhänge noch im dunkeln bleiben, so kann doch der streßmindernde Effekt der NET als ein Eckpfeiler jenes Wirkungsgefüges gelten, auf das unsere Erfolge bei der Behandlung stoffgebundener Suchtformen zurückzuführen sind. Streß aber gilt, wie wir gesehen haben, als Ursache einer Vielzahl von Krankheiten, ja als *der* krankmachende Faktor schlechthin, weshalb es nicht vermessen ist zu hoffen, daß wir mit unserer neuroelektrischen Suchttherapie den Weg geebnet haben für einen revolutionär neuen Behandlungszugang zu bisher als unheilbar geltenden menschlichen Leiden.

Kurz- und Langzeiteffekte der NET

Mein Hauptinteresse galt neben den bioelektrischen und biochemischen Faktoren der NET einer kritischen Prüfung ihrer kurz- und langfristigen klinischen Effekte. Im Mai 1984 veröffentlichten wir eine statistische Analyse der zwischen 1973 und 1980 in England durchgeführten NET-Behandlungen.

Die Ergebnisse dieser Studie, die von der *British Medical Association* mitfinanziert wurde, sollen im folgenden kurz dargestellt werden. (Der an einer detaillierteren Beschreibung interessierte Leser sei auf die Originalarbeit im Journal of Bioelectricity verwiesen.[242])

An der Erhebung waren insgesamt 186 suchtkranke Patienten beteiligt, deren Behandlung zum Untersuchungszeitpunkt zwischen einem und acht Jahren zurücklag. In dieser Stichprobe befanden sich 30 Alkohol- und 26 Zigarettenabhängige. Die restlichen 130 Patienten lassen sich unter dem Oberbegriff ›Drogenabhängige‹ zusammenfassen. Unter ihnen bilden die Heroinabhängigen (90 Patienten) die weitaus größte Gruppe. Die übrigen 40 Drogenabhängigen decken das ganze Spektrum der gängigen psychoaktiven Drogen (Methadon, synthetische Opioide, Barbiturate, Sedativa, Tranquilizer, Kokain, Amphetamin und Halluzinogene) vollends ab. Mehrfachabhängige wurden nach der jeweils überwiegend konsumierten Droge eingruppiert.

Unter den 186 Patienten der untersuchten Stichprobe befanden sich auch jene Abhängigen, die wir zwischen Januar und Dezember 1980 in unserer ersten Klinik behandelt hatten. Der Betrieb dieser Klinik wurde – zeitlich befristet – aus Fördermitteln finanziert, die uns eine Stiftung eigens für eine in größerem Rahmen angelegte klinische Erprobung der NET zur Verfügung gestellt hatte. Für diesen klinischen Versuch wurde qualifiziertes Pflegepersonal mit der NET-Technik vertraut gemacht und in die Protokollierung des Behandlungsverlaufs, die die Grundlage der späteren statistischen Erhebung bildete, eingewiesen. In Gegenwart des nächsten Angehörigen bzw. eines nahen Freundes unterschrieben die Patienten ein Formular, worin sie ihr Einverständnis mit der Auswertung ihrer Daten bekundeten. Zuvor wurde ihnen der Behandlungsverlauf von einem Arzt in allen Einzelheiten erklärt. Nur solche Patienten, bei denen ein Verdacht auf eine – durch die Sucht nur überlagerte – Psychose bestand, wurden von der Aufnahme in die Klinik ausgeschlossen, da wir dort auf die Behandlung derartiger Fälle nicht eingerichtet waren.

Detaillierte Daten zur Sofortwirkung der NET konnten nur während des einjährigen Klinikversuchs erhoben werden, da uns nur in diesem Zeitraum das zur kontrollierten Protokollierung des Behandlungsverlaufs notwendige Personal zur Verfügung stand. Die Befunde spiegeln jedoch die Erfahrungen der vorhergegangenen sechs Jahre ziemlich genau wider, obwohl wir die Stimulationsgeräte wie auch die gesamte Behandlungstechnik ständig weiter verbessert hatten.[237] Kontrollgruppen gab es bei dieser Untersuchung nicht; doch in der Mehrzahl waren die Patienten zugleich ihre eigenen Kontrollpersonen, da sie fast alle schon zumindest einen Versuch unternommen hatten, von ihrer Sucht loszukommen, sei es nun mit oder ohne fremde Hilfe.

Die Selbsteinschätzung der Patienten bezüglich des Schweregrads ihres allgemeinen Abstinenzsyndroms wurde regelmäßig festgehalten. Buch geführt wurde weiterhin über die Zeit, die die Patienten zum Einschlafen benötigten, über die Schlafdauer und über die allgemeine Qualität des Schlafs; letztere hatten sowohl die Patienten als auch die Nachtschwester auf einer Vierpunkteskala einzuschätzen.

Bestimmte Abstinenzsymptome, die wie Tremor und delirante Zustände fast nur bei Alkoholabhängigen vorkommen, wurden zwar registriert, aber nicht nach ihrem Schweregrad eingestuft. Atmung, Temperatur, Puls und Blutdruck wurden zweimal täglich kontrolliert; außerdem wurden die Patienten täglich gewogen. Von einer geringen, kurzzeitigen Gewichtsabnahme abgesehen konnten wir bei keinem unserer Patienten jene physiologischen Anzeichen beobachten, die nach der klassischen Beschreibung von Kolb und Himmelbach[174] das charakteristische Zustandsbild des »abrupten Opiatentzugs« ausmachen.

Eine Zufallsauswahl von Urinproben wurde von einem staatlichen Labor geprüft. Wir selbst kontrollierten viermal täglich die Pupillenweite, wodurch wir recht zuverlässig feststellen konnten, ob der Opioidmißbrauch auch nach der Auf-

Drogenhunger und Angst während der NET

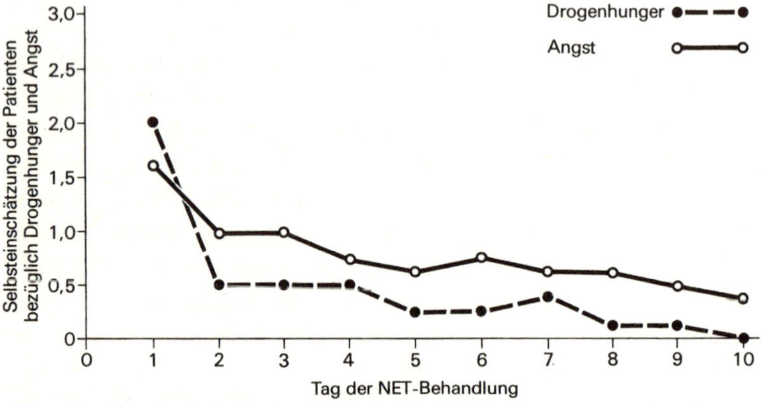

Schaubild 9.1: Über Patienten mit verschiedenen Suchtformen gemittelter Ausprägungsgrad des Abstinenzsyndroms, wie er sich bei 102 zwischen Januar und Dezember 1980 stationär behandelten Abhängigen ergab, deren Entzugsymptome täglich auf einer Skala von 0 bis 4 (Höchstwert also 76) bewertet wurden.

nahme in die Klinik fortgesetzt wurde; wir hatten nämlich beobachtet, daß die mit Opioidkonsum einhergehende Pupillenerweiterung auch während der NET-Behandlung und selbst bei Abwesenheit jedweder Art von Entzugssymptomen bis zu einem gewissen Grad – oft sogar in maximaler Ausprägung – erkennbar war.

Die folgenden drei Schaubilder geben einen Überblick über die Wirkung der NET auf die verschiedenen Entzugssymptome. Da nur ganz wenige Patienten von ausschließlich einer Droge abhängig waren (zum Zeitpunkt der Aufnahme in die Klinik konsumierten die Patienten durchschnittlich drei verschiedene Drogen täglich), gelang es uns nicht, die Ergebnisse nach einzelnen Suchtformen exakt aufzuschlüsseln.

Schaubild 9.1 zeigt das Ausmaß des Abstinenzsyndroms bei 102 Alkohol-, Nikotin- und Drogenabhängigen, wie es von speziell geschultem Pflegepersonal viermal täglich eingeschätzt wurde. Jedes einzelne Abstinenzsymptom wurde nach seinem Schweregrad auf einer Skala von eins bis vier eingestuft, wobei eins die geringste und vier die höchste Ausprägung anzeigte. Welches der neunzehn Symptome, die wir als Indikatoren für das Abstinenzsyndrom heranzogen, im Einzelfall hervortrat, war von Patient zu Patient sehr unterschiedlich. Kein Patient erhielt für sämtliche Indikatoren gleichzeitig die schlechteste Wertung – der höchste Ausprägungsgrad wurde also in keinem einzigen Fall beobachtet.

Der höchste Durchschnittswert wurde am ersten Behandlungstag notiert und betrug lediglich neun von 76 möglichen Punkten. Dieses Ergebnis bestätigt auf eindrucksvolle Weise, daß die gefürchteten Entzugserscheinungen unter NET-Behandlung auf ein minimales Maß beschränkt bleiben, und zwar ohne daß die Notwendigkeit entsteht, mit Medikamenten stützend einzugreifen.

Kaum einer unserer Patienten mochte zunächst glauben, daß die NET tatsächlich in der Lage ist, sie vor den Qualen der akuten Entzugsphase zu bewahren. Ausnahmslos traten sie die Behandlung voller Skepsis und Angst an. Wenn nun rückfällig gewordene Patienten sich ein zweites Mal einer Behandlung unterziehen, haben sie diese Furcht aufgrund ihrer früheren Erfahrungen mit der NET und des dadurch gewonnenen Vertrauens bereits abgelegt. Dies wirkt sich dann auch auf die objektiv beobachtbaren Entzugssymptome aus, die, wie Schaubild 9.2 zeigt, bei der zweiten Behandlung in abgeschwächter Form auftraten.

Es gibt drei Abstinenzsymptome, denen mit keiner anderen Entzugsmethode als der NET beizukommen ist: Drogenhunger, Angst und Lethargie. Da gerade diese Symptome für den Erfolg der gesamten Suchttherapie ganz entscheidend sind, registrierten wir bei 102 stationär behandelten Patienten – neben dem durch physiologische Anzeichen definierten allge-

Abstinenzsyndrom bei wiederholter Behandlung

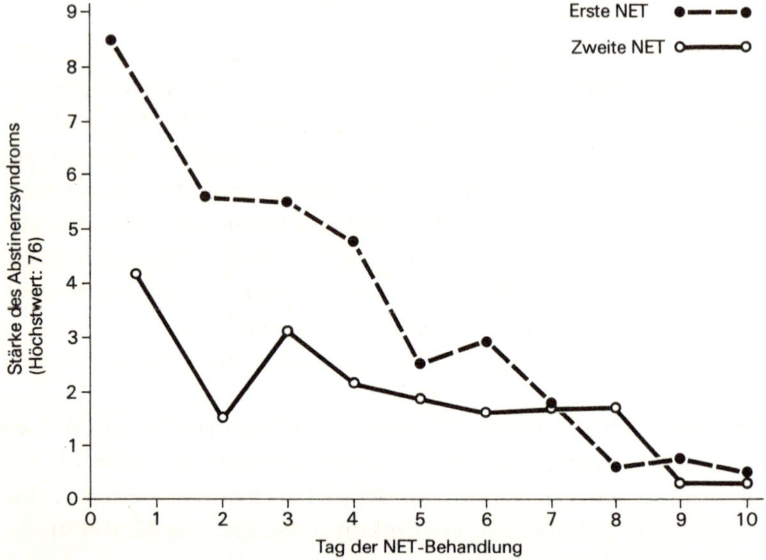

Schaubild 9.2: Ausprägungsgrad des Abstinenzsyndroms bei Wiederholung der NET im Vergleich zur Erstbehandlung. Grundlage dieser Statistik ist das gemittelte Abstinenzsyndrom einer Gruppe von 10 Patienten , die sich einer zweiten NET unterzogen. Die vertikale Achse wurde von 76 auf 9 Punkte verkürzt, um den Unterschied zwischen der ersten und zweiten Behandlung deutlicher zum Ausdruck zu bringen.

meinen Abstinenzsyndrom – die Intensität von zweien dieser Entzugssymptome (Drogenhunger und Angst) während der zehntägigen Entgiftungsphase. Aus Schaubild 9.3 ist ersichtlich, daß beide Symptome schon am zweiten Behandlungstag stark nachließen. Nach Ablauf des zehnten Behandlungstages gaben 95 Prozent der Patienten an, keinen Drogenhunger mehr zu verspüren, und 75 Prozent beschrieben sich als angstfrei.

Abstinenzsyndrom während der NET

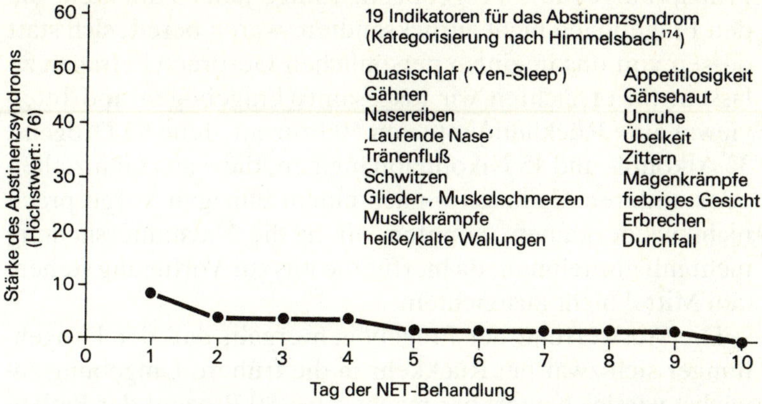

Schaubild 9.3: Mittlerer Ausprägungsgrad von Drogenhunger und Angst bei 102 Patienten, die diesbezüglich zwischen dem 1. und 5. Behandlungstag zweimal täglich befragt wurden. Die Skala reicht für beide Symptome von 0 (geringste Ausprägung) bis 4 (Höchstwert).

Die Langzeitstudie

Vor 1980 konnten wir all jenen Patienten, die nach der NET-Behandlung Interesse für eine Rehabilitation bekundeten, nur eine Überweisung an eine drogenfreie therapeutische Langzeiteinrichtung anbieten. Da von einem solchen Angebot immer nur sehr wenige Gebrauch machen wollten, forderten wir unsere Patienten – als während der klinischen Erprobung zwischen Januar und Dezember 1980 die räumlichen und personellen Voraussetzungen gegeben waren – dazu auf, im Anschluß an die NET-Behandlung (Entgiftungsphase) noch bis zu dreißig weiteren Tagen (Rehabilitationsphase) in der Klinik zu bleiben.

Für unsere Langzeitstudie verschickten wir an sämtliche Patienten, die sich zwischen 1973 und 1980 einer NET-Behandlung unterzogen hatten, nach dem Multiple-Choice-Prinzip aufgebaute Fragebögen. Einige jener Patienten, die den Fragebogen nicht zurücksandten, waren bereit, sich statt dessen von uns in einem persönlichen Gespräch befragen zu lassen. So erreichten wir insgesamt (Fragebögen und Interviews) eine Rücklaufquote von 50 Prozent. Jene 95 Drogen-, 32 Alkohol- und 15 Nikotinabhängigen, die – aus finanziellen oder anderen Gründen – nach einem einzigen Vorgespräch nicht wiederkamen, konnten wir in die Nachuntersuchung nicht mit aufnehmen, da hierfür die uns zur Verfügung stehenden Mittel nicht ausreichten.

Die Auswertung der Fragebögen ergab, daß der Drogenhunger sich zwar bei Rückkehr in die frühere Umgebung zunächst wieder bemerkbar machte, bei 80 Prozent der Patienten jedoch innerhalb von vier Monaten nach Beendigung der NET vollkommen verschwand. Mir sind keine Untersuchungen bekannt, die sich mit dem Rückgang des Verlangens nach ›Stoff‹ bei herkömmlichen Suchttherapien beschäftigen; doch scheinen jene Methadonabhängigen keine Einzelfälle zu sein, die mir berichteten, erst nach zehn Monaten habe ihr Drogenhunger langsam nachgelassen – und das, obwohl sie diese Zeit in einer drogenfreien therapeutischen Gemeinschaft verbrachten!

Schlaflosigkeit: Gewöhnlich dauert die Wiederherstellung eines normalen Schlafmusters nach dem Entzug von Heroin und Amphetaminen zwei Monate,[185,230] nach Barbituratentzug bis zu vier Monaten [166] und nach dem Entzug von Alkohol vermutlich einige Wochen. Der von der NET ausgehende allgemeine physiologische Normalisierungsprozeß tritt vielleicht nirgends so eindrucksvoll zutage wie bei dem Schlafverhalten unserer Patienten, die in der Mehrzahl zwischen der dritten und neunten Nacht nach NET-Beginn ohne Schlafmittel zu einem gesunden Schlafmuster zurückfanden. Auch jenen, die von hartnäckigen Alpträumen geplagt wurden, konnten wir mit einer speziellen Reizfrequenz wieder zu einem erholsamen Schlaf verhelfen.[241] Fast ausnahmslos kamen die Patienten gut damit zurecht, daß unser therapeutisches Programm keinerlei medikamentöse Unterstützung vorsah. Nur in ganz seltenen Fällen, in denen das Wohlbefinden des Patienten nur durch eine starke Sedierung wiederhergestellt werden konnte, verabreichten wir in oraler Form das Schlafmittel Paraldehyd. Dieses Medikament hat den Vorteil, daß es einerseits ein Durchschlafen ohne das Risiko einer Überdosierung garantiert, andererseits aber infolge seines faulen Geruchs und seiner unangenehmen Nachwirkungen vor weiteren Nachfragen abschreckt.

Krampfanfälle: Das Spektrum jener psychotropen Drogen, bei deren Entzug Krampfanfälle auftreten können, ist erstaunlich breit;[74] so wurden beispielsweise bei zwei Säuglingen, deren Mütter das trizyklische Antidepressivum Clomipramin eingenommen hatten, langanhaltende Krämpfe beobachtet.[73] Von 40 Benzodiazepinabhängigen, die Tyrer et al. untersuchten, erlitten selbst bei stufenweisem Entzug 2,5 Prozent epileptische Anfälle,[324] wobei zu bedenken ist, daß die durchschnittliche Tagesdosis dieser Probanden (10 mg Diazepam bzw. 4 mg Lorazepam) im Vergleich zu den Drogenrationen unserer Patienten noch relativ gering war. Von jenen 126 NET-Patienten, die angaben, von derartigen nach Entzug potentiell konvulsivisch wirkenden Drogen abhängig zu sein, konsumierten 60 (47,6%) weit über der therapeutischen Maximaldosis liegende Mengen. Bei sieben (5,5%) dieser Patienten traten Krampfanfälle auf. Zu mehr als einem kurzzeitigen Anfall kam es bei keinem der von uns behandelten Suchtkranken, mit Ausnahme eines einzigen Patienten, der vor seiner im Jahre 1977 aufgenommenen NET-Behandlung schon mehrere Anfälle erlitten hatte. Die tägliche Drogenration dieses Patienten hatte drei Jahre lang aus 1000 mg Pentobarbital, 1000 mg Clomethiazol *(Distraneurin)* sowie 60 mg Flurazepam *(Dalmadorm)* bestanden; außerdem nahm er bei Beginn der Suchttherapie noch ein Antiepilektikum *(Epanu-*

tin) ein. Obwohl wir das Antiepileptikum weiter verabreichten und das Pentobarbital sehr langsam entzogen, reagierte er auf die Entwöhnung mit wiederholten Krampfanfällen, Sinnestäuschungen und Wahnvorstellungen. Warum gerade dieser Patient eine solch ausgeprägte Entzugssymptomatik zeigte, bleibt unklar. Denn unter jenen 1980 während des Klinikversuchs stationär aufgenommen Patienten, die nur einen einzigen kurzen Anfall hatten und deren Drogenkonsum von Anfang an vollkommen unterbunden wurde, befand sich einer, der sechs Monate lang täglich 5000 mg *Tuinal* (barbiturathaltiges Hypnotikum, Anm. d. Übers.), 2 Gramm Heroin, 3 Gramm Kokain und – gegen seine unerträglichen Kopfschmerzen – 26 Tabletten Paracetamol eingenommen hatte. Ungeachtet seines exzessiven Drogenkonsums überstand dieser Patient die Entgiftung ohne nennenswerte Komplikationen und wurde obendrein noch von seinen Kopfschmerzen befreit.

Obwohl 69 Prozent der von uns behandelten Alkoholiker neben Alkohol noch regelmäßig Hypnotika oder Tranquilizer zu sich nahmen, kam es nur bei zweien von ihnen während des Entzugs zu Krampfanfällen, die zudem beidemal durch eine zu starke Verminderung des Blutzuckers bedingt waren.

Delirium tremens: Kein einziger unserer Patienten fiel in ein Entzugsdelir; auch die für dieses Zustandsbild charakteristischen Halluzinationen und Wahnvorstellungen traten lediglich bei einem einzigen Patienten – dem oben beschriebenen Fall, dem wir stufenweise Barbiturat entzogen – auf.

Die Langzeitwirkung auf den Gesundheitszustand: Die Antworten unserer ehemaligen Patienten auf Fragen nach ihrem allgemeinen Gesundheitszustand lassen erkennen, daß all jene Erkrankungen, die in die Zeit nach der NET-Behandlung fallen, in keinem Fall durch die NET verursacht sein konnten. Von allen Patienten, die sich an der Erhebung beteiligten, gaben – ob sie nun einen Rückfall hatten oder nicht – 75 Prozent an, ihr Gesundheitszustand habe sich nach der NET insgesamt gebessert.

Todesfälle: In einem Zeitraum von acht Jahren hörten wir von acht Todesfällen ehemaliger Patienten (4,3 % aller mit der NET behandelten Patienten), bei denen es sich durchweg um Drogenabhängige handelte. In keinem Fall wiesen die Todesumstände irgendeine Beziehung zur NET auf, und in zwei Fällen waren offenbar auch keine Drogen im Spiel. Ein Patient beging Selbstmord; drei weiteren Patienten, die nicht wieder abhängig geworden waren, wurde schon ein einziger Rückfall in Form eines kombinierten Heroin-Alkohol-Rausches zum Verhängnis: Im Anschluß daran ertranken sie in der Badewanne oder verstarben im Schlaf.

Diese Todesrate (6,1 Prozent von 130 NET-behandelten Drogenabhängigen) ist enttäuschend hoch, selbst wenn man bedenkt, daß sie sich von vergleichbaren Statistiken noch vorteilhaft abhebt. So ergab die einen Zeitraum von zehn Jahren erfassende Nachuntersuchung einer repräsentativen Stichprobe von 128 Suchtkranken, die in Londoner Drogenzentren behandelt worden waren, eine Todesrate von 15 Prozent;[297,344] und von 83 Patienten einer einzigen Suchtklinik lebten 20,5 Prozent nach elf Jahren nicht mehr[71] (in beiden Untersuchungen hatten die Verstorbenen zum Zeitpunkt ihres Todes nachweislich Drogen genommen); eine New Yorker Langzeitstudie, die den Lebensweg von Opioidabhängigen über zwanzig Jahre hinweg verfolgte, verzeichnete gar eine Todesrate von 23 Prozent.[327] Einer Schätzung von 1981 zufolge sterben in England von tausend Abhängigen *jedes Jahr 27.*[62]

Behandlungsabbrüche: An der Abbruchquote erweist sich wie vermutlich an keiner anderen meßbaren Größe, ob ein therapeutisches Verfahren tatsächlich klinisch wirksam ist und ob es vom Patienten auch angenommen wird. Von sämtlichen Patienten, die sich zwischen 1973 und 1980 einer NET unterzogen, brachen nur 1,6 Prozent die Behandlung ab (wobei wir

Abbruch als Nichtvollendung der Entgiftungsphase definierten). Selbst jene zehn Prozent, die angaben, für sie käme bei einem eventuellen Rückfall ein erneuter Entzug mit Hilfe der NET nicht in Frage, lehnten die NET bei näherem Hinsehen nicht als solche ab; sie waren vielmehr zu der Überzeugung gelangt, weniger einer medizinischen als einer psychotherapeutischen Behandlung zu bedürfen.

Von anderen Suchtprogrammen sind weit höhere Abbruchquoten bekannt. So sprangen von jenen mehrheitlich opioidabhängigen Suchtkranken, die im *Drug Abuse Reporting Program* der amerikanischen Regierung erfaßt worden waren, in einem Zeitraum von drei Jahren 71 Prozent von begonnenen Therapieprogrammen wieder ab;[286] und auch in der von Tyrer untersuchten Stichprobe von Benzodiazepinabhängigen brachen 45 Prozent die Entwöhnung vorzeitig ab.[324] Die weithin bekannte *Haight Ashbury Drug Clinic* in San Francisco, die mit Elektroakupunktur schon sehr gute Resultate erzielte, vermeldete trotzdem eine Abbruchquote von 90 Prozent; doch aus einer nachuntersuchten Gruppe von Abhängigen, die die dreiwöchige Akupunkturbehandlung durchgestanden hatten, waren nach Ablauf eines Jahres 30 Prozent noch immer drogenfrei.[152]

Rückfälle: Wenn von der neuroelektrischen Suchttherapie tatsächlich eine langfristige, auch das chronische Entzugssyndrom zurückdrängende Wirkung ausgeht, so müßte sich dies an einer niedrigen Rückfallquote und einer verbesserten Lebensqualität unserer ehemaligen Patienten aufzeigen lassen. Aufgrund ungenügender personeller und finanzieller Ausstattung konnten wir leider nur 50 Prozent der zwischen 1973 und 1980 behandelten Patienten nachuntersuchen. 80,3 Prozent der befragten Drogenabhängigen waren zum Erhebungszeitpunkt noch immer drogenfrei – ein trotz des geringen Rücklaufs ermutigendes Ergebnis. In einer Studie, die sich mit therapeutischen Langzeiteinrichtungen beschäftigt, kann man beispielswiese über das *Phoenix House* in New

York nachlesen, daß »die Therapie bei über 50 Prozent derer, die ein Jahr oder länger in der Wohngemeinschaft verbrachten, auch nach fünf Jahren immer noch erfolgreich war«, wobei allerdings auch die Substituierung mit Methadon als Therapieerfolg gewertet wurde. So folgern die Autoren weiter: »Definiert man Therapieerfolg als totale Heroin- oder Methadonabstinenz, so genügen zehn Jahre nach Beendigung der Therapie weniger als 10 Prozent diesem Kriterium.« [86]

Eine weitere großangelegte amerikanische Evaluationsstudie nahm die Resultate eines stationären Suchtprogramms unter die Lupe, das unter der Schirmherrschaft der *Narcotic Addiction Control Commission* des Staates New York stattfand und von ärztlichen Spezialisten geleitet wurde. Im 1979 veröffentlichten Untersuchungsbericht heißt es: »Von 5172 Abhängigen, die in das Programm eingetreten waren, kamen 141 nach Ablauf von achtzehn Monaten noch immer ohne Drogen aus. Daraus ergibt sich für dieses Programm eine Erfolgsquote von 3 Prozent.« [223]

Weltweit haben Untersuchungen dieser Art gezeigt, daß der Therapieerfolg mit der Dauer der – meist in einer therapeutischen Langzeiteinrichtung durchgeführten – Therapie positiv korreliert.[285] Diese Einrichtungen bestehen in der Mehrzahl auf einer »minimalen Verweildauer von 18 bis 24 Monaten« [86]. Ganz im Gegensatz dazu wurden bisher nur 42 Prozent aller NET-Patienten überhaupt stationär behandelt, und zwar bei einem durchschnittlichen Klinikaufenthalt von sechzehn Tagen. Eine statistische Analyse unserer Daten ergab, daß die rückfällig gewordenen Patienten eine fast genausolange Rehabilitationsphase durchlaufen hatten wie die drogenfrei gebliebenen.[242] Der Therapieerfolg stand also bei unseren Patienten in keiner Beziehung zur Dauer der Rehabilitation.

Ich bin mir natürlich darüber im klaren, daß eine Vielzahl derer, die mit Hilfe der NET den Entzug gut überstehen, danach noch sehr wohl den stützenden Rahmen einer therapeutischen Gemeinschaft oder einer ähnlichen Einrichtung benötigen. Durch eine gewissermaßen›vorgeschaltete‹ NET wird jedoch die erforderliche Aufenthaltsdauer in einer solchen Einrichtung beträchtlich verkürzt, vermutlich allein schon deshalb, weil sich die Abhängigen nach der NET-Behandlung seit langer Zeit zum ersten Mal wieder rundum körperlich wohlfühlen. Als ausgesprochene Kurzzeittherapie weist die NET aber noch einen weiteren Vorteil auf. Sie könnte jene sogenannten therapieresistenten Gruppen von Drogenabhängigen und Alkoholikern, die eine Hospitalisierung und erst recht eine stationäre Langzeitbehandlung von vornherein ablehnen, dazu ermutigen, doch einen Entwöhnungsversuch zu wagen.

Von denjenigen, die sich an der Erhebung beteiligten, hatten sich 17 Prozent einer weiteren Behandlung (einer zweiten NET oder einer andersartigen stationären Therapie) und ein Prozent zwei weiteren Behandlungen unterzogen. Um diese Zahlen einschätzen zu können, muß man sich wiederum die entsprechenden Statistiken der herkömmlichen Suchtprogramme vor Augen halten. Bei einer von der amerikanischen Regierung 1982 in Auftrag gegebenen Umfrage unter ehemaligen Suchtpatienten, deren Erstbehandlung bis zu sechs Jahren zurücklag, kam zum Vorschein, daß sich *jährlich* zwischen 26 und 43 Prozent erneut in Therapie begeben hatten (unklar bleibt bei dieser Studie, ob es sich pro Patient und Jahr nur um eine Therapiewiederholung oder gar um mehrerere handelte).[316]

In derselben Nachuntersuchung gaben 60 Prozent der befragten ehemaligen Drogenabhängigen zwischen drei und sechs Jahren nach Beendigung ihrer Therapie an, auf Alkohol in maßvoller bis hoher Dosierung umgestiegen zu sein. Die Gefahr, daß Alkohol zur Ersatzdroge wird, ist dagegen für ehemalige NET-Patienten sehr viel geringer: Von jenen NET-behandelten Opioidabhängigen, die zum Zeitpunkt unserer Befragung immer noch drogenfrei waren, erklärten 23,5 Prozent, statt zur Spritze nun zeitweilig zur Flasche zu greifen; von regelmäßigem, abhängigkeitserzeugendem Alkoholmißbrauch konnte man jedoch in keinem dieser Fälle ausgehen.

Beinahe ausnahmslos äußerten sich die befragten ehemaligen NET-Patienten dahingehend, daß sich ihre Sozialbeziehungen wie auch ihre Lebensqualität insgesamt zum positiven entwickelt hätten. Viele der ehemaligen Drogenabhängigen gaben an, ihren Konsum von Alkohol, Zigaretten und Cannabis eingeschränkt zu haben. Fortschritte dieser Art sind – zumindest ansatzweise – auch bei jenen NET-Patienten erkennbar, die erneut abhängig geworden waren. 35 Prozent dieser Patienten waren nach ihrer NET-Behandlung noch mindestens sechs Monate lang ohne jedes Suchtmittel ausgekommen, und 76 Prozent nahmen nun immerhin geringere Suchtmittelmengen ein als vor der NET.

Von den 28 NET-behandelten Drogenabhängigen (21,5 Prozent), die zum Erhebungszeitpunkt bei staatlichen Drogenzentren registriert waren, beteiligten sich zehn an unserer Befragung. Dabei fiel auf, daß sich nur 6 Prozent der drogenfrei gebliebenen gegenüber 54 Prozent der rückfällig gewordenen NET-Patienten hatten registrieren lassen. Wenn sich dieser Unterschied auch als statistisch nicht signifikant erwies, so bestätigt er doch zumindest der Tendenz nach die Erfahrung vieler Drogenabhängiger, daß sie – einmal registriert – »mit dem Drogenmißbrauch erst recht nicht aufhören können, weil es ja dann so einfach ist, an die Drogen ranzukommen«.

Von jenen ehemaligen Patienten, die zum Zeitpunkt der Befragung keinerlei Drogen einnahmen, gaben 62 Prozent an, sie hätten zwar nach ihrer NET gelegentlich noch mit Heroin experimentiert, doch seien diese Wiederannäherungsversuche so »unbefriedigend« ausgefallen, daß sie sie spontan wieder eingestellt hätten. Dagegen waren die gleichen Patienten, sofern sie vor ihrer NET-Behandlung mittels irgendeiner der üblichen Techniken entzogen hatten, oftmals bereits schon nach einem einzigen Rückfall wieder »voll drauf« gewesen.

Die Tatsache, daß diese Patienten auf erneuten Drogenkonsum beinahe so reagierten, als wären sie durch die NET dagegen geimpft, spricht für langanhaltende und damit auch vorbeugende Effekte der NET. Einige meiner Patienten haben für das, was die Drogen mit ihnen machen, im Laufe ihrer Suchtkarriere ein sehr sensibles Gespür entwickelt. Gerade solche Patienten waren es, die das Heroin noch einmal an sich ausprobiert hatten, um – wie sie mir erklärten – sich selbst zu beweisen, daß sie den Teufelskreis aus Kontrollverlust und Abhängigkeit, in dem sie gefangen waren, endgültig durchbrochen hatten.

Eine zwanzigjährige junge Frau beschrieb ihren Rückfall, der fünf Wochen nach Beendigung ihrer NET stattfand, mit folgenden Worten:

> Ich bin sicher, daß ich ohne die NET wohl niemals vom Heroin losgekommen wäre. Für mich liegt der Unterschied zwischen der NET und einer Entwöhnung mit Methadon oder irgendeinem anderen Heroinersatz darin, daß die NET praktisch sofort – ohne monatelangen Kampf – zur Entgiftung führt.
>
> Ich glaube, der Grund, warum ich es wieder genommen habe, war der, daß ich mich in diesem Moment selbst völlig aufgegeben hatte. Im Gegensatz zu früher fühlte ich mich, als ich unter Drogeneinfluß stand, die ganze Zeit über irgendwie ›unbehaglich‹. Ich mußte mich dann auch übergeben – etwas, was mir vor der NET nur sehr selten passiert ist. Das ging so eine Woche lang, dann habe ich es meinem Chef erzählt. Seit diesem Tag habe ich kein einziges Mal mehr gedrückt oder irgendeine andere Droge angerührt. Entzugserscheinungen hatte ich dabei überhaupt keine.
>
> Dieses wahnsinnig intensive Verlangen nach Drogen ist vollkommen verschwunden ... Als mir klar wurde, daß das Heroin mich total unter Kontrolle hatte, überkam mich eine furchtbare Angst – eine Angst, die mir heute noch in den Gliedern sitzt ... Es hat mir sehr geholfen, daß ich zu meinen Eltern zurückgegangen bin und ihnen die Wahrheit gesagt habe, denn während ich

das tat, spürte ich, wie dieser Zwang, anderen etwas vorzumachen, für immer von mir abfiel.

Einen nachhaltigen Eindruck hinterließ bei mir die Schilderung eines vierunddreißigjährigen Mannes mit Familie:

> Der Rückfall, den Sie mir vorraussagten, ist eingetreten. Rein physisch brachte er mir eine Linderung, doch letztlich war es, wie wenn man vor einem kalten Regen in einer Höhle Unterschlupf sucht, in der man dann feststellen muß, daß überall Fledermausmist klebt. Der Geschmack war schal, der Nachgeschmack bitter. Nur sehr kurz währte die Wiedervereinigung; als ich den Schmerz und die Bestürzung in den Gesichtern meiner leidgeprüften Lieben sah, war mir der Genuß sofort vergällt. Ich kam mir vor wie einer, der seine Zeit und Kraft damit verschwendet, in einer Goldmine nach einem verrosteten Pfennig zu suchen.
>
> Am schwersten fällt mir, die Zuneigung derer, die mich brauchen, anzunehmen. Jede Berührung weckt in mir so zwiespältige Gefühle wie ein Zahnarztbesuch; einerseits geht ein stechender Schmerz von ihr aus, der nagende, ohnmächtige Schuldgefühle hervorruft, und andererseits ist sie aber auch wohltuend und heilsam. Den Kopf voller Metaphern möchte ich zu gerne glauben, daß sich die Reise am Ende lohnt.

Teil III: Sucht und die Suche nach dem Sinn

10 Suchtkranke brauchen Psychotherapie

> Heroin, ich liebe Dich. Du bist mein Gott. Ohne Dich bin ich nichts. Heroin, Du bist meine einzige, meine *wahre* LIEBE! Ich liebe Dich mit jeder Faser meines Körpers. Du führst mich durch die Hölle und ich liebe Dich dafür. Du gaukelst mir ein Himmelreich vor und ich bete Dich um so mehr an. Dir habe ich meine Seele verschrieben. Ja, ich liebe Dich, und ich hasse Dich, hasse dich so abgrundtief, daß die ganze Welt kraft dieses Hasses in Flammen aufgehen könnte.

Dies sind die Worte eines Drogensüchtigen, der mir in einem Brief beschrieb, was die Abhängigkeit von Heroin für ihn bedeutet. Weiter heißt es in diesem Brief:

> Ich war von jenen fünf oder zehn ›königlichen‹ Minuten abhängig geworden, die ich erlebte, als ich zum ersten Mal Kokain schnupfte. Dieses Erlebnis versuchte ich mir auf Teufel komm raus wieder zu verschaffen, so lange eben mein Vorrat an Koks noch ausreichte. Hektisch und getrieben verbrachte ich sieben Tage und sieben Nächte ohne Schlaf, immer auf der Jagd nach dieser Euphorie, die ich kaum je wieder zu fassen bekam. Daß auf dieses wahnsinnige Hochgefühl so schnell wieder eine totale Ernüchterung folgte, das war es wohl, was mir dann unausweichlich den Weg zum Heroin wies.
>
> Ich bin immer ein in sich gekehrter, ganz auf sich selbst bezogener Mensch gewesen, ein ›spirituell Suchender‹; und dieses intensive Studium der eigenen Innenwelt – so notwendig es auch ist, um zu wahrer

Selbsterkenntnis zu gelangen – birgt immer die große Gefahr, daß eine narzißtische Nabelschau daraus wird. In meinem Fall gewann der Narzißmus bei dieser Gratwanderung letztlich die Oberhand. Mein Streben nach Auflösung des selbstsüchtigen Egos führte am Ende zu einer Zersetzung des eigenen Willens und zu einer nur um so stärker werdenden Selbstsucht. Hier liegt vielleicht überhaupt der Schlüssel zum Verständnis meiner Suchtkarriere.

Unweigerlich kommt für jeden Abhängigen irgendwann das böse Erwachen. Dann nämlich, wenn der Horror in seinem vollen Ausmaß erkennbar wird, wenn klar wird, was Heroinabhängigkeit in letzter Konsequenz bedeutet. Je schmerzlicher die vorausgegangene psychische und spirituelle Deprivation, um so gewaltiger der Kampf, umso zermürbender das Tauziehen zwischen dem Wunsch, aus dem Teufelskreis der Sucht auszubrechen einerseits und der Tendenz, immer tiefer in den Drogensumpf einzusinken andererseits. Die rein körperlichen Entzugserscheinungen stellen noch nicht einmal die größte Barriere dar; viel schwieriger ist es, mit der Gewohnheit zu brechen, ohne Schmerzen, ohne Sorgen, ständig wie in Trance durchs Leben zu gehen.

Die ursächlichen Probleme kommen an die Oberfläche

Daß die Entgiftung mit Hilfe der NET derart rasch vor sich geht, hat – wenn man so will – auch einen Nachteil: Die Patienten werden dadurch recht unvermittelt wieder mit all jenen Problemen konfrontiert, die ursprünglich zur Sucht geführt haben. Wenn sich die Entzugserscheinungen am vierten drogenfreien Tag immer noch nicht bemerkbar gemacht haben, dann wissen erfahrene Abhängige, daß auch in Zukunft nicht mehr mit ihnen zu rechnen ist. Das ist der Zeitpunkt, zu dem das Endorphinsystem durch die wieder in Gang gekommene körpereigene Opioidproduktion vermutlich wieder voll aktiviert ist. Die Patienten geraten dann gewöhnlich in eine ungeheure Euphorie: »Jetzt hab ich's doch noch geschafft, aus diesem Sumpf rauszukommen!«

Mit das eindrucksvollste Charakteristikum der NET ist, daß die Patienten so rasch ihre alte Reaktionsfähigkeit wiedererlangen und neuen Lebensmut schöpfen. Ganz im Gegensatz dazu ist das Bild, das andere Suchttherapien bieten, von Lethargie und Niedergeschlagenheit geprägt.[15,53,115,116,337] In vielen Fällen erweisen sich die suchtbedingten Persönlichkeitsveränderungen als vollkommen reversibel. Freunde und Angehörige können es oft nicht fassen, wie schnell die Patienten wieder »so wie früher« werden.

Da die Suchtkranken schon nach ungewöhnlich kurzer Zeit einer psychotherapeutischen Beratung zugänglich sind, sollte der rehabilitative Prozeß bereits am zweiten oder dritten Entzugstag einsetzen. An diesem Punkt beginnt dann erst die eigentliche Arbeit – eine sehr sehr harte Arbeit. In dem Maße, wie die von den Suchtmitteln ausgehenden physiologischen Beeinträchtigungen nachlassen, beginnen die Patienten wieder klar zu sehen und zu denken. Doch wenn sich die Drogennebel, die sie seit Beginn ihrer Abhängigkeit umgeben und auch abgeschirmt haben, lichten, so erleben sie mit ihren neu geschärften Sinnen nicht nur die Freude wieder intensiver, sondern auch den Schmerz. Das chronische Entzugssyndrom – ein Schwebezustand zwischen Nicht-ganz-krank- und Nicht-ganz-wohl-Fühlen – kann bei herkömmlichen Suchttherapien monatelang, ja sogar bis zu anderthalb Jahren anhalten. Es ist nun aus meiner Sicht das wichtigste Merkmal der NET, daß sie diesem zermürbenden ›Dauerentzug‹ offenbar nachhaltig vorbeugt. So haben die Patienten, die aus der NET-Behandlung physisch wie emotional stabilisiert herauskommen, eine gute Chance, die vor ihnen liegenden Probleme zu meistern.

Wiedereingliederung oder Wiederbelebung

Die zweite Phase des NET-Verfahrens stellt ein therapeutisches Angebot dar für all jene Patienten, die einerseits zwar ihre Abhängigkeit ganz überwinden möchten, sich andererseits aber darüber im klaren sind, daß sie mit ihren Problemen – seien diese nun psychischer, sozialer, familiärer oder auch spiritueller Art – nicht allein fertig werden.

Die Fragebögen, die wir bei unserer Nachuntersuchung[242] (s. Kap. 9) verwendeten, enthielten u. a. folgende Fragen:

	Drogenfrei gebliebene Patienten	Rückfällig gewordene Patienten
insgesamt	78.5%	21.5%
Beziehung zu Familie/Ehegatte:		
stark gebessert	67%	37%
leicht gebessert	15%	27%
gleichgeblieben	18%	27%
verschlechtert	0%	9%
Sind Sie seit ihrer NET eher in der Lage, auftauchende Probleme zu bewältigen?		
erheblich besser	68%	30%
etwas besser	26%	20%
gleichgeblieben	4%	40%
schlechter	2%	10%
Sollten Sie wieder abhängig werden und davon loskommen wollen, würden Sie das wieder mit Hilfe der NET machen?		
Ja	89%	94%
Nein	11%	6%

All jene, für die eine weitere NET nicht in Frage kam, lehnten die NET nicht als solche ab; sie waren zu der Überzeugung gelangt, daß ihnen im Falle erneuter Abhängigkeit keine medizinische, sondern nur eine psychologische Behandlung weiterhelfen könnte. In einem Interview versuchte mein Mann George die Aufgabe zu beschreiben, vor die sich die Abhängigen nach der Entgiftung gestellt sehen:

> Der vierte Tag ist ein Sechzehnstundentag, der um acht Uhr morgens beginnt und bis um zehn oder zwölf Uhr nachts durchgeht. Wenn sie in den Spiegel schauen, so sehen die Abhängigen ein Bild von sich selbst, das sie seit Jahren nicht mehr gekannt haben. Und nicht nur das, sie sehen sich vor allem auch mit einem völlig unausgefüllten Tag konfrontiert. Alles, was sie bisher in Atem gehalten hat – all die mehr oder weniger geglückten Versuche, den Ehemann, die Ehefrau, die Freundin zu hintergehen, der Polizei zu entkommen, eine Tankstelle oder eine Apotheke auszurauben –, fällt nun weg. Jetzt sitzen sie auf einmal nur rum, und das tut weh.
>
> Die Patienten haben es vollkommen verlernt, ihren Tag mit etwas Konstruktivem, sei es nun mit Arbeiten, Lesen, Musikhören oder was auch immer, auszufüllen. Nun besteht der Tag für sie aus sechzehn tödlich langweiligen Stunden; und da taucht zwangsläufig genau jenes Problem aus der Versenkung wieder auf, dem die Patienten auswichen, als sie zum ersten Mal Drogen nahmen. Damals konnten sie sich selbst nicht mehr ausstehen, alles war ihnen zuwider: ihr eigenes Leben, das Elternhaus, die Familie, die Gesellschaft, die Kirche oder auch Gott. Aber das alles war auszuhalten, solange sie ihren Stoff hatten. Ohne die Droge fangen sie zwangsläufig an genau dem Punkt wieder an, an dem sie beschlossen, vor ihren Problemen davonzulaufen.[110]

Die Anatomie der Sucht

Erst wenn die Abhängigen, ihre Freunde und Familien erkennen, wodurch die Gewohnheit des Suchtmittelkonsums ursprünglich entstanden ist, können sie verstehen, warum in unserer Suchttherapie der Rehabilitation eine genauso wichtige Rolle zukommt wie der Detoxifikation. Jene Problematik, die in die Abhängigkeit hineingeführt hat, zu erkennen und zu bearbeiten, ist jedoch ein oft sehr schmerzhafter Prozeß.

Wie der drogensüchtige amerikanische Schriftsteller William Burroughs sagte: »Natürlich könnte man Fragen dieser Art stellen: Wie bist du denn überhaupt auf Rauschmittel gekommen? Wieso hast du sie so lange weiter genommen, bis du schließlich abhängig warst? Rauschgiftsüchtig wirst du ganz einfach deshalb, weil deine in andere Richtungen gehenden Motivationen nicht stark genug sind. Die Droge füllt das Vakuum fehlender Alternativen.«[44] Bei einer Anhörung vor einem amerikanischen Senatsausschuß im Jahre 1969 stellte ein als Zeuge gehörter Arzt fest: »Dies ist weder ein Problem der Jugend noch der verschiedenen Suchtmittel; das Problem stellt vielmehr unsere gesamte Gesellschaft, unser gesamter, von den Jungen wie von den Alten gleichermaßen getragener Lebensstil dar.«

Sucht ist ein sehr vielschichtiges Problem, dessen Wurzeln nicht nur in der individuellen Persönlichkeit des Süchtigen liegen, sondern auch in die Familie und in die Gesellschaft hineinreichen. Die zur Sucht führende Problematik kommt manchmal in einem recht frühen Lebensalter an die Oberfläche, manchmal aber auch erst sehr viel später. Einige Psychiater gehen davon aus, daß es eine für alle Abhängigen typische ›süchtige Persönlichkeitsstruktur‹ gibt – eine sehr weitgehende Behauptung, die derzeit keinesfalls als ausreichend untermauert gelten kann. Doch ein Merkmal, das sehr viele Abhängige gemeinsam haben, ließ sich in verschiedenen suchtepidemiologischen Studien – ob diese nun in Japan, in Nordamerika oder in Großbritannien durchgeführt wurden –

durchgängig aufzeigen: ein fehlender, schwacher oder in irgendeiner Hinsicht versagender Vater. Nach Meinung eines amerikanischen Wissenschaftlers, der sich mit kulturvergleichender Suchtforschung beschäftigt, »stellt eine schwache, zu disziplinierenden Maßnahmen unfähige oder ganz fehlende Vaterfigur jenen zur Sucht prädisponierenden Faktor dar, der allen untersuchten Kulturen gemeinsam ist.«[128]

Ein Süchtiger ist jemand, der mit bestimmten Menschen oder Verhältnissen in seiner unmittelbaren Umgebung aufgrund persönlicher Inadäquatheit, aufgrund eines persönlichen Versagens nicht zurechtkommt. *Adaequatio rei est intellectus* sagen die Philosphen, d. h. Erkenntnis ist nur möglich, wenn sie dem Gegenstand, dem sie gilt, auch angemessen, gewachsen ist. Auf die Alltagsebene übertragen ist damit in unserem Zusammenhang die Unfähigkeit des einzelnen gemeint, bestimmte Aufgaben und Situationen – in der Familie, im Büro, in der Werkstatt, im Sitzungssaal, im Haushalt oder bei gesellschaftlichen Anlässen – ohne die ›Hilfe‹ eines Suchtmittels zu bewältigen. Seiner Zigarette, seines Drinks, seiner Droge beraubt, entwickelt sich solch ein Mensch sehr schnell zu jenem ausgesprochen antisozialen Wesen, das von einem bekannten Suchtexperten treffend beschrieben wurde:

> Suchtkranke Patienten sind asozial, unreif und labil; bei Anforderungen versagen sie. Selbstsüchtig, ausschließlich ichbezogen interessieren sie sich in keiner Weise für das Wohlergehen ihrer Mitmenschen. Nur ihre eigenen Problem sind für sie von Bedeutung, wobei ihr Hauptproblem natürlich darin besteht, den Nachschub an Drogen lückenlos sicherzustellen, damit ihr Verlangen nach Drogen jederzeit sofort befriedigt werden kann. Vor keinem noch so unvernünftigen oder gefährlichen Mittel schrecken sie zurück, wenn es nur irgendwie dazu beiträgt, diesen fortwährenden Drogenhunger zu stillen. Normale menschliche Beziehungen haben sie seit langem nicht mehr entwickeln können;

> und es ist ihnen beinahe vollkommen gleichgültig, welch großes Leid sie ihren Angehörigen zufügen. Es fehlt ihnen an Selbstdisziplin, Willenskraft und Ehrgeiz, und wo nur irgend möglich vermeiden sie es, Verantwortung zu übernehmen. Ihre Toleranzgrenze für Schmerzen und andere Formen körperlichen Unbehagens ist stark erniedrigt. Auf Kritik reagieren sie äußerst empfindlich, überhaupt sind ihnen Frustrationen jeglicher Art unerträglich. Mehr und mehr beschränken sich ihre Sozialkontakte auf die anderen Mitglieder der Drogenszene, wodurch sie am Ende nicht nur zu gesellschaftlichen Außenseitern werden, sondern auch sehr stark vereinsamen.[181]

Dieses Bild zeigt, so treffend es auch gezeichnet ist, letztlich doch nur die Oberfläche der Sucht; will man zu einer echten Erklärung des Suchtproblems vorstoßen – zu einer Erklärung, die auch den Weg zu seiner Lösung weisen kann –, so muß man tiefer schürfen. Dazu wird es notwendig sein, das verwickelte Netzwerk sozialer Strukturen und familiärer Beziehungsmuster in die Analyse miteinzubeziehen. Einen Einblick in die individuelle Persönlichkeitsstruktur des Süchtigen wird man schließlich nur mit Hilfe einer ganzheitlichen Betrachtungsweise gewinnen. Wer herausfinden will, wo die Ursachen der Sucht liegen, um auf dieser Grundlage eine wirklich *heilende* Suchttherapie zu entwickeln, muß von einem umfassenden – Körper, Geist und *Seele* (eine Dimension, deren Bedeutung von Psychiatern selten erkannt wird, obwohl sie bei den eher spirituell orientierten und sehr erfolgreichen *Anonymen Alkoholikern* bezeichnenderweise schon immer eine große Rolle gespielt hat) gleichgewichtenden – Menschenbild ausgehen.

In *Addiction and Love* hat Stanton Peele den in die Abhängigkeit führenden Prozeß folgendermaßen beschrieben:

> Ein Süchtiger ist ein Mensch, der nie richtig gelernt hat, sein Leben in die Hand zu nehmen, und der deshalb so etwas wie Stabilität und Bestätigung nur mit Hilfe einer ständig wiederholten, ritualisierten Aktivität erfahren kann. Zwei Dinge sind es, die als Verstärker für diese Aktivität wirken: Zum einen das beruhigende und tröstliche Wohlgefühl, das durch die Droge oder durch irgendein anderes Suchtmittel ausgelöst wird; zum anderen die Verkümmerung all jener Interessen und Fähigkeiten, die keinen Bezug zur Sucht haben, und die damit einhergehende allgemeine Verschlechterung der Lebenssituation des Süchtigen. Je geringer die Anzahl der Alternativen wird, um so mehr kann sich die Sucht breitmachen, bis sie am Ende alles ausfüllt. Ein wirklich Süchtiger entwickelt sich unweigerlich zum Monomanen, ganz gleich ob das Objekt seiner Sucht nun eine Droge oder ein geliebter Mensch ist.[244]

Sucht ist also *Entfremdung* – von den Eltern, den Kindern, den Freunden, von der Kirche oder von Gott. Sucht ist immer auch *Leere* – Ziellosigkeit, Gleichgültigkeit, abgrundtiefe Langeweile, das Gefühl, sich in der Anonymität zu verlieren und vollkommen bedeutungslos zu sein, der Verlust des Lebenssinns. Sucht ist *persönliches Versagen* – in sozialen Beziehungen, in der Ausbildung, im Beruf, bei der Hausarbeit; Sucht ist die Unfähigkeit, auch nur die kleinste verantwortungsvolle Aufgabe zu übernehmen. Sucht ist *Schuld* – ein Schuldbewußtsein angesichts des eigenen Versagens, sei es als Vater, Mutter, Kind oder Ehegatte, als Manager oder kleiner Angestellter, als bissiger Spötter oder Speichellecker, als Führer oder Geführter, als Lehrer oder Schüler, als Künstler oder Handwerker, als Nachbar oder Kollege.

In ähnlicher Weise wird der Süchtige auch von Peele charakterisiert:

> Wenn die Bindung eines Menschen an ein Gefühlserlebnis, ein Objekt oder eine andere Person so stark ist, daß alle anderen Lebensbereiche für ihn an Wert verlieren und in den Hintergrund treten, so wird er immer mehr verlernen, sich in diesen Bereichen zurechtzufinden. Dadurch wird gerade jene Erfahrung, auf die er sein Leben ohnehin immer mehr einengt, zur einzigen Quelle von Befriedigung, was seine Abhängigkeit zwangsläufig weiter verstärkt. Ist dieses Stadium erreicht, so muß man von Sucht sprechen. Derjenige läuft in besonderem Maße Gefahr, abhängig zu werden, dessen Leben unausgefüllt bleibt, weil er zu seiner Umwelt als ganzer keine sinnvolle Beziehung herzustellen vermag.[244]

Zu dem Bild, das wir uns von dem zur Sucht führenden Ursachengeflecht machen, haben auch tierexperimentelle Studien beigetragen. Ratten, die lieber auf Futter verzichteten und hungerten als ein unter Strom stehendes Gitter zu überqueren, waren bereit, dieses Gitter zu überqueren, als sie sich dadurch einen lustvollen Stimulus verschaffen konnten. Bei einem anderen Laborexperiment wurden Ratten Tröge bereitgestellt, die entweder nur Wasser oder eine Heroinlösung enthielten; die ›Führer‹-Ratten und die ›rangniedrigen‹ Ratten tranken, nachdem sie von beidem gekostet hatten, nur das reine Wasser, während die in der Mitte der Hierarchie rangierenden Ratten die Heroinlösung wählten. Eine weitere Untersuchung erbrachte, daß Ratten, denen Streß in jedweder Form vorenthalten wird, erst das Interesse an Futter, dann jenes an Sex verlieren, um schließlich impotent zu werden und zu sterben.

Nun wird man zu Recht einwenden, daß was für Ratten gilt, noch lange nicht für den Menschen gelten muß; doch einigen Erkenntnissen, die durch die experimentellen Befunde nahegelegt werden, kann man sich nur schwer verschließen. Daß Herausforderungen und ein gewisses Maß an Streß zu einem erfüllten Leben dazugehören – und zwar für den einen mehr und für den anderen weniger –, daß Opiatkonsum als Ausweg vor intensiven Streßreizen dienen kann, daß Versuchstiere, vor die Alternative Futter oder Lust gestellt, ihr Leben aufs Spiel setzen, um den lustspendenden Stimulus zu erreichen – dies sind Beobachtungen, deren Verallgemeinerungsfähigkeit geradezu augenfällig ist. Die Bedingungen, unter denen diese Verhaltensweisen auftraten, waren natürlich künstliche – sie wurden den Ratten zu experimentellen Zwecken aufgezwungen. Vieles spricht jedoch dafür, daß der Mensch sich aus eigenem Antrieb in ähnliche Lebensumstände hineinbegibt und dann auch einem ähnlichen Verhaltensmuster folgt.

Weitere Hinweise auf die Ursachen der Sucht verdanken wir jenen, die mit Abhängigen in engem, beruflichen Kontakt stehen. Siebzig Prozent der Suchtkranken vermißten einen starken und anteilnehmenden Vater. Für einen Süchtigen ist die Wahrscheinlichkeit, daß schon seine Eltern – ein Elternteil oder beide – von psychoaktiven Drogen wie etwa Tranquilizern abhängig waren, zwei- bis siebenmal höher als für einen Nichtabhängigen. Die meisten Abhängigen haben Eltern, die entweder überdurchschnittliche Trinker oder starke Raucher oder beides sind; viele Abhängige waren unter ungünstigen, angsteinflößenden häuslichen Bedingungen aufgewachsen, und in der Mehrzahl hatten sie schon vor Beginn ihrer Suchtkarriere gewohnheitsmäßig zu legalen Arzneimitteln gegriffen.

David Smith, der Begründer der seit 1967 bestehenden *Haight Ashbury Free Medical Clinic* in San Francisco, konnte feststellen, daß die Wahrscheinlichkeit, abhängig zu werden, für ein Kind mit einem alkoholsüchtigen Elternteil 35mal größer ist als für ein Kind nicht-alkoholabhängiger Eltern; sind beide Eltern Trinker, so erhöht sich dieses Verhältnis auf 400.[169]

Abhängigkeit ist nicht immer gleich Sucht: Ist von Suchtkranken die Rede, so hat es sich leider mittlerweile eingebürgert, die Begriffe ›Abhängigkeit‹ und ›Sucht› synonym zu gebrauchen. Dabei ist es gut möglich, von einer Droge abhängig zu sein, ohne notwendigerweise süchtig zu werden. Ein Diabetiker etwa ist zweifellos von Insulin abhängig und gezwungen, sich regelmäßig zu spritzen. Deshalb entwickelt sich bei ihm jedoch noch lange nicht eine ›Drogenabhängigkeit‹ mit all ihren klassischen Symptomen; auch die Regelmäßigkeit, mit er sich spritzt, erinnert nicht im entferntesten an die ritualisierte Obsession des Heroinsüchtigen.

Die Unterscheidung, um die es hier geht, hat etwas mit der Dimension Knechtschaft-Freiheit zu tun. Die Kennzeichnung ›Abhängigkeit‹ sollte solchen Beziehungen zwischen Individuum und Droge vorbehalten bleiben, die letztlich förderlich sind (viele insulin-abhängige Diabetiker werden erfolgreiche Sportler); ›Sucht‹ hingegen ist ein In-Beziehung-Treten von Individuum, Droge und Gesellschaft, das sich letzten Endes als zerstörerisch erweist (d. h. es kommt durch Verhaltensweisen wie Lügen, Betrügen, Stehlen zu Übertretungen sozialer Normen). Abhängigkeit birgt immer die Chance einer gesunden, wohltuenden Erfahrung, wenn man nur etwa an das von Liebe getragene Aufeinander-angewiesen-Sein denkt, das die Beziehung zwischen Mann und Frau, zwischen Kindern und Eltern, zwischen den Mitgliedern einer Wohngemeinschaft oder einer Kirchengemeinde kennzeichnet. Sobald jedoch eine solche Beziehung einseitig und ausbeuterisch wird, verändert sich ihr ganzer Charakter: An die Stelle produktiver Freiheit tritt destruktive Knechtschaft.

Sucht ist Knechtschaft: Was auch immer sie sonst noch sein mag – Sucht bedeutet immer auch *Knechtschaft.* (Tatsächlich entspricht dies der Bedeutung, die das Wort ›Sucht‹ – bevor es vom pseudo-wissenschaftlichen Jargon der Psychiater vereinnahmt wurde – im Englischen ursprünglich hatte.) Im englischen Sprachgebrauch und in der englischen Literatur ist ›addiction‹ gleichbedeutend mit ›bondage‹. Edward M. Brecher beschreibt in seinem Buch *Licit and Illicit Drugs* den Bedeutungswandel, dem das Wort ›addicted‹ unterlag:

> Für das römische Recht bedeutete ›addictus‹: jemandem durch Gerichtsbeschluß zugesprochen sein; auf diese Weise konnte etwa ein Kriegsgefangener einem Adligen oder einem Großgrundbesitzer zugesprochen werden. Im England des sechzehnten Jahrhunderts hatte das Wort genau die gleiche Bedeutung; es kennzeichnete beispielweise die Beziehung, in der ein Leibeigener zu seinem Herrn stand. Doch Shakespeare und einigen seiner Zeitgenossen entging dann nicht mehr, daß zwischen dieser legalen Form von ›addiction‹ und der Bindung eines Trinkers an alkoholische Getränke eine auffallende Ähnlichkeit besteht; sie sprachen in diesem Zusammenhang von ›addicted to alcohol‹ (auf deutsch ›dem Alkohol verfallen‹, Anm. d. Übers.). In der Folge konnte man bei manchen Dichtern von Männern lesen, die ›dem Laster verfallen‹ sind oder von Frauen, die ›sich der Keuschheit verschrieben‹ haben. Dr. Johnson sprach von ›addiction to tobacco‹ und John Stuart Mill von ›addiction to bad habits‹. Nun lag es nahe, den Begriff ›addiction‹ auch im Zusammenhang mit süchtigem Opium-, Morphium- und Heroinmißbrauch zu verwenden.[39]

Die mit der Behandlung Suchtkranker betrauten Allgemeinärzte und Psychiater sind in der Mehrzahl nicht bereit, das Suchtproblem auch einmal unter dem hier angesprochenen Aspekt des Verfallenseins und der Knechtschaft zu betrachten, wodurch sich zwangsläufig eine ganz zentrale Dimension der Sucht ihrem Verständnis vollkommen entzieht. Hier liegt wohl die Hauptursache dafür, daß diese Ärzte immer noch in einem System gefangen sind, das durch mechanische Seelenklempnerei und gedankenloses Pillenverschreiben geprägt ist – ein System, vor dessen verheerenden Folgen wir heute stehen.

Wohl einer der berühmtesten Drogensüchtigen ist Jean Cocteau, der seine qualvollen Versuche, von der Droge loszukommen, und die Bemühungen der Ärzte, ihn zu heilen, in tagebuchähnlicher Form beschrieb. In diesem unter die Haut gehenden Erfahrungsbericht *(Opium: Journal d'une Désintoxication)* heißt es:

> Ich werde später noch auf die unglaublichen Begleiterscheinungen einer Entgiftung zurückkommen – auf Begleiterscheinungen, gegen die die Medizin nicht mehr tun kann, als der Gummizelle einen Anstrich von Hotelzimmer zu verleihen und von Arzt und Krankenschwester ständige Anwesenheit, Geduld und Feingefühl zu fordern …
>
> So bin ich also wieder zum Opium zurückgekehrt, weil die Ärzte, die den Entzug durchführen – man könnte auch einfach sagen, daß sie einen ausputzen –, keinen Versuch unternehmen, die ursächliche Störung, die den Anstoß zur Intoxikation gab, zu heilen …
>
> Nach der Entgiftung. Schlimmster Augenblick, größte Gefahr. Gesundheit mit Leere erkauft und eine unendliche Traurigkeit. Aufrichtig lächelnd überlassen die Ärzte dich dem Selbstmord …
>
> Nun, da ich geheilt bin, fühle ich mich leer, schwach, krank und vollkommen gebrochen.[60]

Eine Anklage, wie sie prägnanter und niederschmetternder kaum formuliert werden könnte! Wenn sich auch die wenigsten Suchtkranken auf so wortgewaltige Weise Gehör verschaffen können wie Jean Cocteau, so würden doch sicher sehr viele von ihnen in Anbetracht ihrer Erfahrungen mit verschiedenen Therapieprogrammen und Medikationen diesen Satz spontan nachsprechen: »Nun, da ich ›geheilt‹ bin, fühle ich mich leer, schwach, krank und vollkommen gebrochen.« Von Laudanum zu *Librium*, von Morphium zu Methadon, vom Alkohol zum Anxiolytikum – all diese ›Suchttherapien‹ kennzeichnet ein Ausweichen vor jenen zwei Fragen, die einzig an den Kern des Suchtproblems rühren: Wie kann ein

Süchtiger aus seiner Abhängigkeit von bestimmten Substanzen befreit werden? Wie kann die der Sucht zugrundeliegende Leere ausgefüllt werden?

Die geistige Leere des Süchtigen: Verblüffend aktuell klingt diese Feststellung C. G. Jungs aus dem Jahre 1931: »Etwa ein Drittel meiner Fälle leidet überhaupt an keiner klinisch bestimmbaren Neurose, sondern an der Sinn- und Gegenstandslosigkeit ihres Lebens. Ich habe nichts dagegen, wenn man dies als allgemeine Neurose unserer Zeit bezeichnen sollte.«[160]

Diese »Sinn- und Gegenstandslosigkeit« ist inzwischen zu einem noch drängenderen Problem geworden. So schrieb Rollo May 1969:

> Für manche mag es überraschend klingen, doch meine eigenen klinischen Erfahrungen wie auch die meiner in psychologischer oder psychiatrischer Praxis tätigen Kollegen weisen sehr deutlich darauf hin, daß im mittleren Jahrzehnt des zwanzigsten Jahrhunderts die Leere das Hauptproblem der Menschen darstellt... Konnte man sich über die öde Langeweile mancher Leute vor zehn Jahren vielleicht noch lustig machen, so hat das Gefühl der Leere mittlerweile für viele Menschen eine ganz andere Dimension angenommen: Aus dem Gelangweiltsein ist ein von Nutzlosigkeit und Hoffnungslosigkeit geprägter Zustand geworden, der zu den schlimmsten Befürchtungen Anlaß gibt.[204]

In die gleiche Richtung geht die Diagnose, die der Theologe Paul Tillich der westlichen Zivilisation stellt:

> Der Glaube an geistige Inhalte bricht durch äußere Ereignisse oder innere Prozesse zusammen: wenn der Mensch von der schöpferischen Partizipation an einer Kultursphäre ausgeschlossen wird, wenn er von etwas

> enttäuscht ist, woran er leidenschaftlich hing, wenn er aus der Hingabe an einen Gegenstand in die Hingabe an einen anderen Gegenstand getrieben wird, weil jeder Gegenstand alsbald seinen Sinn verliert und der schöpferische Eros sich in Gleichgültigkeit und Abneigung verwandelt. Man probiert alles mögliche aus, aber nichts kann befriedigen... Angstvoll wendet man sich von allen konkreten Inhalten ab und begibt sich auf die Suche nach einem letzten Sinn, nur um zu entdecken, daß es gerade der Verlust eines geistigen Zentrums war, was den vielfältigen Inhalten des geistigen Lebens jeden Sinn raubte... Die Angst vor der Leere treibt uns an den Abgrund der Sinnlosigkeit.[312]

Wenn Suchtkranke von ihrem Suchtmittel entwöhnt sind, wenn sie ›trockengelegt‹ sind oder den ›Cold Turkey‹ hinter sich haben, so heißt das noch lange nicht, daß sie im eigentlichen Sinne des Wortes ›entgiftet‹ sind. Ja, selbst wenn sie sich ihr ritualisiertes süchtiges Verhalten vollkommen abgewöhnt haben, sind sie – wie Cocteau es so plastisch beschrieb – noch weit davon entfernt, geheilt zu sein. Erreicht haben sie damit nämlich nur, daß sie vor den *Folgen* einer bestimmten Form von süchtiger Befriedigung vorläufig sicher sein können. Leider wird der Suchtkranke in aller Regel genau zu diesem Zeitpunkt, wo er also gerade erst die Folgen seiner Sucht einigermaßen bewältigt hat, von seinem Arzt oder Therapeuten als ›geheilt‹ entlassen – obwohl beide wissen, daß sie sich der wahren Ursache der Sucht auch nicht ansatzweise genähert haben.

Gesucht wird: ein neues Lebenskonzept

Wirklich geheilt werden kann ein Suchtkranker nur unter der Voraussetzung, daß er sein Leben von Grund auf neukonzipiert. Daher sollte er im Rahmen einer therapeutischen Rehabilitation die Möglichkeit haben, sich ein Gerüst von Werten zu erarbeiten, das seinem Leben einen Sinn verleiht und an dem er sich orientieren kann, wenn er seinen Platz in der Gesellschaft neu bestimmen möchte. Dieses Gerüst stellt ein Lebenskonzept dar, das die Freiheit zu selbstbestimmter Entscheidung und das Vertrauen in die eigene Entscheidungsfähigkeit ebenso miteinschließt wie die Verpflichtung, für einmal getroffene Entscheidungen Verantwortung zu übernehmen. Die Erarbeitung eines solchen Rahmenkonzepts erfordert eine völlig neue Art von Psychotherapie – eine Psychotherapie, wie sie bisher nur wenigen bekannt ist und kaum praktiziert wird. Jene neuen psychotherapeutischen Wege, die wir mit unseren Patienten beschreiten, werden in Kapitel 11 ausführlich beschrieben.

Gefühle von Leere und Sinnlosigkeit verweisen, wie wir gesehen haben, ganz deutlich auf eine spirituelle Problematik; für Psychiater jedoch – vor allem für jene, die der Freudschen Psychoanalyse oder dem Behaviorismus nahestehen – ist jede Beschäftigung mit spirituellen Fragen auch nur wieder Ausdruck einer Neurose.

Das Nachrichtenmagazin *Time* berichtete in seiner Ausgabe vom 25. April 1983 über den Harvard-Psychiater George Vaillant, der sich mit den traditionellen psychiatrischen Ansätzen der Alkoholismustherapie sehr kritisch auseinandersetzt: »(Herkömmliche psychiatrische Ansätze) ... taugen so gut wie gar nichts, wenn es darum geht, zum Kern des Alkoholismusproblems vorzustoßen.« Selbstkritisch und spürbar ernüchtert beschreibt Vaillant in seinem Buch *The Natural History of Alcoholism*, wie ihm an der Fähigkeit seines Berufsstandes, mit dieser Krankheit umzugehen, immer mehr Zweifel kamen. »Das Alkoholikerprogramm, an dem ich mitarbeitete, war das bestdurchdachte der Welt«, so Vaillant, »doch letztlich erreichten wir mit unserer Klinikbehandlung nicht mehr als das, was man auch erwarten kann, wenn man die Alkoholiker sich selbst überläßt.«

Einige seiner Kollegen ziehen eine ähnlich düstere Bilanz.

So gibt etwa Dr. Robert Millman, Direktor des *Alcohol and Drug Abuse Service* der *Payne Whitney Psychiatric Clinic* in New York unumwunden zu: »All das, was wir zu bieten haben, bleibt im Grunde wirkungslos.«

Was ist von jenen sündhaft teuren Spezialkliniken zu halten, die so in Mode gekommen sind, daß ihre Aktien nun schon an der New Yorker Börse gehandelt werden? Langfristige Erfolge – so Vaillants bündige Schlußfolgerung – kann man sich auch von dieser Wachstumsbranche nicht erhoffen.

Am Ende dieses *Time*-Artikels heißt es: »…es klingt furchtbar unwissenschaftlich, doch allem Anschein nach benötigen Alkoholiker irgendeine Quelle, aus der sie wieder Hoffnung und Selbstachtung schöpfen können, oder auch irgendeine Quelle religiöser Inspiration – wie immer man das nennen will –, und darauf scheint es viel mehr anzukommen als auf die medizinische Versorgung durch Kliniken und Psychiater.«[228] Vaillant selbst schreibt dazu:

> Klinikaufenthalte zerstören die Selbstachtung; Hospitalisierung bedeutet, daß an die Stelle der alten Abhängigkeit eine neue tritt.
>
> Alkoholiker fühlen sich geschlagen und hilflos; es fehlen ihnen die Kraft und der Mut zur Veränderung. Wenn sich ihr Leben ändern soll, so müssen nicht nur ihre körperlichen Symptome bekämpft werden – genauso wichtig ist, daß sie wieder Hoffnung schöpfen können … Eine schlechte Gewohnheit kann man nicht allein dadurch ändern, daß man den Betreffenden ›behandelt‹, ihm gut zuredet oder eine Einsicht gar aufzwingt. Es kommt vielmehr darauf an, das Glaubenssystem des Individuums zu verändern und diese Veränderung dann aufrechtzuerhalten … die Gewohnheiten werden von dieser Veränderung automatisch mit erfaßt werden. Mit anderen Worten heißt das: Wenn es uns nur irgendwie gelänge, die besten Placeboeffekte …

> mit jenem Veränderungspotential zu verbinden, das einer evangelikalen Erneuerung innewohnt, so wären wir damit auf dem besten Weg zu einer wirksamen Alkoholismustherapie ... (All diese Statistiken) weisen ganz deutlich darauf hin, daß Alkoholiker nicht deshalb trocken bleiben, weil wir sie behandelt haben, sondern weil sie sich selbst heilen können.[328]

Erneuerung der Werte: In einer medizinischen Fachzeitschrift erschien unlängst ein Artikel mit dem bezeichenden Titel ›Besserung psychiatrischer Zustandsbilder in evangelikalen religiösen Sekten‹. Die Autoren sind der Frage nachgegangen, was es wohl ist, das so viele Menschen in die Arme der seit einigen Jahren in den USA und Europa wie Pilze aus dem Boden schießenden Sekten treibt. Die Ergebnisse ihrer Untersuchung fassen sie wie folgt zusammen:

> Die Auswertung der Fragebögen ergab, daß die Sektenmitglieder vor ihrer Bekehrung in der Regel psychische Probleme hatten. Viele hatten sich deshalb an Fachleute gewandt ... einige waren sogar stationär behandelt worden ... Viele Mitglieder hatten vor ihrer Aufnahme in die Sekte des öfteren Drogen genommen. Von jenen Sektenmitgliedern, die den Fragebogen zurückschickten, gab etwa ein Viertel an, in der Vergangenheit ernste Probleme mit Drogen gehabt zu haben ... Der Anteil derer, die mindestens einmal schon Drogen genommen hatten, betrug ein Vielfaches des Landesdurchschnitts. Zieht man zum Vergleich eine statistisch parallele Stichprobe aus der Gesamtbevölkerung heran, so waren beispielsweise von den befragten Mitgliedern der *Divine Light Mission* etwa doppelt so viele schon irgendwann einmal mit Drogen in Kontakt gekommen. Und zwar gilt dies für alle Arten von Drogen: Cannabis hatten 92 Prozent der Sektenmitglieder, aber nur 52 Prozent der Mitglieder der

> Vergleichsgruppe irgendwann schon einmal konsumiert; Erfahrung mit Heroin hatten 14 Prozent der Sektenmitglieder, aber nur 6 Prozent der Kontrollpersonen …
>
> Mit der Bekehrung gehen auffällige Veränderungen bezüglich dieser Parameter einher. Diese Veränderungen spiegeln sich in jenen Werten wider, die die befragten Sektenmitglieder auf der Skala ›Neurotische Symptome‹ für die Zeit vor ihrem Eintritt in die Sekte und für die Zeit danach erreichten … *Es scheint tatsächlich so zu sein, daß eine Bekehrung – also die totale Umwandlung des Glaubenssystems eines Menschen – psychisches Elend ein Stück weit vermindert* … Aus der Beschäftigung mit diesen Sekten, die ja eine ganz enorme Anziehungskraft haben, lernen wir, daß es entscheidend darauf ankommt, ein für Patienten wie für Therapeuten gleichermaßen verbindliches System von Normen und Glaubenssätzen zu formulieren und zu bewahren. *Alle Versuche, auf den Patienten einzuwirken, ohne gleichzeitig auch sein Wertesystem anzusprechen, bergen die Gefahr des Scheiterns.*[109]

Eines dürfen wir dabei jedoch nicht aus den Augen verlieren: Welcher Art auch immer das spirituelle Glaubenssystem ist, für das sich ein Mensch entscheidet, letztlich wird es danach zu beurteilen sein, ob es für diesen Menschen eine Orientierungshilfe sein kann – ob es diesen Menschen dazu befähigen kann, die Anforderungen, die in seinem Lebensraum an ihn gestellt werden, zu bewältigen. Besteht es diese Bewährungsprobe nicht, so dient es lediglich als ein Aberglaube, an dem man sich wie an einem Talisman festhalten kann, und verfehlt somit seinen Zweck als richtunggebendes, Erneuerung auslösendes Wertesystem. Peter Lawrie schreibt in seinem Buch *Drugs: Medical, Psychological and Social Facts*:

Bekanntlich erweisen sich Süchtige gegenüber herkömmlichen psychotherapeutischen Methoden als ausgesprochen resistent. Warum das so ist, versteht man besser, wenn man sich vor Augen hält, daß Analyse ja immer Kommunikation voraussetzt, daß sie nur dann möglich ist, wenn der Patient den Therapeuten als reales menschliches Gegenüber, das eine reale Wirkung auf ihn ausüben kann, akzeptiert. Das ganze Leben eines Süchtigen ist jedoch darauf ausgerichtet, nur ja nicht in irgendeine Abhängigkeit von der Menschheit zu geraten: Ausreichend mit Stoff versorgt, genügt er sich vollkommen selbst, kann er sich seine Befriedigungen wie auch seine Schuldgefühle selbst erzeugen und sein Leben unabhängig von der Außenwelt emotional reich gestalten. Solange alles gut geht, sieht ein Süchtiger keine Veranlassung, in irgendeine Kommunikation einzutreten; wenn er sich tatsächlich einmal in Behandlung begibt, so tut er das nicht etwa deshalb, weil er von seiner Sucht geheilt werden möchte, sondern weil seine Sucht nicht mehr so funktioniert, wie sie eigentlich sollte. An diesem Punkt angelangt, verhält er sich wie ein zweifacher Verlierer, der in jenen Zustand zurückversetzt werden möchte, in dem er wenigstens nur ein einfacher Verlierer war; so kann er sich vor dem sehr viel bedrohlicheren Eingeständnis drücken, daß er im Grunde gar nichts zu verlieren hat.

Der gewöhnliche psychiatrische Patient ist wie eine Klette, er bietet seiner Umwelt und auch seinem Therapeuten eine Unzahl von Haken und Ösen an – oft zu viele; die beste Strategie für den Therapeuten ist dann, sich selbst eher passiv zu verhalten und abzuwarten, wo der Patient sich festhakt. Ganz anders der Suchtkranke: Er ist wie eine Nuß – innen weich und außen dick gepanzert. Die einzige Angriffsfläche, die er bietet, ist sein Bedürfnis nach Drogen; und auf welche Weise das befriedigt werden kann, weiß er selbst am

> besten. Wenn wir ihn erreichen wollen, so müssen wir seine Schale aufbrechen. Wenn wir der Zwangsherrschaft der Opiate etwas entgegensetzen wollen, so müssen wir selbst – um den Suchtkranken in die Therapie überhaupt einzubinden – einen gewissen Zwang ausüben.[181]

Der Versuch einer Psychotherapie kann mit einem Süchtigen nur dann mit Aussicht auf Erfolg gewagt werden, wenn eine befriedigende Form von Detoxifikation vorausgegangen ist, d. h. wenn der körperliche Entzug wirklich abgeschlossen ist. Was bisher unter dem Etikett ›Detoxifikation‹ eines Suchtkranken durchging, beruht auf einem stark verkürzten, ja falschen Verständnis dieses Begriffs: In all diesen Institutionen, die sich ihrem Selbstverständnis nach der Detoxifikation widmen, werden die Süchtigen vielleicht ›ausgetrocknet‹ oder mit dem ›Cold Turkey‹ bekanntgemacht, aber sie werden sicher nicht im eigentlichen Sinne des Wortes detoxifiziert (Detoxifikation bedeutete ursprünglich ›Herausnahme eines vergifteten Pfeiles‹).

Avram Goldstein, eine international anerkannte Autorität auf dem Gebiet der Suchtforschung, beschreibt in einem oben bereits zitierten Aufsatz, wohin diese verkürzte Sicht führt:

> Vielen fällt es immer noch schwer zu verstehen, warum der klinische Entzug so wenig effektiv ist, obwohl die Ursachen eigentlich auf der Hand liegen … Meiner Ansicht nach beruht das klägliche Scheitern der Entzugstherapie (die Mehrzahl der Patienten wird schon vor Beendigung der üblicherweise 21- bis 30-tägigen Entgiftung wieder rückfällig) darauf, daß der frisch entgiftete Abhängige ja immer noch von körperlichen Beschwerden, einem intensiven Verlangen nach Drogen und seinem physiologischen Ungleichgewicht getrieben ist. In diesem Zustand kann er sich nicht auf die ersten notwendigen Schritte in Richtung Rehabili-

> tation konzentrieren, gibt der Versuchung bald nach und greift wieder zur Heroinspritze.[119]

Wenn wir einen Suchtkranken von seiner Sucht wirklich heilen wollen, so müssen wir seine Leere ausfüllen und seinem Leben wieder einen Sinn geben, so müssen wir seine Fähigkeit zu lieben und zu vergeben entwickeln und seinen Intellekt schulen, so müssen wir ihn in seiner Reue ebenso bestärken wie in seiner Bereitschaft, Verantwortung zu übernehmen, so müssen wir ihm Zuversicht einpflanzen und ihn empfänglich machen für Erleuchtung, für den Glauben. Wir dürfen ihn nicht einer gestaltlosen, unbarmherzigen ›Macht‹ überlassen. Jenseits der Flasche, der Tablette, des Pulvers, der Spritze, des Rituals, des Gefühlserlebnisses – jenseits all dieser Dinge, die sie ganz zu beherrschen scheinen, liegt bei allen Süchtigen ein spiritueller Hunger. Wonach sie sich wirklich sehnen, ist Liebe, Wahrheit, Schönheit, Freude, Leben, Transzendenz oder Kraft – oder Gott. Letzten Endes muß die Existenz Gottes erfahren und anerkannt werden.

Die Philosophie unserer Klinik

Sich ausschließlich mit dem körperlichen Entzug zu befassen, ist unverantwortlich; sich nur um die psycho-spirituellen Probleme der Süchtigen zu kümmern, wäre naiv. Um beiden Seiten dieser Sucht genannten Medaille gerecht zu werden, gilt es ein Therapiekonzept zu entwerfen, in dem Detoxifikation und Rehabilitation gleichermaßen integriert sind.

In unserer Klinik unternahmen wir den Versuch, ein solches integriertes Behandlungskonzept in die Praxis umzusetzen. Das tägliche Programm begann vormittags mit einer Lesestunde, in der die Patienten Zeitungen durchschauten oder sich mit einem anspruchsvolleren Lesestoff ihrer Wahl – das konnte die Bibel sein, Gibrans *The Prophet* oder auch Karl Marx – auseinandersetzten. Unser Anliegen dabei war, den

Patienten wieder geistige Nahrung zu geben und ihre mentalen Fähigkeiten, die doch in vielen Fällen im Laufe einer langen Suchtkarriere stark verkümmert waren, an Aufgaben von allmählich ansteigendem Schwierigkeitsgrad zu schulen.

An diese Lesestunde schloß sich die Arbeitstherapie an, wobei die Patienten Tätigkeiten ohne Freizeitcharakter zu verrichten hatten. Der Rest des Vormittags blieb Gesprächen mit dem Arzt oder dem Berater vorbehalten. Nachmittags fanden therapeutische Einzel- und Gruppensitzungen statt sowie Freizeitaktivitäten wie Tennis, Schwimmen, Gesellschaftsspiele.

Während des relativ kurzen Klinikaufenthalts konnten wir zwar den Patienten nicht die Möglichkeit bieten, in ein Beschäftigungsverhältnis einzutreten, doch hatten wir für die Zeit nach ihrer Entlassung eine Liste mit in Frage kommenden Arbeitgebern und Trainingsprogrammen vorbereitet.

Eine weitere von uns zusammengestellte Liste enthielt Namen und Adressen von Familien, Selbsthilfegruppen, Kirchen und anderen landesweit tätigen Hilfsorganisationen, die ehemalige Suchtpatienten bei der Wiedereingliederung unterstützen. Außerdem verschickten wir an alle Arbeitgeber, die Interesse an unserer Arbeit zeigten und einen eigenen betriebsärztlichen Dienst hatten, ein beratendes Informationspaket.

In der Überzeugung, daß Sucht einen physiologischen wie auch einen psychologischen Ursprung hat, in der Überzeugung, daß es sich bei letzterem um bestimmte psycho-spirituelle Defizite handelt – um einen Mangel an bedeutungsvollen Beziehungen zur Familie, zu Angehörigen, zur Gemeinde und zu Gott, um die Unfähigkeit, ein Lebenskonzept zu entwickeln, das zur Bewältigung der im individuellen Lebensraum gestellten Anforderungen tauglich ist –, verfolgten wir in unserer Klinik einen ganzheitlichen Behandlungsansatz, der den Patienten als Körper, Geist und Seele umfassende Person in den Mittelpunkt der Therapie stellt; denn nur so ist es möglich, nicht nur die Abhängigkeit von einer Substanz oder von einem Verhalten zu therapieren, sondern auch zu den tieferliegenden Wurzeln der Sucht, zu jenen Problemen, die ursprünglich in die Abhängigkeit geführt haben, vorzustoßen. Unsere Klinik war jedoch keine religiöse Einrichtung. Wir haben dort nicht nur Christen behandelt, sondern auch Moslems, Buddhisten und Hindus, Marxisten, Agnostiker und Atheisten – allen gemeinsam war die Suche nach einem Ausweg aus ihrer stoff- oder verhaltensgebundenen Abhängigkeit. Eine religiöse Orientierung bestand nur insofern, als sich das Klinikpersonal, das durchweg aus fachlich qualifizierten Mitarbeitern bestand, spirituellen Werten verpflichtet fühlte. Psychiater waren weder im Klinikteam noch im Beraterstab vertreten. Ihre Mitarbeit wäre unserem Leitgedanken zuwidergelaufen, daß Sucht im Grunde ein spirituelles Problem ist, das nach spirituellen Lösungen verlangt. Geschulte Laienhelfer, die selbst ihr Leben an spirituellen Werten orientieren und über Kenntnisse und Erfahrung bezüglich verschiedener Suchtformen verfügen, sind ebensogut oder besser geeignet, Suchtkranke bei der Erarbeitung solcher Lösungen zu unterstützen.

Während des einjährigen Klinikversuchs wohnten mein Mann und ich mit unseren drei Kindern in dem Herrensitz, in dem auch die Patienten untergebracht waren. Jeden Tag nahmen wir unsere Mahlzeiten gemeinsam mit den Patienten und dem Klinikpersonal ein. Wir hielten es nämlich für einen wichtigen Teil des therapeutischen Prozesses, daß die Patienten beobachten konnten, wie wir als Mitglieder einer Familie miteinander umgehen, und daß sie Gelegenheit hatten, mit einer normalen Familie wie auch mit anteilnehmenden Beratern in Kontakt zu kommen.

Oberflächliche religiöse Formeln: Professionelle religiöse Eiferer, die mit simplen, eingängigen Zauberformeln hausieren gehen, haben mit ihrer rezeptbuchartigen Auslegung der christlichen Botschaft ihrer Sache wie auch ihrem eigenen Ruf schwer geschadet. Eine bewegende Schilderung jenes steinigen Weges, der zur spirituellen Erleuchtung führt, stammt von Nikolai Berdjajew, einem russischen Philosophen, der vom Marxismus zum Christentum bekehrt wurde:

> Das einmal durchlebte Leiden hinterläßt für immer seine Spuren ... Ein Mensch, der in den Sphären des Geistes weit gereist ist und im Verlauf seiner Wahrheitssuche durch schwere Prüfungen gehen mußte, macht dabei eine geistige Wandlung durch; und zwar vollzieht sich diese Wandlung nach ganz eigenen Grundsätzen – nach Grundsätzen, die für einen Menschen, der seine Position nie verändert hat, der nie in neue geistige Räume vorgedrungen ist, keine Gültigkeit haben können ... Meine Erfahrungen haben mich bereichert, selbst wenn sie erschreckend und quälend waren, selbst wenn ich bei der Überquerung des Abgrunds gezwungen war, mich an Mächte zu wenden, die über dem Menschen stehen.[31]

Aufbau bedeutungsvoller mitmenschlicher Beziehungen: Wenn wir, meine Familie und ich, uns für besonders geeignet halten, mit Menschen umzugehen, die – ob sie nun Drogenabhängige sind oder nicht – unter der Leere und der Sinnlosigkeit ihres Lebens leiden, so deshalb, weil wir in dem Bestreben, den Willen Gottes zu begreifen und zu befolgen, bei zahlreichen Auslandsaufenthalten vielfältige Erfahrungen mit der Gestaltung bedeutungsvoller Beziehungen sammeln konnten. Bei keinem meiner suchtkranken Patienten bestand auch nur der leiseste Zweifel daran, daß das Grundproblem psycho-spiritueller Natur war. Allen gemeinsam war, daß sie jede Hoffnung aufgegeben hatten, Antworten auf die elementarsten Fragen zu finden. Wofür lohnt es sich zu leben? Lohnt es sich wirklich, von den Drogen loszukommen? Wie würden sie ohne Drogen zu Hause, bei der Arbeit, beim Spiel zurechtkommen? Hat es einen Sinn, sich über die Beziehungen zu Vater, Mutter, Ehegatte, Lebensgefährte, zu Kindern, Freunden oder zu Gott Gedanken zu machen? Kümmert es denn überhaupt jemanden, ob du noch am Leben bist? Die Leere breitet sich immer weiter aus, vertieft sich immer mehr, bis sie zu einer unüberwindbaren Kluft wird, die den Süchtigen von bedeutungsvollen Beziehungen vollkommen abschneidet.

In dem Maße jedoch, wie unsere Patienten sich den spirituellen Werten, mit denen wir sie vertraut machten, öffneten, in dem Maße, wie Liebe, Freude, Vergebung, Reue, Barmherzigkeit, Frieden und das für alle Menschen geltende Versprechen der Erlösung für sie an Bedeutung gewann, wich selbst bei den Abgebrühtesten unter ihnen der anfängliche Zynismus nach und nach einer gewissen Nachdenklichkeit – einer nachdenklich machenden Betroffenheit, aus der sich schließlich in vielen Fällen eine zaghafte oder sogar freudige Bereitschaft zur Übernahme dieser Werte entwickelte. Dieser Prozeß wurde dadurch gefördert, daß die Patienten in der Klinik engen Kontakt zu Menschen hatten, die ihnen ein sinnvolles Leben vorlebten, denen es alles andere als gleichgültig war, was mit ihnen geschah. Dabei spürten die Patienten, daß unsere spirituelle Botschaft unmittelbar erfahrbar ist, daß sie mehr ist als ein leeres Moralisieren.

Wenn nun ein Patient mit einer Feststellung wie z.B. »Mein Problem ist: ich hasse meinen Vater und komme einfach nicht mit ihm klar« geradewegs auf uns zukam, so griffen wir stets diese individuelle Problematik auf und versuchten, sie zu lösen. In einem solchen Fall etwa setzten wir uns mit dem Vater in Verbindung, um ihn zu einem Gespräch mit seinem Sohn oder seiner Tochter zu bewegen. Dabei führten wir beiden Parteien vor Augen, daß Vergebung ein ganz wesentlicher Teil des Heilungsprozesses ist. Den Eltern unserer Patienten machten wir eindringlich klar, daß es nicht genügt, von ihrem Kind zu verlangen, daß es von einer Droge loskommen soll. Wir konfrontierten sie mit der Notwendigkeit, sich darüber hinaus mit all den Lebensbedingungen, Einstellungen und Handlungen auseinanderzusetzen, die das Problem gewöhnlich noch verschärfen. Wir als Therapeuten können den zur Heilung führenden

Weg nur aufzeigen, wir können letztlich nur als Wegweiser fungieren; soll ein Süchtiger diesen Weg beschreiten, so braucht er dazu die Vergebung gerade auch seiner Eltern. Denn es ist kein Gemeinplatz, wenn Jesus sagt, daß Vergebung durch Gott – und ein neues Leben – nur derjenige erwarten kann, der selbst vergeben hat (Matthäus 6,14-15).

Wenn suchtkranke Patienten spirituelle Werte an ihren Mitpatienten ›in Aktion‹ sehen – wenn sie etwa beobachten können, wie andere Patienten nach vielen Jahren des Hasses einem tyrannischen Vater, einer zu sehr verwöhnenden Mutter oder einer Mutter, die fremdging, verzeihen, wenn sie miterleben, wie ein Drogenabhängiger aufgrund einer tiefempfundenen Liebe zu einer Frau seinen enorm hohen Heroin- und Kokainkonsum einstellen kann oder wie ein anderer von Heroin loskommt, weil ihn sein Vater, der ihm bisher unbekannt war, nach achtzehnjähriger Suche endlich gefunden hat – wenn Süchtige Gelegenheit haben, solche Erfahrungen zu machen, dann ist die Chance groß, daß den Worten der spirituellen Botschaft auch Taten folgen.

Die Rückkehr in den Alltag: Allen unseren Patienten haben wir empfohlen, im Anschluß an die zehntägige NET mindestens ein bis zwei Wochen, besser aber ein bis zwei Monate, an einem Ort zu verbringen, wo sie sich körperlich weiter erholen können und wo man ihnen Zeit läßt, sich an die Klarheit eines drogenfreien Kopfes zu gewöhnen. Diese neuempfundene Klarheit ist eine ebenso schöne wie schmerzhafte Erfahrung – schmerzhaft deshalb, weil die Wahrnehmungsschärfe infolge der wiederangelaufenen körpereigenen Endorphinproduktion über das normale Maß hinaus gesteigert ist. Wenn auch unsere statistischen Erhebungen keinen Beweis dafür erbracht haben, daß eine solche Rehabilitationsphase Rückfällen vorbeugt, so halten wir doch heute noch an dieser Empfehlung fest, da die nach einer Erholungsphase gesundheitlich gestärkten Patienten unserem Eindruck nach eine bessere Ausgangslage für die Bewältigung ihrer Probleme haben.

Die kritischste Phase des gesamten Genesungsprozesses ist die Rückkehr nach Hause: Von einem Tag auf den anderen werden die ehemaligen Patienten mit den Anforderungen des täglichen Lebens konfrontiert, sehen sie sich wieder von all den Dingen umgeben, die sie an ihre früheren Gewohnheiten erinnern. An diesem Punkt ist es ganz entscheidend, daß die ehemaligen Suchtkranken in ein stützendes System eingebunden werden. In keinem geringeren Maße als die Patienten selbst bedürfen auch ihre Angehörigen der Unterstützung und Betreuung. Möglichst schon vor der Entlassung des Patienten sollten sie in seiner Anwesenheit darauf vorbereitet werden, daß es schon einige Zeit dauern wird, bis das alte Vertrauensverhältnis wiederhergestellt ist; es sollte ihnen aber auch die Zuversicht vermittelt werden, daß sie ihr Vertrauen nach und nach wieder zurückgewinnen können, wenn sie sehen, daß es nicht mißbraucht wird.

Es hat sich bewährt, daß der Patient und seine Angehörigen in einer mündlichen Absprache oder sogar in einem schriftlichen Kontrakt ein angemessenes Minimalziel festlegen, das der Patient innerhalb einer bestimmten Frist erreichen sollte. Eine solche Abmachung kann sich etwa auf eine Arbeit beziehen, die der Patient verrichten soll, auf Pflichten, die er im Haushalt zu erfüllen hat, auf die Zeiten, zu denen er aufstehen und zu Bett gehen soll oder auf eine bestimmte Geldsumme, die er ausgeben kann oder zurückzahlen muß. Wird die Abmachung eingehalten, so kann ein neues, weiter gestecktes Ziel in Angriff genommen werden. Dabei kommt es entscheidend darauf an, daß die Familie genug Kraft und – was noch wichtiger ist – Liebe aufbringt, um ein deutliches »Nein« auszusprechen und an dieser Entscheidung, komme was da wolle, festzuhalten.

Der Abhängige und seine Angehörigen sollten auch für den Fall gerüstet sein, daß er oder sie erneut zur Droge greift. Sie sollten sich dann vor Augen halten, was Stanton Peele geschrieben hat: »Rückfälle sind ebenso verständlich wie verzeihlich; ein Rückfall sollte nicht zum Anlaß genommen werden, all das, was erreicht wurde, wieder preiszugeben. Auf diese Weise wird das nagende Schuldgefühl abgebaut, das ja seinerseits nur wieder das Verlangen nach der süchtigmachenden Erfahrung verstärkt ... Süchtige haben immer wieder von neuem die Wahl, selbst wenn sie bei einem Schlückchen, einem Zug oder einem Bissen wieder schwach geworden sind.«[243]

Nachbetreuung

Was die Nachbetreuung von Alkoholsüchtigen angeht, so hat wohl keine Hilfsorganisation so viele Erfolge vorzuweisen wie die *Anonymen Alkoholiker.* Ähnlich strukturierte Selbsthilfegruppen bieten nun auch Drogenabhängigen ein vergleichbares Hilfsangebot. Die Arbeitsweise dieser Gruppen scheint mir jedoch insofern nicht ideal zu sein, als sie negative Aspekte stark betonen und dadurch den Alkohol bzw. die Droge im Bewußtsein des Abhängigen ständig präsent halten. Was sie nicht leisten, ist eine Hinführung zu positiven Gedanken und Aufgaben, die an die Stelle der ausschließlichen Beschäftigung mit dem Suchtmittel treten könnten. Weiterhin müssen sich diese Gruppen die Frage gefallen lassen, ob nicht doch der Neid auf den Erfolg der anderen in jenen, die es noch nicht ganz geschafft haben, sehr oft das Bedürfnis weckt, die erfolgreich Abstinenten auf ihre Stufe wieder hinunterzuziehen.

Dr. James Ch'ien aus Hongkong hatte ein Rehabilitationsprogramm für Drogenabhängige, das die Nachbetreuung der Betroffenen so aktiv und lückenlos wie kaum ein anderes auf der ganzen Welt betrieb, von Grund auf neu konzipiert. 1981 zog er in einem Interview Bilanz: »In den ersten Jahren mußten wir feststellen, daß eine große Mehrheit der Nachsorgeklienten trotz intensivster Nachbetreuung durch Fachleute erneut Drogen konsumierte ... Je mehr wir das Nachsorgesystem ausbauten, um so stärker wurde auch die soziale Abhängigkeit, die wir damit erzeugten.«[55] Auch meine eigenen Erfahrungen mit dem Projekt von Dr. Ch'ien und anderen ähnlich konzipierten Stützprogrammen gehen dahin, daß die Abhängigen während einer langandauernden Rehabilitationsphase, in der sie vielerlei Hilfsangebote nützen können, im Grunde zur Unselbständigkeit erzogen werden. So bleiben sie, da sie es eben nicht gelernt haben, dem Druck der auf sie zukommenden persönlichen und sozialen Verpflichtungen standzuhalten, nur zu oft auf fremde Hilfe angewiesen.

Kritisch analysiert auch Stanton Peele das derzeitige Nachsorgeangebot für Suchtkranke:

> Wenn wir zu einem Urteil darüber kommen wollen, ob die Mitwirkung in einer Gruppe dem Abhängigen guttut, ob sie ihm wirklich weiterhilft, so müssen wir uns die Frage stellen, ob diese Mitwirkung Selbstzweck ist oder über sich selbst hinausweist. Trifft ersteres zu, so kann die Gruppe zu einem Ersatz für jene Droge, für jene ungesunde Gewohnheit werden, die sie zu bekämpfen vorgibt. In diese Gefahr begibt sich jede Gruppe, die den Anspruch erhebt, daß jenes Problem, dessen Bekämpfung sie auf ihre Fahnen geschrieben hat, nur durch eine fortgesetzte Mitgliedschaft in ihr gelöst werden kann... Die Mitwirkung in einer Gruppe, deren Ziel die Suchtbekämpfung ist, kann selbst suchterzeugend sein, wenn die Gruppenmitglieder dabei auf einen bestimmten Lebensstil festgelegt werden, wenn sie nur noch mit bestimmten Menschen Umgang haben, wenn sich ihr gesamtes Denken und Fühlen ausschließlich auf vorgezeichneten Bahnen bewegt.
>
> Denkbar wäre auch eine ganz andere Form von sozialer Unterstützung – eine Form, die in unserer Gesellschaft schon fast in Vergessenheit geraten ist. Dabei geht das Hilfsangebot nicht von Gruppen aus, die sich eigens zur Bekämpfung bestimmter Suchtformen organisiert haben, sondern von bereits existierenden sozialen Gruppen wie der Familie oder der Gruppe der Kol-

> legen... Freunde und Verwandte können füreinander sehr wohl die Funktion eines ›Therapeuten‹ übernehmen, ganz gleich ob sie nun mit einem Alltagsproblem oder mit dem persönlichen Problem eines Gruppenmitglieds konfrontiert werden.[243]

Dem sei jedoch noch hinzugefügt, daß nur derjenige wirksam helfen kann, der sowohl Standfestigkeit als auch Versagen, sowohl Versöhnung wie auch Ablehnung, Liebe wie auch Haß durchlebt hat und darauf gefaßt ist, dabei selbst verwundbar und anfällig zu werden. Wer Hilfe leisten will, muß wissen, daß der Einsatz mindestens so hoch ist wie der Lohn.

Als wir 1980 ein Jahr lang die NET in einer eigenen Klinik erproben konnten, gründete mein Mann einen *Befrienders Addiction Counselling Service* und begann, landesweit die Namen von Personen zu sammeln, die sich bereit erklärten, einen Drogen- oder Alkoholabhängigen für eine gewisse Zeit bei sich zu Hause aufzunehmen. Diejenigen, die das auch in die Tat umsetzten, fanden den Umgang mit Suchtkranken jedoch oft recht schwierig, zum einen aufgrund ihrer eigenen Unkenntnis bezüglich der tieferen Wurzeln der Sucht und zum anderen aufgrund der typischen Monomanie des Abhängigen, die ja sein Kernproblem darstellt.

Im Februar 1984 berichtete die *Sunday Times* über Gary Simcox, der die Methode der Familienbetreuung bei einem vollkommen heruntergekommenen Alkoholiker anwandte – und zwar mit Erfolg. Sechs Monate nachdem der Alkoholiker bei ihm ausgezogen war, um in seiner eigenen Wohnung zu leben, gab Gary Simcox folgenden Kommentar zu seinem Experiment:

> Es hat mich schon enttäuscht, daß keiner zu mir gekommen ist, um herauszufinden, wie wir das hingekriegt haben. Dies ist ein radikaler Ansatz – alles andere als eine anerkannte Methode der Suchtbehandlung. In den therapeutischen Berufen gibt es eine kleine An-

> zahl hochgestellter Leute, die es nicht leiden können, wenn Neuerungen eingeführt werden. Unter Fachleuten gilt unser Vorgehen als völlig inakzeptabel, weil wir Bernard ›zu nahe‹ gekommen sind. Es wird argumentiert, daß ihn das doch abhängig gemacht haben müßte. Genau das ist aber nicht passiert. Die öffentlichen Stellungnahmen all jener Leute, die mit Alkoholikern zu tun haben, bestanden nur aus Plattheiten, und ihre privaten Äußerungen zeugen von gezielter Gleichgültigkeit.[96]

Wir halten unsere Patienten dazu an, sich regelmäßig – wenn möglich täglich – auf eine bestimmte Weise körperlich zu betätigen. Außerdem machen wir sie mit einfachen Entspannungstechniken bekannt, die sie zur Streßreduktion einsetzen können. Falls sie an ihrem Heimatort keinen Freund, keine Hilfsorganisation und auch keine Kirchengemeinde haben, an die sie sich wenden können, so empfehlen wir ihnen, mindestens einmal die Woche einen geschulten Berater oder einen klinischen Psychologen aufzusuchen.

Rückfälle

Ganz abgesehen von der Gefahr, die der Umgang mit drogenkonsumierenden Freunden birgt, muß vor allem auch bei jeder persönlichen Krisensituation damit gerechnet werden, daß das Verlangen nach Drogen oder nach Alkohol zurückkehrt. An einem solchen kritischen Punkt sollten die Familie und die Freunde alles unternehmen, was nur irgendwie den Streß vermindert. Kommt es trotzdem zu einem Rückfall, so darf nichts getan werden, was die Folgen des Rückfalls mildert: keine Bergungsversuche in der Kneipe oder der Ausnüchterungszelle, keine Bezahlung von Rechnungen oder Geldbußen. Derartige Rettungsaktionen würden »nur den Zeitpunkt hinausschieben, zu dem (der Abhängige) sich der peinlichen Folgen seines Alkohol- oder Drogenmißbrauchs bewußt wird und somit auch die Verantwortung für sein Handeln übernehmen kann«.[342]

Rückfalle bahnen sich manchmal auf eine ganz unerwartete Weise an:

> Daniel war viele Jahre lang von Heroin, Methadon und starken Beruhigungsmitteln abhängig gewesen. Die NET-Behandlung bewirkte bei ihm eine dramatische Veränderung; nach seiner Entlassung aus der Klinik nahm er eine bessere Arbeitsstelle an und spürte über ein Jahr lang keinerlei Verlangen nach Drogen. Zum Verhängnis wurde ihm dann aber eine kleine Operation, der er sich im Krankenhaus unterziehen mußte. Dort spritzte man ihm zur Vor- und Nachbereitung dieser Operation starke Schmerzmittel, wodurch er prompt von neuem in die Abhängigkeit hineinschlitterte. Hier drängen sich folgende Fragen auf: Hätte denn nicht ein versierter Anästhesist mittels Atropin und *Aspirin* eine gleich wirksame Schmerzbetäubung erzielen können? Warum behandeln Ärzte ein isoliertes Zustandsbild anstatt sich dem Patienten als ganzem Menschen zuzuwenden?

> Die dreiundzwanzigjährige Jennifer hatte seit ihrem fünfzehnten Lebensjahr Heroin gedrückt. Nach ihrer zehntägigen NET unternahm sie eine Reise zu einer sonnigen Insel, wo sie sich weiter erholen wollte. Bei ihrer Ankunft mußte sie feststellen, daß kein Hotelzimmer mehr frei war, und so blieb ihr nichts anderes übrig, als auf einem Campingplatz unter freiem Himmel zu nächtigen. In ihren Erwartungen enttäuscht und mit widrigen Umständen konfrontiert spürte sie erneut ein starkes Verlangen nach Drogen. Doch am nächsten Tag lieh sie sich ein Fahrrad und machte eine kleine Inselrundfahrt. Bald entdeckte sie einen schönen Strand,

> wo sie schwimmen und sich in die Sonne legen konnte, und sie entdeckte auch, daß sie ihren Urlaub genießen konnte, obwohl er anders verlaufen war, als sie sich vorgestellt hatte. Auf diese Weise überwand sie den kritischen Punkt – und auch den Drogenhunger, der seither nicht wiederkehrte.

Welches Glück Abhängige empfinden, wenn sie aus dem Gefängnis ihrer Sucht endlich freikommen, wird aus einem Brief erkennbar, den Johnny – er hatte sieben Jahre lang täglich hundert Milligramm *Valium* genommen und dazu noch schwere Wochenendzechereien veranstaltet – zehn Monate nach seiner NET-Behandlung schrieb: »Ich kann gar nicht sagen, wie dankbar wir alle für meine Behandlung sind. Sie verschaffte mir Zugang zu einem verschütteten Teil meines Selbst, nämlich dem Bedürfnis, meine Familie zu lieben und für sie zu sorgen.«

Heilung – Versuch einer Definition

Die Rehabilitation ist aus unserer Sicht dann geglückt, wenn der Patient körperlich, geistig und seelisch geheilt ist, wenn es ihm gelungen ist, ein neues, seinem individuellen Lebensraum gemäßes Lebenskonzept zu erarbeiten und praktisch umzusetzen.

Nicht länger der Sklave einer stoff- oder verhaltensgebundenen Sucht, kann ein ehemaliger Abhängiger endlich wieder ein Leben in Freiheit führen, kann er in seiner Familie und seiner Gemeinde Liebe und Glück erfahren. Nur ganz wenige unserer Patienten haben die oben genannten Rehabilitationsziele vollständig erreicht, doch neunzig Prozent befinden sich an verschiedenen Stationen auf dem Weg dorthin und haben die begründete Hoffnung, es eines Tages ganz zu schaffen – womit sie nicht weniger erreicht haben als die meisten von uns.

11 Spirituelle Rehabilitation und Logotherapie

Bei der Nachbetreuung der körperlich entgifteten Abhängigen haben gerade jene Organisationen die größten Erfolge vorzuweisen, die das spirituelle Element stark betonen. Wer daran Zweifel haben mag, sollte sich einmal vor Augen halten, was etwa die *Anonymen Alkoholiker*, die *Heilsarmee*, *Teen Challenge* und andere, nicht-christliche Gruppen in der Suchtkrankenhilfe leisten.

Pamela, die in der Einleitung zu diesem Buch ihre Suchtkarriere beschreibt, mußte erleben, daß nach einer gewissen Zeit praktisch ihr gesamter Freundeskreis an der Nadel hing; sie hat dann die Beobachtung gemacht, daß diejenigen ihrer Freunde, die es nach einem Entzug geschafft haben, drogenfrei zu bleiben, allesamt ihren Weg zu Gott gefunden haben.

Die Erneuerung des Geistes

Paulus von Tarsus, unbestreitbar einer der ganz großen Denker, hat wie kein anderer die jüdisch-christliche Philosophie geprägt. Ihm vor allem haben wir es zu verdanken, daß die Offenbarung des göttlichen Willens in den Mittelpunkt dieser Philosophie gerückt wurde. Im Römerbrief sagt er:

> Ich ermahne euch ... daß ihr eure Leiber begebet zum Opfer, das da lebendig, heilig und Gott wohlgefällig sei, welches sei euer vernünftiger Gottesdienst. Und stellet euch nicht dieser Welt gleich, sondern *verändert euch durch Erneuerung eures Sinnes, auf daß ihr prüfen möget, welches da sei der gute, wohlgefällige und vollkommene Gotteswille.* (Römer 12,1-2)

Dem Menschen – auch dem schlechtesten, wie Paulus an anderer Stelle betont – wird hier ganz ausdrücklich die Möglichkeit zur Wandlung zugestanden; nach Paulus kann sich der Mensch ändern, wenn er im Zuge einer geistigen Erneuerung lernt, den Willen Gottes zu erkennen. Auf einen Schlag wird durch solch eine Erkenntnis das Problem der Leere und der Sinnlosigkeit beseitigt.

Wenn wir erkennen wollen, was Gott mit uns im Sinn hat, so müssen wir unseren Eigen-Sinn jeden Tag aufs neue opfern. Wenn wir einen Weg zu Gott finden wollen, so muß sich unser ichbezogener Verstand, der »im Geiste dieser Welt« zu denken gewohnt ist, durch Annäherung an den »Geist Christi« erneuern (Christus war zu allen Zeiten offen für die Eingebungen des Herrn und befolgte sie bei allem, was er tat).

Der von Gott ausgesandte Geist weist uns den Weg, indem er uns sagt, was Gott mit uns vorhat, und indem er in uns das Bedürfnis oder besser gesagt den natürlichen Impuls wachruft, ihm zu gehorchen. An diesem Punkt nun, wo wir zwischen Gehorsam und Ungehorsam zu wählen haben, beginnt der spirituelle Kampf – eine Schlacht, die erst dann entschieden ist, wenn wir unser ganzes Tun und Streben an der von uns getroffenen Wahl ausgerichtet haben.

Entscheiden wir uns dafür, auf die Stimme des Herrn zu hören, so erleuchtet uns der Heilige Geist, indem er uns zeigt, was diese Bindung für uns bedeutet. Auch in umgekehrter Richtung wirkt der Heilige Geist als Vermittler, indem er unsere Entscheidungen vor Gottes Angesicht bringt – also gleichsam an Gott zurückmeldet.

Dieser kreisförmige Prozeß von Erleuchtung und Rückmeldung kennzeichnet das aufrichtige Gebet.

Für William Barclay, den bekannten schottischen Theologen, war der Begriff ›Geist‹ oder ›Heiliger Geist‹ »ein Wort, dem eine ganz besondere Bedeutung zukommt … ein Wort, das ganz besondere Schwierigkeiten mit sich bringt«. Fast alle Übersetzer stimmen darin überein, daß dieser Begriff zwar oftmals im Sinne von ›Fürsprecher‹ gebraucht wird, in vielen

Fällen jedoch auch für ›Tröster‹ oder ›Helfer‹ stehen kann, für ›jemanden, der uns beisteht‹ oder für ›ihn, der sich unserer annimmt‹. Das altgriechische Wort *parakletos* bezeichnete ursprünglich ›jemand, der herbeigerufen wird‹; obwohl seiner Form nach *passiv*, ist es *seiner Bedeutung* nach doch eindeutig *aktiv*. Der Heilige Geist wird immer dann herbeigerufen, wenn er bestimmte Dienste leisten soll, wenn ein Mensch in einer Situation, die er nicht bewältigen kann, seine Hilfe sucht.

In den jüdisch-christlichen Glaubensschriften ist der Heilige Geist eine Instanz, die uns von dem ›knechtischen Geist‹ der Furcht erlöst und uns im Gebet zu einer neuen Beziehung zu Gott als dem liebenden himmlischen Vater hinführt. »Derselbe Geist gibt Zeugnis unserm Geist, daß wir Gottes Kinder sind ... der Geist hilft uns auch in unsrer Schwachheit.«

Die Gegenwart des Heiligen Geistes läßt uns erkennen, wozu wir erschaffen wurden, und sofern er uns beisteht, sind wir auch imstande, uns unserer Bestimmung gemäß zu entwickeln. Jesus selbst hat dies erfahren, als er »vom Geist in die Wüste geführt« wurde, wo ihn der Teufel auf die Probe stellte. Die drei Versuchungen, denen Jesus bei dieser Auseinandersetzung mit dem Bösen widerstanden hat, verweisen auf drei – für den sittlichen Verfall und die drohende Zerstörung der Menschheit verantwortliche – Gefahrenquellen, die zusammen die Grundproblematik der menschlichen Natur ausmachen:

(1) *Die Lust des Fleisches:* Der Teufel fordert den hungernden Gottessohn auf, Steine in Brot zu verwandeln – *Genuß* ohne Verantwortlichkeit.
(2) *Die Lust der Augen:* Der Teufel verspricht Jesus materielle Reichtümer – *Prestige* ohne Verantwortlichkeit.
(3) *Hochmut:* Aus selbstsüchtigen Motiven soll Jesus Wundertaten vollbringen – *Macht* ohne Verantwortungsbewußtsein.

Diese drei zentralen Versuchungen, mit denen der Mensch seit jeher zu kämpfen hat, begegnen uns in der Fachsprache der Psychiater und Psychologen als grundlegende Triebe: als Wille zum Genuß (Freud), als Wille zur Macht (Adler) und als Wille zum Sinn (Frankl). Jesus zeigt uns – nicht anhand griechischer Mythen, sondern durch biblische Gleichnisse –, wie wir mit diesen Trieben umgehen können.

Der schwierigste Schritt des gesamten Erneuerungsprozesses, der schwierigste Teil jener langen Reise, die aus der Knechtschaft heraus zur Freiheit führt, ist der allererste: der Akt der Willensbildung und -äußerung. Der Wille des Menschen umfaßt drei verschiedene psychische Komponenten: Fühlen, Wissen und Handeln.

Wenden wir uns zuerst jener Komponente zu, die leider nur allzuoft vernächlässigt wird – dem Antrieb zum zielgerichteten Handeln.

Dieser Antrieb speist die spontanen, primäre Zu- oder Abneigung spiegelnden Impulse, die auf einen Entschluß zu handeln drängen.

Der Wille kommt dabei in dem Augenblick ins Spiel, in dem das Individuum einem solchen Impuls entweder nachgibt oder Einhalt gebietet. Wesentliches Merkmal einer gewollten Handlung ist, daß das Individuum selbst darüber entscheidet, ob es dem Impuls freien Lauf läßt oder ihn zügelt. Im Zusammenhang mit dem theologischen Begriff der Sünde bedeutet dies, daß sich derjenige von Gott absondert, der eine falsche Handlung nicht einfach bloß ausführt, sondern dieser falschen Handlung darüber hinaus bewußt zustimmt.

Kommen wir noch einmal darauf zurück, was Paulus als Voraussetzung für geistige Erneuerung genannt hat: die tägliche Opferung des Selbst. Damit wollte Paulus sagen, daß wir uns bei allen unseren täglichen Entscheidungen nicht von unserer Selbstsucht, sondern von Gott leiten lassen sollen, womit im Grunde gemeint ist, daß wir zwischen dem ersten Handlungsimpuls und dem Moment der Entscheidung innehalten sollen, um dem Glauben Raum zu geben, um uns aus dem Glauben heraus zu entscheiden. Denn »durch den Glauben … werden wir frei sein«, sagt Paulus. »Durch den Glauben …werden wir zu Kindern Gottes.«

Dies ist das Ende der Niederlage und der Beginn des Triumphes, dies ist der Punkt, an dem die Ohnmacht endet und neue Stärke erwächst. Für den Süchtigen ist dies der kritische, alles entscheidende Punkt, für ihn ist dies jene unüberwindbare Hürde, jene unüberbrückbare Kluft, vor der er selbst nach geglücktem körperlichen Entzug immer wieder von neuem als Geschlagener, Besiegter steht. So bleibt ihm dann nur noch der verzweifelte Aufschrei: »Ich kann nicht! Es ist unmöglich!«

Der Glaube an Heilung

Aus dieser von totaler Hoffnungslosigkeit geprägten Situation führt einzig der Glaube, der uns durch den Geist Gottes zuteil wird. Nach Paulus von Tarsus ist der Glaube das, was unserer Hoffnung Kraft verleiht und uns Gewißheit gibt über eine Wirklichkeit, die wir nicht sehen können. Glauben ist ein Sichausstrecken nach der Hand Gottes – und das Ergreifen dieser Hand. Glauben ist auch ein Glücksspiel, denn wenn wir uns die Glaubensdefinition von Paulus noch einmal anschauen, so fällt auf, daß er damit eigentlich genau das beschreibt, was ein Spieler macht. Beide, der Glücksspieler wie der Gläubige, setzen alles auf die Karte ›Hoffnung‹. Doch der Glaube ist auch jener von Gott gegebene Instinkt, der den Gläubigen dazu befähigt, in der Auseinandersetzung mit Gott zu wachsen. Im Glücksspiel, bei dem ja nur der finanzielle Gewinn zählt, wird dieser Glaubensinstinkt von spirituellen auf rein materielle Ziele umgelenkt. Das Spielen um Geld stellt also eine pervertierte Form von Glauben dar – genauso wie die körperliche Begierde eine pervertierte, aller spirituellen Anteile beraubte Form der Liebe darstellt.

Kaum ein Denker hat so intensiv die Wechselbeziehungen zwischen der dinglichen und der geistigen Welt erforscht wie

C. G. Jung. Aus seiner langjährigen klinisch-therapeutischen Erfahrung heraus gelangte Jung zu der Überzeugung, daß emotional gestörte Menschen ohne eine radikal erneuerte Weltsicht, ohne eine völlig veränderte Lebenseinstellung nicht geheilt werden können. In einem als Sinnfindung verstandenen Heilungsprozeß fällt dem Therapeuten nach Jung die Aufgabe zu, den Patienten mit seinem sinngebenden schöpferischen Kern in Kontakt zu bringen.

Im Zentrum der Jungschen Psychologie steht die Suche nach der Ganzheit, die Integration aller Persönlichkeitsanteile – der guten wie der schlechten, der bewußten wie der unbewußten – in der bewußten Erfahrung der Vollständigkeit und der Selbsterkenntnis.

Jung hat mit Nachdruck darauf hingewiesen, daß die Religion für den Menschen geradezu lebensnotwendig ist, da der menschliche Geist nur durch den Glauben aus den Fängen eines sterilen Materialismus oder inhaltsleeren Humanismus befreit werden kann.

Die meisten Menschen sind von jenen tiefgreifenden Erkenntnismöglichkeiten, die in ihnen schlummern, so gut wie abgeschnitten; und auch die spirituellen Gewißheiten unserer – weniger von materiellen Obsessionen als von geistiger Einkehr durchdrungenen – Vorfahren sind den allermeisten von uns fremd geworden. Die typischen Lebensziele und Ideale des modernen Menschen wie materielle Sicherheit, Selbstverwirklichung, undeutlich definierte ›gute Werke‹, Hingabe an Genüsse, mehr Freizeit und ähnliches bieten kein Gerüst, das fundiert genug wäre, um damit ein erfülltes oder auch nur einigermaßen befriedigendes Leben zu führen. Jene, die sich von dem furchterregenden Anblick einer mit Blindheit geschlagenen, immer chaotischer werdenden Welt abwenden und nach innen schauen, finden in ihrem Inneren oftmals ein noch größeres Chaos, eine noch tiefere Finsternis vor.

Doch genau hier, in den hintersten Winkeln der Seele, muß jene Wandlung stattfinden, die aus dem Chaos zur Zielgerichtetheit, aus der Knechtschaft zur Freiheit führt.

Ein Medikament, das bei neurotischen Erkrankungen mit Erfolg eingesetzt werden könnte, wurde bisher noch nicht entdeckt; und auch für die These, daß Psychoneurosen auf einer Störung der Drüsenfunktionen beruhen, konnte bis heute noch kein schlüssiger Beweis erbracht werden. Dagegen haben psycho-spirituelle Behandlungsansätze, die auf eine ganzheitliche Erneuerung des Patienten abzielen, ihre therapeutische Wirksamkeit schon vielfach unter Beweis stellen können.

Eine erhellende Beschreibung jener psychischen Faktoren, die sich in der Neurosentherapie als wirksam erweisen, verdanken wir C. G. Jung:

> Zum Beispiel kann eine passende Erklärung oder ein tröstendes Wort einen annähernden Heilungseffekt haben, der in letzter Linie sogar die Drüsenfunktion beeinflußt. Die Worte des Arztes sind zwar nichts als Luftschwingungen, deren besondere Beschaffenheit aber durch einen gewissen psychischen Zustand des Arztes verursacht ist. Die Worte wirken nur darum, weil sie einen Sinn oder eine Bedeutung übermitteln. Darin liegt das Wirksame. ›Sinn‹ aber ist ein geistiges Etwas. Man kann es meinetwegen *Fiktion* nennen. Durch Fiktion aber beeinflussen wir die Krankheit in unendlich viel wirksamerer Weise als durch chemische Präparate, ja wir beeinflussen sogar den biochemischen körperlichen Prozeß. Ob sich nun die Fiktion in mir erzeugt oder von außen via Sprache mich erreicht – sie kann mich krank oder gesund machen. Fiktionen, Illusionen, Meinungen sind wohl die allerintangibelsten, allerunwirklichsten Dinge, die man sich denken kann, und doch sind sie seelisch und sogar psychophysisch die allerwirksamsten. [161]

Jung hat – obgleich alles andere als ein Christ im orthodoxen Sinne – dem Phänomen des Bösen stets eine große Bedeutung zugemessen, »da die Psyche eines jeden Menschen davon fasziniert ist«. Seiner Ansicht nach ist »das einzige, was an der Welt falsch ist, der Mensch selbst«. Dieser kann allein durch Sinngebung von seinen seelischen Leiden befreit werden, denn »das Bedeutende nur erlöst«.[171]

Voraussetzung dafür, daß sich der ›Sinn‹ dem Gesprächspartner eröffnet und bedeutungsvolle Worte bei ihm zur Wirkung kommen, ist jedoch ein gewisser Gleichklang zwischen Sprecher und Zuhörer – ein Zustand ›innerer Bereitschaft‹, der eine Reaktion begünstigt. Nun könnte man einwenden, daß ein Gespräch ganz nüchtern betrachtet ja einfach damit beginnt, daß ein durch Kehlkopfschwingungen des Sprechers verursachter Luftstoß die Hohlräume des Mundes und des Rachens zur Resonanz anregt und dadurch eine charakteristische Folge von Schallwellen erzeugt, die wiederum die Membranen im Ohr des Zuhörers in Schwingung versetzen und somit Impulse in seinen Hörnerven auslösen. An welcher Stelle dieses Ablaufs kommt nun der ›Sinn‹ ins Spiel? Wodurch wird er übermittelt? Wie teilt er sich dem Hörer mit? All diese Fragen bleiben bei solch einer Betrachtungsweise unbeantwortet, denn der physikalische Übertragungsweg eines gesprochenen Worts ist von seinem Bedeutungsgehalt unabhängig. Oder anders gesagt: Ganz gleich ob nun ein Genie eine verblüffende Erkenntnis ausspricht oder ein Idiot irgendwelchen Unsinn daherfaselt – das Medium der Kommunikation ist stets dasselbe.

Das geistige Rüstzeug

Nach dem Verfasser des Hebräerbriefes sind voll entwickelte, reife Menschen jene, »die durch Gewohnheit haben geübte Sinne, zu unterscheiden Gutes und Böses«. Damit ist gemeint, daß jene Wahrnehmungsfähigkeit, die die Grundlage für Gedächtnis, Erkenntnis, Wille und letztlich auch für Weisheit bildet, geschärft und geschult werden kann. Kommt diese

Fähigkeit nie zum Einsatz, so wird sie, genauso wie das auch bei den physischen Sinnen der Fall ist, verkümmern und letztlich einem brachliegenden Acker gleichen.

Nach William Barclay sprachen die alten Griechen dem menschlichen Geist drei Haupteigenschaften zu, die erst in ihrer Gesamtheit das vollständige ›geistige Rüstzeug‹ bilden:

(1) *Sophia* bedeutet Weisheit im Sinne allerletzter Gewißheit über menschliche wie göttliche Dinge, was im Grunde das gleiche ist wie die Erkenntnis Gottes. *Sophia* stellt mithin die höchste Stufe dar, die der menschliche Geist erreichen kann.

(2) *Phronesis* ist die zur Bewältigung des praktischen Alltags notwendige Klugheit. Während *sophia* sich auf theoretische Konzepte bezieht, ist *phronesis* stets an die konkreten Handlungen einer Person gebunden. Aristoteles definierte sie als »Wahrheit ..., die das richtige und gute Handeln des Menschen betrifft«.

(3) *Sunesis*, der Verstand, ist die Fähigkeit, sich ein Urteil zu bilden, Schlüsse zu ziehen, zu einer Synthese im Sinne von ›zwei mal zwei ist vier‹ zu gelangen. *Sunesis* ist das Werkzeug, um Unterschiede zwischen verschiedenen Wertvorstellungen und Handlungsweisen zu erkennen; mit ihrer Hilfe können wir die Folgen verschiedener Handlungsalternativen im voraus abschätzen und nach dem Handeln Bilanz ziehen. Außerdem umfaßt *sunesis* ein Gespür für die Verschiedenartigkeit zwischenmenschlicher Beziehungen – etwas, was man als soziale Wahrnehmungsfähigkeit bezeichnen könnte.

Auf diesen drei Haupteigenschaften des menschlichen Geistes baut der Theologe Barclay auf, wenn er schreibt:

> Weisheit ist zweifellos etwas Gewachsenes. Wenn sie auch keine Geburt des menschlichen Geistes ist, so kann sie doch ohne angestrengte geistige Aktivität nicht erlangt werden. Weisheit erwächst, wenn der Geist Gottes herniederkommt, um sich mit dem suchenden menschlichen Geist zu verbinden; doch Gott wird nur jenen Geist finden, der schon auf der Suche

ist. Den geistig Trägen kann Weisheit – obgleich es sich dabei stets um ein Geschenk Gottes handelt – nicht zuteil werden. [26]

Weisheit erlangt, wer sein Wissen in angemessener Weise gebraucht. Erkenntnis besitzt, wer um diesen angemessenen Gebrauch weiß.

Die von Timothy Leary in den späten sechziger und frühen siebziger Jahren verbreitete These, daß Drogen geradezu einen Königsweg zu Weisheit und Erkenntnis darstellten, ist vollkommen haltlos. Arthur Koestler hat diesen Drogenkult sehr treffsicher entlarvt:

> Es ist von Grund auf falsch und vor allem auch ausgesprochen naiv anzunehmen, daß Drogen kostenlose Geschenke für die Seele sind, daß durch Drogen etwas hereinkommt, was vorher noch nicht da war.
>
> Mittels Pille oder Spritze lassen sich weder mystische Einblicke noch philosophische Erkenntnisse noch schöpferische Kräfte herbeizwingen. Der Psychopharmakologe kann den Fähigkeiten unseres Gehirns nichts *hinzufügen,* er kann bestenfalls jene Sperren, jene Hindernisse *beseitigen*, die der vollen Entfaltung dieser Fähigkeiten im Wege stehen. Bereichern kann er uns nicht, er kann uns höchstens innerhalb gewisser Grenzen normalisieren. Er kann keine zusätzlichen Schaltkreise in unserem Gehirn installieren, er kann jedoch – wiederum innerhalb bestimmter Grenzen – die Koordination zwischen den bereits vorhandenen verbessern, Zusammenstöße dämpfen, eine kontinuierliche Energieversorgung gewährleisten und verhindern, daß die Sicherungen durchbrennen.
>
> Mehr können wir nicht erwarten – doch allein schon diese Erwartungen zu erfüllen, hieße der Menschheit einen unschätzbaren Dienst erweisen. [173]

Die Entdeckung der körpereigenen Opiate hat viele Anstöße gegeben und Fragen aufgeworfen; eine dieser Fragen – und eine der spannendsten – betrifft die Gemeinsamkeiten zwischen dem Verhalten eines Drogenabhängigen und dem Verhalten eines Menschen, der in einem Abhängigkeitsverhältnis zu einer Person, einer Idee, einem Kult oder einer Sekte steht. Spielen die Endorphine bei fanatischen Anhängern einer Person oder einer Sache möglicherweise eine ähnliche Rolle wie bei jenen Abhängigen, deren Sucht an eine chemische Substanz gebunden ist? Leidet auch der Kult-, Objekt- oder Person-Abhängige unter einer verminderten Produktion jener körpereigenen Stoffe, die er benötigt, um den Anforderungen des Alltags gewachsen zu sein, um Schmerzen und die Wechselbäder der Gefühle zu ertragen? Wendet er sich aufgrund dieses Defizits bald einem neuen Kult, einem neuen Objekt, einer anderen Person zu, um dabei eine kurzfristige Linderung zu erfahren, bis auch diese neue Sucht sich wieder als vergebliche Suche erweist? Wenn dem so wäre, wenn die Endorphintheorie der Sucht auch für nicht-stoffgebundene Suchtformen Gültigkeit beanspruchen könnte, so würde sie viel dazu beitragen zu erklären, wieso psycho-spirituelle Behandlungsverfahren zu einer echten und dauerhaften Heilung von der Sucht führen, während all den oberflächlichen, wechselnden modischen Trends unterworfenen Kulten meist nur ein kurzfristiger therapeutischer Erfolg beschieden ist.

Die mit einer echten spirituellen Wandlung einhergehenden dramatischen Heilungserfolge wären dann darauf zurückzuführen, daß *tief empfundener Glaube letztlich als ein elektrischer Stimulus für Produktion und Ausschüttung der Endorphine fungiert.*

Zu diesen Annahmen gelangten wir aufgrund intensiver Kontakte zu Patienten, die aus den verschiedensten Ländern kamen und mithin ganz unterschiedliche kulturelle und religiöse Hintergründe aufwiesen. Warum steht Hongkong mit seinen vier Millionen Chinesen vor dem schlimmsten Drogenproblem der Welt, während das angrenzende chinesische Festland mit fast einer Milliarde Einwohner Drogenabhängigkeit anscheinend überhaupt nicht kennt? Warum entsteht auf dem Boden des chinesischen Maoismus keine einzige stoffgebundene Suchtform, während die marxistischen Sowjetrussen mit einem gewaltigen Alkoholproblem zu kämpfen haben? Warum haben buddhistische Meditationstechniken bei den fast eine Million zählenden Heroinabhängigen Thailands so großen Erfolg – wenn es denn gelingt, sie so weit zu entgiften, daß sie zur Meditation fähig sind? Wieso bringt eine autoritäre und asketische Religion wie der Islam in Indonesien und im Iran derart viele Heroin- und Alkoholabhängige hervor? Wie kommt es, daß eine die gesamten Lebensumstände erfassende Veränderung – sei diese nun politischer, kultureller, sozialer oder spiritueller Natur – auf das Suchtproblem, das für viele ja als unlösbar gilt, unmittelbar und nachhaltig durchschlagen kann? Wer Antworten auf diese Fragen finden will, muß sich sehr ernsthaft mit den Defizitfaktoren Leere und Sinnlosigkeit auseinandersetzen und sich darüber hinaus auch mit jenen Faktoren intensiv befassen, die man als Wertefaktoren bezeichnen könnte: religiöse Einkehr, spirituelle Werte und ein für das Individuum wie für die Gesellschaft verbindliches und in die Lebenspraxis umsetzbares Glaubenssystem.

Heilung von der Sucht

Eine wirklich heilende Suchttherapie – eine Suchttherapie also, die ihrem Anspruch auch tatsächlich gerecht wird – erfordert grundlegende Veränderungen der Gesellschaft. Auch zur erfolgreichen Bekämpfung einer anderen Menschheitsgeißel, der Tuberkulose, bedurfte es mehr als nur einer wirksamen medizinischen Behandlungstechnik; wirklich Einhalt gebieten konnte man dieser Seuche erst, nachdem die politischen und sozialen Voraussetzungen für eine Verbesserung der Hygiene, der Ernährung und der Wohnverhältnisse geschaffen worden waren.

Sucht stellt gleichfalls eine Krankheit der Gesellschaft dar – eine Krankheit, die jedoch noch erheblich vielschichtiger und auch bösartiger ist, als es die Schwindsucht je war. Nach der Entgiftung kommt es entscheidend darauf an, die Familie, den Freundeskreis, die sozialen Verhaltensmuster wie auch die politischen und religiösen Wertvorstellungen von Grund auf neu zu strukturieren. Heilung von der Sucht erfordert eine totale Umwälzung – eine spirituelle Revolution.

Der Harvard-Psychiater Armand Nicholi analysierte in einem Artikel für das *New England Journal of Medicine* den bedenklich um sich greifenden Mißbrauch psychoaktiver Drogen in den USA. In diesem vielzitierten Aufsatz aus dem Jahr 1983, der den bezeichnenden Untertitel »Eine moderne Seuche« trägt, heißt es:

> Was ist es nur, das derart viele Mitglieder unserer Gesellschaft dazu bringt, dem Körper auf den verschiedensten Wegen dieses breite Sortiment bewußtseinsverändernder Drogen zuzuführen? Auf diese Frage antworteten jene, die angaben, einmal am Tag Marihuana zu rauchen, ihr Hauptgrund sei die bessere Bewältigung von Gefühlen und Stimmungslagen wie Streß, Ärger, Niedergeschlagenheit, Frustration und Langeweile.
>
> Collegestudenten, die Erfahrungen mit LSD gemacht hatten, erklärten, sie hätten zu dieser Droge gegriffen, um Gefühle von Einsamkeit und Isolation zu reduzieren, um damit ihre Kreativität und Produktivität anzukurbeln, um ihre soziale Kompetenz und sexuelle Erlebnisfähigkeit zu erhöhen und um ein ›moralisches und spirituelles Vakuum‹ zu füllen. All diese Angaben lassen sich dahingehend zusammenfassen, daß die Menschen diese Drogen konsumieren, um intensive emotionale Bedürfnisse zu befriedigen und um aus einer Gesellschaft, die ihnen nicht länger erträglich erscheint, zu flüchten…

Außerdem weisen zahlreiche Forschungsarbeiten darauf hin, daß die Abwesenheit eines Elternteils – sei es durch Tod, durch Scheidung oder infolge einer zeitraubenden Arbeit – maßgeblich zur Entstehung jener emotionalen Störungen beiträgt, die gerade für Drogenkonsumenten so charakteristisch sind: Mangel an Selbstwertgefühl und Neigung zu Depressionen, Unzufriedenheit, Aufsässigkeit und anti-soziales Verhalten. Mit einer Veränderung der Erziehungspraktiken und einer Abnahme der familiären Stabilität setzte in den Vereinigten Staaten bereits einige Jahre vor dem Beginn des Drogenkults eine Entwicklung ein, in deren Verlauf die Aufgabe der Kindererziehung immer mehr von den Eltern auf andere Sozialisationsinstanzen überging. Kulturvergleichende Studien haben gezeigt, daß amerikanische Eltern weniger Zeit mit ihren Kindern verbringen als die Eltern aller anderen Nationen der Welt mit Ausnahme Englands. Die sprunghaft nach oben geschnellte Scheidungsrate lief in den USA beinahe vollkommen parallel mit dem Anstieg des Drogenmißbrauchs, und mittlerweile leben über die Hälfte aller Kinder unter achtzehn Jahren (insgesamt ungefähr dreizehn Millionen) in einem Haushalt, in dem ein Elternteil oder gar beide fehlen. Merkmale wie schulischer Mißerfolg, starke Beeinflußbarkeit durch Gleichaltrige und delinquentes Verhalten (Merkmale also, die allesamt für Drogenkonsumenten kennzeichnend sind) sowie Tötungen und Selbsttötungen findet man gehäuft bei Kindern, die aus unvollständigen oder durch häufige Abwesenheit der Eltern geprägten Familien kommen. [222]

Auch jene prophetische Botschaft, die Alexander Solschenizyn an die westliche Gesellschaft richtet, enthält in ihrem Kern die Forderung nach einer spirituellen Umwälzung der gesamten Gesellschaft. Solschenizyn führt uns in seinen Büchern und Radiovorträgen immer wieder eindringlich vor Augen, daß wir erst dann all die nutzlosen Dinge, die man uns als materialistischen Ersatz für geistige Werte aufdrängt, aufgeben und spirituelle Lösungen für die Probleme unserer Gesellschaft finden können, wenn uns die aufrichtigem Glauben entspringende Freiheit zuteil geworden ist. Diese christliche Freiheit unterscheidet sich grundlegend von der westlichen Idealvorstellung einer unbegrenzten Freiheit wie auch vom Freiheitsbegriff des Marxismus, für den frei ist, wer sich unter das Joch der Notwendigkeit beugt. Christliche Freiheit bedeutet Selbstdisziplin – *Selbstbeschränkung* dem Nächsten zuliebe. Oder in Solschenizyns Worten:

> Sobald wir dieses Prinzip verstanden und uns zu eigen gemacht haben, werden wir als Einzelpersonen wie auch als Mitglieder einer Gemeinschaft, einer Gesellschaft und einer Nation eine Neuorientierung erfahren, denn unsere nach *außen* gerichtete Entwicklung wird sich dann nach *innen* umkehren, dorthin also, von wo uns spirituelle Erkenntnis und Gewißheit erwächst.
>
> Die Umkehr nach *innen*, der Triumph der Innerlichkeit über die Außengerichtetheit wird – wenn er denn je stattfinden sollte – einen herausragenden Wendepunkt in der Geschichte der Menschheit darstellen, vergleichbar dem Übergang vom Mittelalter zur Renaissance. An diesem Punkt wird unser ganzes Streben und Handeln eine vollkommen andere Richtung einschlagen, und auch das, was das innerste Wesen des Menschen ausmacht, wird dann eine tiefgreifende Wandlung erfahren – eine Wandlung, die uns von unserer geistigen *Zerstreuung* zu spiritueller Konzentration führen wird; und schließlich werden auch jene Gemeinschaften, zu denen wir uns auf verschiedenen Ebenen zusammenschließen, von dieser Veränderung erfaßt werden. Sollte diese Veränderung manchenorts in einen revolutionären Prozeß einmünden, so wird sie

> dennoch keinesfalls jenen – blutigen, von körperlich-materiellen Bedürfnissen diktierten und letztlich immer leidbringenden – Revolutionen gleichen, die wir aus der Geschichte kennen. Es wird sich dabei vielmehr um *moralische Revolutionen* handeln, die zwar Mut und Opferbereitschaft, doch niemals Gewalttätigkeit erfordern – ein neues Phänomen in der Geschichte des Menschen, über das wir noch wenig wissen und vom dem bis heute noch keine präzise, vorausschauende Beschreibung vorliegt.[292]

Während ich mich meinen Forschungsarbeiten über stoffgebundene Suchtformen und Elektrostimulation widmete, befaßte sich mein Mann George mit den philosophischen Aspekten der verhaltensgebundenen Sucht. Unsere bunt zusammengewürfelten Patienten, von denen ja jeder einzelne einen im Verlauf seiner individuellen Sucht- und Patientenkarriere erworbenen, vielschichtigen Erfahrungsschatz mitbrachte, boten ein faszinierendes Spektrum von Suchtformen, das – sie selbst wie auch uns – zur Erforschung des Phänomens ›Sucht‹ geradezu herausforderte. Wir hatten Patienten aus dem Iran und dem Libanon, aus Spanien und aus Italien, aus Deutschland und Frankreich, aus Argentinien und Brasilien, Patienten aus allen sozialen Schichten, mit den verschiedensten Überzeugungen und Glaubensbekenntnissen; und auf der Grundlage jener Erfahrungen, die wir im Umgang mit dieser heterogenen Patientengruppe sammeln konnten, erarbeiteten wir – nach der Versuch-und-Irrtum-Methode – unser Detoxifikation und Rehabilitation umfassendes Behandlungskonzept. Genaugenommen hat dieses Konzept mit dem, was man gewöhnlich als ›Rehabilitation‹ bezeichnet, nur am Rande zu tun, denn unser Hauptaugenmerk gilt der spirituellen Wandlung – die Betonung liegt auf ›Transformation‹.

Meist versteht man unter Rehabilitation einen Wiederherstellungsprozeß, einen Vorgang also, durch den eine Person in jenen Zustand zurückversetzt wird, in dem sie sich vor Ausbruch einer Krankheit oder vor dem Beginn einer körperlichen Beeinträchtigung befand. Demgegenüber zielt unser therapeutisches Konzept auf eine Transformation, auf eine ganzheitliche Erneuerung ab, von der auch jene Defizite des Suchtkranken erfaßt werden, die ihn ursprünglich in die Abhängigkeit geführt oder zumindest dafür anfällig gemacht haben.

Wie ich in den vorangegangenen Kapiteln zu zeigen versucht habe, erfordert eine wirksame Behandlung der Abhängigkeit das Beschreiten völlig neuer therapeutischer Wege. Das Suchtproblem hat schwer erkennbare, weit verzweigte psycho-spirituelle Wurzeln, die tief in familiäre und soziale Strukturen hineinreichen. Zu diesen tiefliegenden Wurzeln werden wir folglich nur mit radikalen psycho-spirituellen Mitteln vordringen – genauso wie wir einen bösartigen Tumor nur durch einen radikalen chirurgischen Eingriff vollständig beseitigen können.

Die Aufgabe: konfrontieren und überzeugen

Heißt das Ziel der Therapie *Transformation*, so liegt ihr Ausgangspunkt stets in einer *Konfrontation*. Damit ist hier kein künstliches Werkzeug, keine therapeutische Technik gemeint, die eigens dazu entwickelt worden wäre, die ›Nußschale‹ des Süchtigen ›aufzuknacken‹; vielmehr handelt es sich dabei um ein von Jesus Christus beschriebenes spirituelles Prinzip. Denn Jesus hat uns gelehrt, daß ichbezogene Menschen, die sich von Gott und von ihrem Nächsten hochmütig abwenden, festgehalten und und auf einen anderen Weg gebracht werden müssen; daß die Ichbezogenheit erkannt, zugegeben, bereut, abgelehnt und durch die Vergebung und die Liebe Gottes ersetzt werden muß; und daß durch diese Erfahrung auch jene Verworfenen, die sich Gott ganz entfremdet haben, verwandelt und aus ihrer Knechtschaft befreit werden.

Jesus lehrte, daß der Heilige Geist – wenn wir ihn in uns wirken lassen – uns unsere Sünden zu Bewußtsein bringen und den rechten Weg weisen wird, daß der Geist uns, wenn wir uns ihm öffnen, uns jene Dinge, die da kommen werden, verkünden und Gottes Wort offenbaren wird. »Ihr werdet die Wahrheit erkennen«, sagt Jesus, »und die Wahrheit wird euch freimachen.«

Auf unsere therapeutische Praxis übertragen bedeutet dies – und das ist der Grundgedanke unserer ›Konfrontationstherapie‹ –, daß die Patienten eine Phase konfrontierender Beratung und Bewußtmachung durchlaufen müssen, ehe sie in den spirituellen Transformationsprozeß eintreten können, daß also durch Konfrontation gleichsam jener Boden bereitet wird, auf dem geistiges Wachstum stattfindet.

Biblische Gleichnisse: Kennzeichnend für unseren ganzheitlichen Behandlungsansatz ist, daß wir als Orientierungshilfe und als analytisches Werkzeug nicht nur die der griechischen Mythologie entlehnten, gängigen psychoanalytischen Muster verwenden, sondern auch biblische Modelle und Gleichnisse. Beispielsweise lenkt Jesus in dem biblischen Gleichnis vom verlorenen Sohn, der all sein Hab und Gut in einem fernen Land zügellos verpraßte, unser Augenmerk weniger auf den selbstsüchtigen und blutdürstigen Sohn, in dem wir den Freudschen Ödipus wiedererkennen, als vielmehr auf die Gestalt des barmherzigen, liebenden Vaters. Unsere psychotherapeutische Orientierung basiert, in groben Zügen charakterisiert, auf Frankl und Jung im allgemeinen und jüdisch-christlichem Gedankengut im besonderen.

Das heißt, wir stimmen mit Jung überein, wenn er sagt:

> Die Psychoneurose ist im letzten Verstande ein Leiden der Seele, die ihren Sinn nicht gefunden hat. Aus dem Leiden der Seele aber geht alle geistige Schöpfung hervor …
>
> Seit 30 Jahren habe ich eine Klientel aus allen Kulturländern der Erde … Unter allen meinen Patienten

> jenseits der Lebensmitte, das heißt jenseits 35, ist nicht ein einziger, dessen endgültiges Problem nicht das der religiösen Einstellung wäre. Ja, jeder krankt in letzter Linie daran, daß er das verloren hat, was lebendige Religionen ihren Gläubigen zu allen Zeiten gegeben haben, und keiner ist wirklich geheilt, der seine religiöse Einstellung nicht wieder erreicht ... [161]

Diese zusätzliche spirituelle Dimension dem Süchtigen zu eröffnen, darin sahen und sehen wir unsere therapeutische Hauptaufgabe.

Obgleich sich dieser Vermittlungsprozeß von unserer Seite aus hauptsächlich in einem jüdisch-christlichen Kontext vollzieht, ermutigen wir alle unsere Patienten dazu, sich frei für ein ihnen gemäßes Glaubenssystem zu entscheiden.

Logotherapie versus Psychoanalyse

Viktor E. Frankl, der Begründer der Logotherapie, ist Professor an der *United States International University* in San Diego. Daneben hatte er Gastprofessuren an der Stanford University und verschiedenen anderen namhaften Universitäten inne. Sein vielgelesenes Werk umfaßt 27 Titel, darunter *Man's Search for Meaning* (dtsch:... *trotzdem Ja zum Leben sagen.* München 1977), das vom *American Journal of Psychiatry* als »vielleicht bedeutendster Beitrag seit Freud und Adler« eingestuft wurde.

Frankl entwickelte seine Logotherapie, die oft auch als »dritte Wiener Richtung der Psychotherapie« bezeichnet wird, in Auseinandersetzung mit der Freudschen Psychoanalyse und der Adlerschen Individualpsychologie. Die Logotherapie (das griechische Wort *logos* bedeutet ›Sinn‹) beruht auf der Grundannahme, daß das Bedürfnis, dem Leben einen Sinn zu geben, jene motivationale Kraft darstellt, die den Menschen in seinem Innersten antreibt. Frankl spricht daher von einem *Willen zum Sinn*, der sich sowohl von dem im Zentrum der Freudschen Psychologie stehenden Lustprinzip – Frankl würde sagen von dem »Willen zur Lust« – als auch von Adlers »Willen zur Macht« scharf abhebt [105]. Geht es in der Psychoanalyse darum, daß der Patient auch die peinlichen und unangenehmen Dinge zur Sprache bringt, so geht es in der Logotherapie darum, daß der Patient auch manche unangenehme Wahrheit zu hören bekommt.

Vehement vertritt Frankl die Ansicht, daß der Psychoanalytiker, der im Zuge der Aufdeckung und Entlarvung immer tieferer Schichten auch vor dem unverfälschten, authentischen Kern seines Patienten nicht haltmacht, »im Grunde nur seine eigene zynische Haltung bloßlegt – seine eigene nihilistische Tendenz, gerade das, was am Menschen menschlich ist, zu entwerten und zu entwürdigen« [104].

Vor den Gaskammern von Auschwitz wurde Frankl mit dem Problem der Wert- und Sinnlosigkeit des Lebens in seiner extremsten Ausformung konfrontiert; und seither hat er wie kein anderer zum Verständnis und zur Bekämpfung dieses Leidens, das man als *die* Krankheit des zwanzigsten Jahrhunderts bezeichnen könnte, beigetragen. Er hat dieses »Gefühl der Verzweiflung angesichts der Sinnlosigkeit des Lebens« als eine »noogene Neurose« diagnostiziert, als ein Krankheitsbild, das erst in der modernen Gesellschaft entstehen konnte. Noogene (von griechisch ›*noos*‹ – ›Geist‹) Neurosen entspringen weniger der psychologischen als der noologischen Dimension des menschlichen Daseins. Ihnen liegt keine sexuelle Frustration, sondern vielmehr eine »existentielle Frustration« zugrunde. Existenz stellt für Frankl die spezifisch menschliche Form des Daseins dar, und so kommt in der Suche nach einem konkreten Sinn der individuellen Existenz das innerste Wesen des Menschen – eben das, was Frankl als Wille zum Sinn bezeichnet – zum Ausdruck. Der in seinem Sinnwillen fortwährend frustrierte Mensch wird daher eher an einer noogenen als an einer psychogenen Neurose erkranken. Von diesem noologischen Krankheitsbegriff ausgehend entwickelte

Frankl ein neues Behandlungsverfahren, das er ›Logotherapie‹ nannte.

Daß das Gefühl innerer Wertlosigkeit in der Tat als das Symptom einer Neurose zu gelten hat und daß mithin die Frustration des Sinnwillens genauso wie etwa sexuelle Frustration die ganz reale Gefahr einer neurotischen Erkrankung birgt, hat Frankl immer wieder überzeugend dargelegt. Noogene Neurosen entstehen jedoch nicht auf der Grundlage eines Konflikts zwischen gegensätzlichen Trieben oder Instinkten, sie entspringen vielmehr einem Konflikt zwischen unterschiedlichen Werten – einem moralischen oder spirituellen Konflikt.

Die Logotherapie zielt daher darauf ab, die typische Ichbezogenheit des Neurotikers – oder auch des Süchtigen, wie wir aufgrund unserer Erfahrungen hinzufügen können – aufzubrechen, anstatt dieser, der gängigen therapeutischen Praxis entsprechend, weiter Nahrung zu geben. Im Mittelpunkt dieser Therapie stehen Aufgaben, die der Patient in Angriff nehmen muß, und Ziele, die er sich setzt. Der Logotherapeut sieht in seinem Patienten nicht ein Wesen, dessen Hauptbeschäftigung einerseits aus bloßer Bedürfnisbefriedigung und andererseits aus bloßer Anpassung an die Gesellschaft und die individuelle Umgebung besteht, sondern ein Individuum, das einen Sinn zu erfüllen hat und bestimmte Wertvorstellungen in praktisches Handeln umzusetzen versucht. Auf den knappsten Nenner gebracht, besagt das der Logotherapie zugrundeliegende Menschenbild, daß das Leben des Menschen im Gegensatz zu dem der niedrigeren Tiere auf ein Ziel hin ausgerichtet sein muß.

Frankl schreibt dazu:

> Eine Zielsetzung kann allerdings nur dann als Lebensziel dienen, wenn sie bedeutungsvoll ist. An dieser Stelle bin ich auf den Einwand gefaßt, daß die Psychotherapie schließlich auch der Sphäre der Wissenschaft zuzurechnen ist und deshalb bitteschön wertfrei zu sein

> hat. So etwas wie eine wertfreie Psychotherapie kann es jedoch meiner Ansicht nach überhaupt nicht geben, höchstens eine, die gegenüber Werten blind ist. Eine Psychotherapie, die die geistige Dimension des Menschen nicht nur anerkennt, sondern genau dort auch ansetzt, könnte man Logotherapie nennen. In diesem Zusammenhang bedeutet *logos* allgemein ›das Geistige‹ und darüber hinaus auch ›Sinn‹. (Man sollte jedoch im Auge behalten, daß der Begriff ›geistig‹ im Rahmen der Logotherapie keinerlei religiöse Nebenbedeutung hat, sondern auf die spezifisch menschliche Dimension verweist.) [104]

Frankl weist ausdrücklich darauf hin, daß die Logotherapie nicht den Anspruch erhebt, die etablierten psychotherapeutischen Verfahren zu ersetzen. Er möchte Logotherapie als notwendige Ergänzung der Psychotherapie verstanden wissen, als eine Möglichkeit, dem Patienten – unter Einschluß der spirituellen Dimension – in seiner Ganzheit gerecht zu werden. Neben die Psychotherapie, wie sie sich bis heute entwickelt hat, muß nach Frankl ein Verfahren treten, mit dessen Hilfe der Therapeut über das durch Ödipus- und Minderwertigkeitskomplex abgesteckte klassische psychotherapeutische Operationsfeld hinausgreifen kann – ein Verfahren, das jenseits aller Affektdynamik nutzbar gemacht werden kann. »Was bis heute fehlt«, stellt Frankl fest, »ist eine Form von Psychotherapie, die hinter der Psychodynamik, hinter dem psychischen Elend des Neurotikers seine geistigen Kämpfe erkennt... Was wir benötigen, ist eine Psychotherapie, die dem Geistigen Rechnung trägt.« [104]

Oberflächliche religiöse Formeln: Für den Theologen Paul Tillich kennzeichnen die Begriffe *Leere* und *Sinnlosigkeit* jene bedrohliche Erfahrung des Nichtseins, durch die jede spirituelle Gewißheit untergraben wird. Tillich definiert diese Begriffe als zwei unterschiedliche Ebenen dieser Erfahrung:

Während die von der Leere ausgehende Bedrohung nur relativ ist, stellt die Sinnlosigkeit eine absolute Bedrohung dar; denn der Verlust des Sinns ist gleichbedeutend mit »dem Verlust einer letzten Sinngewißheit – mit dem Verlust eines Sinns, der allen Sinnbezügen Sinn gibt«. Von einer so verstandenen Sinnlosigkeit ist bedroht, wer sein geistiges Zentrum verloren hat und den damit einhergehenden Zerfall der Sinngewißheit bewußt wahrnimmt. Dem Verlust des geistigen Zentrums und der Sinngewißheit aber folgt nach Tillich unausweichlich auch der Verlust der religiösen Gewißheit:

> Das entscheidende Ereignis, das der Suche nach dem Sinn und der Verzweiflung an dem Sinn im zwanzigsten Jahrhundert zugrunde liegt, ist der Verlust Gottes im neunzehnten Jahrhundert.
>
> Feuerbach sah in Gott nichts weiter als ein Produkt des unendlichen Verlangens des menschlichen Herzens, Marx nichts als das Resultat eines ideologischen Versuchs, sich über die gegebene Realität zu erheben, und Nietzsche nichts weiter als die Folge eines nachlassenden Lebenswillens. All diese Versuche, Gott auf etwas anderes zurückzuführen und dadurch gleichsam ›wegzuerklären‹, gipfeln in dem Ausruf ›Gott ist tot‹, womit gleichzeitig auch das ganze System der Werte und Sinnbezüge, die bisher als verbindlich galten, in Frage gestellt wird. [312]

Der Verlust des ›geistigen Zentrums‹, der heute überall in der westlichen Welt spürbar wird, ist der Endpunkt einer langen Entwicklung, die sich bis ins siebzehnte Jahrhundert zurückverfolgen läßt. Damals begann die institutionalisierte Kirche, sich aus ihrer sozialen und politischen Verantwortung immer mehr zurückzuziehen, bis sie schließlich im neunzehnten Jahrhundert ihre Rolle als bevormundende, aber auch schutz- und richtunggebende Instanz ganz ausgespielt hatte. Seither hat die westliche Gesellschaft nichts gefunden, was ihr als adäquater Ersatz für das verlorengegangene geistige Zentrum hätte dienen können. Allein in den letzten zwanzig Jahren hat Großbritannien – hauptsächlich aus Amerika, aus Indien und dem Fernen Osten – an die hundert Sekten und Glaubensrichtungen importiert, über die es in einem Zeitungsbericht heißt: »Einige mögen vollkommen harmlos sein, bei anderen wiederum handelt es sich um eine vorübergehende Modeerscheinung, um eine plumpe Bauernfängerei oder um das Hirngespinst irgendeines Exzentrikers; einige wenige aber sind gefährlich.« Hier paßt genau, was G. K. Chesterton einmal gesagt hat: »Eine Person oder eine Nation, die den Glauben an Gott verloren hat, wird irgendwann feststellen müssen, daß sie nicht an keinen Gott, sondern an jeden Gott glaubt.«

Denn dort, wo es – noch – keine stoffgebunde Abhängigkeit gibt (und oftmals leider auch dort), da bietet sich in Form einer verhaltensgebundenen Abhängigkeit eine trügerische Möglichkeit, das individuelle und gesellschaftliche Sinnvakuum zu füllen. Da ist beispielsweise die südkoreanische Vereinigungskirche, eine ebenso alberne wie unheimliche Sekte, deren Mitglieder besser als Moonies bekannt sind. Da erinnern wir uns jener krypto-kommunistischen ›Volkstempel‹-Gemeinschaft des größenwahnsinnigen Jim Jones, die sich nach außen hin den Anschein einer christlichen Organisation gab, deren einzige Aufgabe jedoch darin bestand, die ergiebigen Geldquellen der übersättigten Christenheit Amerikas anzuzapfen. In Wahrheit zog man den armen Mitgliedern dieser Sekte den letzten Heller aus der Tasche, um damit in Guyana eine marxistische Kommune zu gründen – ein Vorhaben, das bekanntlich mit einem schauerlichen Massenselbstmord endete.

Da gibt es Synanon – eine von dem Ex-Alkoholiker Charles Dederich gegründete Selbsthilfeorganisation für Drogenabhängige, die nach einer ausgeklügelten Methode vorgeht und auf viele recht einschüchternd wirkt. Die Arbeitsweise von Synanon ist nicht auf ein ›geistiges Zentrum‹ hin ausgerichtet, sondern an einem pragmatischen, ganz auf den einzelnen bezogenen Katalog von Regeln orientiert, der als ›das Spiel‹ bezeichnet wird. Danach werden die Mitglieder dazu angehalten, sich gegenseitig zu denunzieren, um so Aggressionen abzubauen und tragfähige Beziehungen zu entwickeln.

Da sind die ›Kinder Gottes‹, die sich für die einzig wahren Gläubigen halten, obwohl diesen ›Lockvögeln für Jesus‹ der Ruf anhaftet, auch sexuelle Verführung als Mittel zur Rekrutierung neuer Mitglieder einzusetzen. Bei dieser Aufzählung dürfen auch die vielen bizarren östlichen Kulte nicht fehlen, die sich bei uns im Westen etablieren konnten: transzendentale Meditation, die Divine Light Mission, die Bhagwan-Shree-Rajneesh-Bewegung und die extremistische Ananda-Marg-Sekte, um nur die bekanntesten zu nennen. Und schließlich gehört hierher noch die Christliche Pfingstbewegung – ein sektiererischer Zirkel, dessen schrullig anmutende Glaubenslehre auf sechs ›göttlichen Gaben‹ beruht, die eine willkürliche Auswahl aus den in der Bibel erwähnten etwa dreißig Gottesgaben darstellen.

Was in dieser ritualisierten Besessenheit zum Ausdruck kommt, ist zum einen ein Mangel an richtungsweisenden Werten in der modernen Gesellschaft – genau jener gesamtgesellschaftliche Mangelzustand also, der im Drogenbericht des Europarats (s. S. 75ff.) als die eigentliche Wurzel der Drogenabhängigkeit bezeichnet wird – und zum anderen ein weitverbreiteter Hunger nach Sinnbezügen, der aufgrund des immer schmaler werdenden Angebots an Werten gleichsam ins Leere läuft. Der Mensch aber, dessen spirituelle Suche sich als vergeblich erweist, läßt sich nur allzu gerne vorgaukeln, bewußtseinsverändernde Drogen oder verhaltensgebundene Suchtformen mit ähnlicher Wirkung böten einen adäquaten Ersatz für das, wonach er in Wirklichkeit sucht. Daß dieser großangelegte Schwindel nicht auffliegt, dafür sorgt nicht zuletzt auch eine Ärzteschaft, die sich gegenüber der spirituellen Problematik ahnungslos gibt. Im Grunde sind sich die Abhängigen jedoch sehr wohl darüber im klaren, daß sie betrogen werden, und nur ihre abgrundtiefe Verzweiflung treibt sie einer Sucht zur anderen, immer auf der Suche nach einem letzten Ausweg.

Hier wird ganz deutlich, daß sich die Ärzte von ihrer einseitigen Betonung der organischen Krankheitsursachen lösen müssen. Denn nachhaltige Therapieerfolge werden sie – vor allem bei psychisch Kranken und Suchtkranken – nur dann erzielen, wenn sie ihre Aufgabe als über die Wiederherstellung des physischen Wohlbefindens hinausgehend begreifen, wenn sie lernen, auch dem spirituellen Wohl ihrer Patienten Rechnung zu tragen.

Nachdrücklich weist Frankl darauf hin, daß der Logotherapeut weder Lehrer noch Prediger ist. Sein persönliches Glaubenssystem – so er eines besitzt – ist ganz allein seine Sache. Darüber Auskunft geben sollte er nur, wenn ihn eine Person, die ein echtes Interesse bekundet, dazu auffordert. Um einen anderen Vergleich heranzuziehen: Der Logotherapeut ist kein Maler, sondern ein Augenarzt. Der Maler bildet die Welt ab, wie er sie sieht; der Augenarzt sorgt dafür, daß der Patient die Welt so sieht, wie sie ist.

Die Welt um uns herum ist weder bloßer Ausdruck unseres Selbst noch ein Vehikel oder Werkzeug, mit dessen Hilfe wir unserem Selbst Wichtigkeit und Bedeutung verleihen könnten. Sie ist vielmehr der durch wechselnde Kombinationen von Umständen und Erfahrungen definierte Ort, an dem sich der Sinn der menschlichen Existenz stets nur in einem Teilaspekt erfüllen kann; der andere Teil der menschlichen Existenz erfüllt sich in den Frauen und Männern, die in dieser Welt leben – in ihrem Innern.

Aus diesem Grund kann die sogenannte ›Selbstverwirklichung‹ niemals sinnstiftend wirken und zu echter Befriedigung führen; sie kann immer nur die halbe Lösung sein. Die vollständige Lösung liegt in der Selbst-Transzendenz, in der die Selbstverwirklichung mit aufgehoben ist. Selbstverwirklichung ohne Selbst-Transzendenz erzeugt genauso wie Sexualität ohne Liebe allenfalls Sattheit, niemals aber Befriedigung.

Drei Wege zum Sinn: Frankl unterscheidet drei grundsätzliche Möglichkeiten, den Sinn des Lebens zu erfüllen: im Handeln, im Erleben und im Leiden. Als aktiv Handelnde erfahren wir Sinnerfüllung in der *Bewältigung spezifischer Aufgaben*. Jenseits aller aktiven Betriebsamkeit finden wir im *aufrichtigen Erleben* zum Sinn – in der Nächstenliebe wie auch in der Hingabe an die Schönheit der Natur oder der Kunst.

Und selbst im *Leiden* kann sich der Sinn unseres Lebens erfüllen, wenn wir die Lektion, die jede krisenhafte Erfahrung für uns bereithält, erkennen, annehmen und durcharbeiten – wenn wir im Leiden wachsen.

Daß Sinnerfüllung auch im Leiden möglich ist, hat Frankl selbst in exemplarischer Weise an einem Ort erfahren, wo die Existenz des Menschen auf das äußerste eingeschränkt, entwertet und bedroht war, wo die Frage nach dem Sinn der menschlichen Existenz angesichts des grauenvollsten Holocausts der Geschichte einer Absurdität gleichkam – vor den Gaskammern von Auschwitz:

> Lassen Sie mich von dem wohl erschütterndsten Erlebnis berichten, das ich im Konzentrationslager hatte. Die Chancen, das Lager zu überleben, standen nicht besser als eins zu achtundzwanzig, wie man in den Statistiken nachlesen kann. Es bestand nicht die leiseste Hoffnung, daß das Manuskript meines ersten Buches, das ich in meinem Mantel versteckt bei mir trug, als ich in Auschwitz ankam, jemals wieder auftauchen würde. Ich mußte mich also mit dem Verlust meines geistigen Kindes abfinden. So blieb mir nichts, worin ich nach meinem Tode hätte fortleben können – weder ein leibliches noch ein geistiges Kind! Da mußte ich mir die Frage stellen, ob denn mein Leben unter diesen Umständen nicht im Grunde vollkommen sinnlos geworden war.
>
> Noch konnte ich nicht wissen, daß eine Antwort auf diese Frage, die mich in meinem Innersten aufrührte,

> schon für mich bereitlag und mich bald danach erreichen sollte. Dies geschah nämlich, als ich meine Kleider abgeben mußte und dafür die abgetragenen Lumpen eines Deportierten erbte, der sofort nach seiner Ankunft in Auschwitz ins Gas geschickt worden war. Als Ersatz für die vielen Seiten meines Manuskripts fand ich in der Tasche des neuerworbenen Mantels eine einzige Seite, die aus einem hebräischen Gebetsbuch herausgerissen war und das wichtigste jüdische Gebet enthielt – *Shema Yisrael.* Wie hätte ich einen solchen ›Zufall‹ anders deuten sollen denn als Aufforderung, meine Gedanken *zu leben* anstatt sie nur zu Papier zu bringen? Kurz darauf schien es mir, als würde ich in naher Zukunft sterben.
>
> Was mich in dieser kritischen Situation umtrieb, war eine andere Sorge als die der meisten meiner Kameraden. Während ihre Hauptsorge der Frage galt: Werden wir das Lager überleben? Denn, wenn nicht, dann hat dieses ganze Leiden keinen Sinn – lautete die Frage, die mich bedrängte, anders: Hat dieses ganze Leiden, dieses Sterben rund um uns, einen Sinn? Denn, wenn nicht, dann hätte es letztlich auch gar keinen Sinn, das Lager zu überleben. Denn ein Leben, dessen Sinn damit steht und fällt, daß man mit ihm davonkommt oder nicht, ein Leben also, dessen Sinn von der Gnade eines solchen Zufalls abhängt, solch ein Leben wäre dann eigentlich nicht wert, überhaupt gelebt zu werden.[104]

Wieso bezeichnet Frankl nun seine Form von Therapie – den Versuch, das Individuum mit einem spirituellen Zentrum in Kontakt zu bringen – als Logotherapie? Wenn wir dieser Frage auf den Grund gehen wollen, müssen wir uns eingehender mit der Bedeutung des Begriffs *logos* beschäftigen. Die jüdisch-christliche Auffassung von *logos* hat zusammen mit jener des klassischen Altertums die Entwicklung der westlichen Zivilisation entscheidend beeinflußt.

Das östliche Pendant zum westlichen *logos* stellt der chinesische Begriff *szuh-hsiang* (›korrektes Denken‹) dar, der in der Auslegung Mao Tse-tungs zur Leitidee der revolutionären Umgestaltung Chinas wurde.[235]

Logos ist zwar ein griechisches Wort, doch seine etymologischen Wurzeln liegen sowohl in der griechischen wie auch in der jüdischen Vorstellungswelt. Für die Juden war *logos*, ›das Wort‹, nicht eine bloße Lautäußerung, sondern vielmehr eine dynamische Kraft: das *Wort* Gottes, durch das die Welt erschaffen wurde, der Inbegriff des göttlichen Wirkens. *Logos* stand bei ihnen für die schöpferische und erleuchtende Kraft Gottes, die denjenigen, der diese Kraft wahrnimmt, dazu befähigt, das Gesetz Gottes zu erfüllen. Für die Griechen war *logos* die *Vernunft* Gottes im Sinne eines kosmischen Ordnungsprinzips, ein Gesetz, ein Plan, ein Entwurf – der alles durchdringende Geist Gottes, der die Welt und alle Menschen, die in ihr leben, lenkt. Die beiden Vorstellungswelten – der jüdischen wie der griechischen – entspringenden Strömungen führte der Apostel Johannes zusammen, als er von Jesus als dem »Fleisch gewordenen Wort Gottes« sprach und damit verdichtet zum Ausdruck brachte, worin die einzigartige Offenbarung des Christentums besteht.

Die Bedeutung des Maoismus: Kommen wir noch einmal darauf zurück, daß die Logotherapie, wie Frankl sie versteht, nicht notwendigerweise vor einem religiösen Hintergrund stattfindet, sondern vielmehr einem ganzheitlichen Menschenbild verpflichtet ist, das die spirituelle Dimension des Menschen – ungeachtet ihrer konkreten Ausformung – mit umfaßt.

Sieht man nämlich in der Logotherapie ganz allgemein ein Verfahren, mit dem die spirituellen Bedürfnisse des Menschen angesprochen und zur Entfaltung gebracht werden können, so bietet sich ein faszinierender Vergleich mit der von dem Vorsitzenden Mao entwickelten und praktizierten spirituellen Technik an. Maos einzigartiger ›spiritueller Marxismus‹ war das Werkzeug, mit dem aus einem demoralisierten, richtungslosen und verzweifelten Volk von achthundert Millionen Einwohnern eine neue Nation geschmiedet werden sollte – eine Nation, die sich an bestimmte Werte gebunden fühlt, eine Nation, die eine Vision und damit auch eine Möglichkeit der Sinnerfüllung hat. Um solch eine ›neue Gesellschaft‹ mit ›neuen Männern‹ und ›neuen Frauen‹ zu schaffen, mußte Mao erst einmal einen neuen revolutionären Weg finden, jenen Weg, der seinen ganz persönlichen Stempel trägt und nun auf der ganzen Welt als ›Maoismus‹ bekannt ist.

Während westliche Intellektuelle an der Oberfläche jener Probleme, denen sich eine sterbende westliche Gesellschaft gegenübersieht, herumkratzten und Lösungsmöglichkeiten allenfalls ansatzweise erprobten, um sich alsbald geschlagen in Reduktionismus und Nihilismus zurückzuziehen, katapultierte Mao das aus beinahe einer Milliarde Menschen (ein Drittel der Weltbevölkerung) bestehende chinesische Volk in kürzester Zeit aus seiner lähmenden Orientierungslosigkeit heraus. Im Zuge eines psycho-spirituellen Erneuerungsprozesses formte er aus einer kraftlosen Gesellschaft, die wie kaum eine andere unter Drogenabhängigkeit zu leiden hatte, eine ebenso vitale wie kultabhängige Nation. Zuvor war es Hitler mit jenem hybriden Gemenge aus Wert- und Sinnzuweisungen, das er Nationalsozialismus nannte, gelungen, in Deutschland eine ähnlich tiefgreifende gesellschaftliche Umwälzung auszulösen. Offensichtlich wurde im Nationalsozialismus wie auch im Maoismus die jedem Menschen innewohnende Bereitschaft zu spiritueller Erneuerung mißbraucht, denn bei jenen individuellen und gesellschaftlichen Wandlungen, die diese Ideologien hervorbrachten, handelte es sich letztlich um pervertierte Spielarten eines Prozesses, der höheren Zielsetzungen nutzbar gemacht werden könnte.

In China wichen in den ersten zwei Jahrzehnten des zwanzigsten Jahrhunderts der Stolz und das Selbstvertrauen der traditionellen Gesellschaft einer von Selbstzweifeln und Ungewißheit – den beiden wesentlichen Bestandteilen der Angst

– geprägten Haltung. Viele chinesische Intellektuelle wandten sich daraufhin dem Westen zu, um mit den augenscheinlich so erfolgreichen westlichen Denksystemen in Kontakt zu kommen. Dabei entdeckten sie den materialistischen Marxismus, der ihnen vor dem Hintergrund ihrer Traditionen und ihrer Geschichte äußerst fremdartig vorgekommen sein muß. Beginnt eine Nation an der Lebensfähigkeit ihrer sozialen Strukturen zu zweifeln, so läuft sie genauso wie ein von Selbstzweifeln gequältes Individuum Gefahr, das bisher verbindliche System von Werten und Sinnbezügen über Bord zu werfen und in ein Vakuum der Ernüchterung und der Hoffnungslosigkeit zu stürzen. Überkommene Denkgebäude und Wertesysteme, die nicht mehr in der Lage sind, den Zustand der Gesellschaft so widerzuspiegeln, daß sich die Menschen in diesem Spiegel auch erkennen können, verlieren ihre erklärende und richtunggebende Kraft und beschleunigen schließlich noch die Zerrüttung der sozialen Strukturen. (Daß die westlichen Wertesysteme seit Beginn dieses Jahrhunderts einem ähnlichen Zerfallsprozeß unterliegen, sehen wir ganz deutlich an der Entwertung der kirchlichen Symbole des Christentums, der politischen Symbole der Demokratie und der ideologischen Symbole des Marxismus.)

Versuche mit institutionalisierter Demokratie und kirchlich institutionalisiertem Christentum hatte China um 1920 schon hinter sich. Beide Systeme hatten sich in China als Fehlschlag erwiesen, da ihre sinnstiftende und strukturgebende Kraft im Westen damals schon stark nachgelassen hatte – die westlichen Mutterländer der Demokratie und des Christentums ihren Modellcharakter mithin eingebüßt hatten. Der Marxismus war dagegen in den frühen zwanziger Jahren noch eine junge, glaubwürdige Bewegung. Bald konzentrierte sich die Debatte in China auf folgende Alternative: Sollte man versuchen, jene institutionelle Form des Marxismus, die sich gerade in der Sowjetunion zu entwickeln begann, auf China zu übertragen, oder sollte man sich nicht besser an der dynamischeren Gesellschaftstheorie des jungen Marx orientieren, die den Verhältnissen in China von vornherein angemessener wäre? Chinas Intellektuelle entschieden sich für die dynamische Version des Marxismus und entwickelten sie weiter zum Maoismus.

Die maoistische Lehre – oder besser gesagt die maoistische Vision – bestand einerseits aus partikularen politischen Zielsetzungen, andererseits aber auch aus einem Glaubenssystem mit universalem Anspruch. Die partikulare Stoßrichtung des Maoismus kam darin zum Ausdruck, daß sich die Volksrepublik China als geistiges Zentrum und leuchtendes Vorbild für die Befreiungsbewegungen der ganzen Welt verstand. Ein Glaubenssystem mit Anspruch auf Allgemeingültigkeit stellte der Maoismus insofern dar, als er auf der Vorstellung beruhte, daß weltweit eine gigantische Schlacht zwischen den Kräften des Guten und den Kräften des Bösen stattfindet – und zwar genau jene moralische Schlacht, die auch jedes einzelne Individuum zu schlagen hat. Während sich der Maoismus zur eschatologischen Heilslehre entwickelte, gewann der missionarische Eifer seiner Anhänger, die Mao wie einen Gott verehrten, an Militanz. Das Ziel ihres Kreuzzugs war die maoistische Weltrevolution, mit der ein neues, utopisches Zeitalter beginnen würde.

Mao gelang es, Männer und Frauen so umzuformen, daß an die Stelle ihrer Ichbezogenheit das Bemühen um den anderen trat. Mit dieser einzigartigen Kampagne, die für den Erfolg der chinesischen Revolution letztlich ausschlaggebend war, löste Mao die theoretischen Forderungen des jungen idealistischen Marx ein und ging zugleich noch einen entscheidenden Schritt über ihn wie auch über andere marxistische Theoretiker hinaus.

Im Eigennutz sahen die Maoisten die Wurzel allen Übels, ihm wiesen sie in ihrem Glaubenssystem die Rolle der Erbsünde zu. Sämtliche Lehrer und Studenten mußten daher – gemäß der Losung »Lernen und Lehren für die Revolution« – an Seminaren teilnehmen, in denen es einzig und allein darum ging, »Selbstkritik« zu üben, »selbstsüchtige Interessen« einzugestehen und »den Eigennutz vollständig auszumerzen«. Karrierismus und Individualismus, Ruhmsucht und Elitedenken, Geiz und Profitgier – all dies führte Mao auf Eigennutz und Selbstsucht zurück. Das ganze Land wurde von einem aus »Kampf-Kritik-Transformation« bestehenden geistigen Wandlungsprozeß erfaßt, der – wenngleich er für die meisten ein steiniger Weg war – tatsächlich einen neuen Menschentyp hervorbrachte. Nach wenigen Jahren schon war die Mehrheit der Chinesen davon überzeugt, daß ihre Rettung in der maoistischen Bekehrung lag. Zur alleinigen Richtschnur ihres Handelns wurde jenes »korrekte Denken« (*szu-hsiang*), das sich aus dem »Denken« Maos ableitet und »durch das die Lehre in die Tat umgesetzt und der Glaube auch in der dunkelsten Stunde aufrechterhalten wird«.

Letztlich trat jedoch zutage, daß der Maoismus trotz seiner enormen Durchschlagskraft keine Lösung für die Probleme Chinas darstellte. An der Tatsache seines Scheiterns zeigt sich einmal mehr, daß ein Wertegerüst, ein spirituelles Zentrum, nicht willkürlich aus dem Boden gestampft werden kann, nur um damit ein politisches oder kulturelles System abzustützen. Das spirituelle Zentrum hat vielmehr die Haupttriebfeder eines solchen Systems zu sein – eine Inspirationsquelle, die in beide Richtungen fließt: von den Autoritäten ›abwärts‹ zum Volk wie auch vom Volk ›aufwärts‹ zu seinen Entscheidungsträgern. Fehlt diese Inspirationsquelle, so fehlt den Menschen jeder echte Bezug zur Realität und damit auch jeder Sinnbezug. Ihr Leben ist dann zwangsläufig geprägt von einem Gefühl des Nicht-Eingebundenseins in die kosmische oder göttliche Ordnung, und ihr isoliertes, von allen Bezügen abgespaltenes Selbst ist nicht imstande, ihnen eine sichere Identität zu verleihen.

Jene Menschen, die unter dieser Bezugs- und Identitätslosigkeit leiden, neigen dazu, sich von der abgestumpfteren Masse abzusondern und kleine oder auch größere Gruppen zu bilden, nur um etwas über sie selbst Hinausweisendes – die Gruppe als solche oder ein Gruppenideal – zu haben, womit sie sich identifizieren können. Das quälende Gefühl der Entfremdung, der Leere und der Sinnlosigkeit läßt nach, wenn an die Stelle eines schwachen Vaters, an die Stelle von Eltern, die versagt haben, an die Stelle eines Staates und einer Kirche, die ihre Glaubwürdigkeit eingebüßt haben, eine neue, scheinbar unverbrauchte Autorität tritt. Dafür zahlen die Menschen einen hohen Preis, denn dieser selbstgewählten Autorität opfern sie ihre Gedankenfreiheit – die Freiheit zu zweifeln und zu hinterfragen. Unkritisch übernehmen sie jene mit trügerischer Sicherheit vorgebrachten, griffigen Leerformeln, in denen sie Antworten auf ihre brennenden Probleme sehen, die aber im Grunde nichts weiter sind als Anworten auf absichtlich vage formulierte Scheinfragen. Nirgendwo finden sie die Erfüllung, nach der sie eigentlich suchen. Und so wandern sie von einer sektiererischen Gruppe zur anderen, getrieben und gepeinigt von einer wachsenden existentiellen Angst, der sie schließlich nur noch dadurch Herr werden, daß sie sich aus den Stürmen des Lebens zurückziehen. Das risikoreiche Leben in Freiheit tauschen sie gegen das Dasein eines Roboters ein, der vor Überraschungen in Form beunruhigender Fragen gefeit ist und mit vorgestanzten Befehlen gefüttert wird.

Ein neues Wertegerüst

Das Beratungskonzept, nach dem wir an unserer Klinik vorgingen, beruhte auf der Überzeugung, daß dem Leben ein letzter Sinn innewohnt, den jeder Mensch, der sich ernsthaft auf die Suche nach ihm begibt, erkennen kann. Die Behandlung zielte darauf ab, den Patienten mit einem Kompaß zu versehen, mit dem er sich getrost auf die Reise machen kann, und ihn jene aufregende Erfahrung machen zu lassen, die mit der Entdeckung einer neuen Welt, als deren sinnvoller Teil er sich begreifen kann, verbunden ist. Die Entdeckungsreise, um die es hier geht, beschreibt Christopher Fry in einem Gedicht:

Thank God our time is now, when wrong
Comes up to meet us everywhere
Never to leave us till we take
The longest stride of soul man ever took –
Affairs are now soul size
The enterprise
Is exploration into God

Wir ermutigten die Patienten dazu, ihre selbstgewählte Umgebung von einem anderen Standpunkt aus zu betrachten, mit einem neuen Wertekatalog, aus dem sie sinnvolle Bezüge ableiten können. Wir ermutigten sie dazu, in ihrem monomanischen Kreisen um »Zuerst ich« und »Nur ich« innezuhalten und aus dem Gefängnis der Selbstsucht, das für sie zum Gefängnis der Sucht geworden war, auszubrechen. Unser Ziel war, sie mit einem Erkenntnisgerüst auszustatten, das dem Gegenstand der Erkenntnis – also ihrem ganz persönlichen Lebensraum, in dem sie Verantwortung zu übernehmen haben – angemessen ist, um so jenen Mangel an handlungsleitenden Werten auszugleichen, der die tiefste Ursache ihrer Abhängigkeit darstellt.

In der kurzen Zeit, die uns an der Klinik für unsere psychotherapeutische Intervention zur Verfügung stand, war es nicht möglich, mit jedem Patienten ein vollständiges Lebenskonzept zu erarbeiten. Hier sei jedoch daran erinnert, daß unser Rehabilitationsziel ja ohnehin kürzer gesteckt war. Wir sahen unsere Aufgabe bereits dann als erfüllt an, wenn es uns gelungen war, dem Patienten einen Kompaß, einen Leitfaden mit auf den Weg zu geben. Was ist hier mit ›Kompaß‹ gemeint? Lassen Sie mich das an einem Beispiel veranschaulichen .

Man stelle sich eine Person vor, die Angst vor dem Wasser hat und nicht schwimmen kann. Mit einer Erklärung des Archimedischen Prinzips, mit der chemischen Formel für Wasser, mit einer tiefschürfenden Analyse ihrer Furcht oder gar mit einer langatmigen Predigt über Gott als den Schöpfer aller Dinge wäre dieser Person nun überhaupt nicht gedient. Was sie dagegen braucht, ist jemand, der mit ihr ins Wasser geht, ihr das Kinn hält und ihr zeigt, wie man die Arme und Beine bewegen muß, wenn man sich über Wasser halten will – jemand, der zurücktritt, sobald sie ein paar Schwimmzüge ohne Hilfestellung geschafft hat. Das ist dann der Punkt, an dem sie ihre Angst verliert und anfängt, an dieser neuen Fortbewegungsart Gefallen zu finden. Bald ist es ihr ein Genuß, das ganze Becken zu durchschwimmen; und vielleicht möchte sie nun auch noch kraulen und rückenschwimmen lernen.

Schließlich kann sie es kaum erwarten, das ruhige Hafengewässer zu verlassen. Mit einem Segelboot, einer Jacht oder einem Schiff wagt sie sich aufs offene Meer hinaus. Auf der Fahrt lernt sie, sich an den Sternen zu orientieren, mit Strömungen umzugehen und Windrichtungen zu erkennen. Sie erarbeitet sich ein Lebenskonzept und bricht damit zu neuen Ufern auf – einzig deshalb, weil irgend jemand sich bereitfand, den ersten Schritt mit ihr zu tun.

Auf dem Weg zu jenem Rehabilitationsziel, das wir mit unseren Patienten während ihres relativ kurzen Klinikaufenthalts ansteuerten, liegen mithin verschiedene Teilziele. Das erste Teilziel war erreicht, wenn es gelang, die Grundproblematik des Patienten, die in der Regel aus einem ganzen Problembündel bestand, freizulegen und somit bearbeitbar zu machen. In dem darauffolgenden Abschnitt versuchten wir, auf der Grundlage eines neuen Wertekatalogs Lösungsmöglichkeiten für diese Probleme zu entwickeln. Danach galt es diese Lösungsvorschläge zumindest ein Stück weit praktisch umzusetzen, damit die Patienten wieder Vertrauen in ihre eigene Handlungskompetenz gewinnen konnten. Die stationäre Rehabilitationsphase war aus unserer Sicht abgeschlossen, wenn der Patient ›in See stechen‹ konnte – wenn er in der Lage war, mit Selbstvertrauen und freudiger Zuversicht in jene Welt hinauszugehen, vor der er vormals kapituliert hatte. Diesen Weg sind wir selbst gegangen. Warum sollten unsere Patienten ihn nicht auch gehen können? War ihr Grundproblem ein verhärtetes, von gegenseitigen Vorwürfen vergiftetes Verhältnis zum Ehegatten, zu Vater oder Mutter? Dann ließen wir die Eltern oder den Partner in die Klinik kommen, um das Problem mit allen Beteiligten zu besprechen. Dabei versuchten wir einen Raum zu schaffen, in dem beide Parteien einen von Liebe statt Haß, von Vergebung statt Groll geprägten Neuanfang wagen konnten. Nichts ist so heilsam wie Vergebung. Versuch es doch wenigstens eine Woche, einen Monat lang. Versuch es doch mit einem schriftlichen Vertrag oder einer mündlichen Vereinbarung, wenn die tiefverwurzelte Skepsis nicht anders überwunden werden kann. *Aber* versuche es. Rede nicht nur am grünen Tisch darüber. *Handle* auf der Grundlage spiritueller Werte, gib Zeichen der Liebe statt Zeichen des Hasses und versuche zu vergeben statt Schuld zuzuweisen, wenn es zu einem Rückfall kommen sollte. Daß dieser Weg gangbar ist und zum Ziel führt, haben wir an unserer Klinik erfahren.

Das spirituelle Element: Heißt das Behandlungsziel ›Heilung von der Sucht‹, so bedarf es dazu nicht nur eines spirituellen Ausgangspunktes im Sinne eines Menschenbildes, das die geistige Dimension als wesentliches Merkmal enthält; darüber hinaus bedarf es eines spirituellen Zentrums, zu dem sich das Individuum bei all seinen Handlungen in Beziehung setzt, und eines spirituellen Ziels, auf das es sich zubewegt. Einzig diese spirituelle Orientierung vermag dem Leben Sinn zu verleihen.

Letztlich zielt die Logotherapie darauf ab, den Menschen zur Verantwortlichkeit zu erziehen – zur Übernahme von Verantwortung zu befähigen. Dieser Lernprozeß kann nicht aus einer Konditionierung bestehen, denn wer wie der speichelnde Pawlowsche Hund gleichsam blind auf einen Stimulus reagiert, der darf für sein Tun nicht zur Rechenschaft gezogen werden. Wer Verantwortung übernehmen will, muß sich über die Bedeutung jener Sache, die er zu verantworten hat, im klaren sein und die Folgen seines Tuns abschätzen können. Der Abhängige ist ein erfahrener und dreister Lügner, der, von einer zügellosen Selbstsucht getrieben, sich selbst und all diejenigen, die er täuscht und betrügt – die Eltern, den Partner, die Kinder, den Arbeitgeber, die Polizei, den Arzt, den Apotheker, die Freunde, die süchtigen Leidensgenossen –, in ein immer ausgedehnteres Lügengeflecht verwickelt, das sich, solange er damit Erfolg hat, selbst aufrechterhält. Ein Wissenschaftler, der selbst drogensüchtig gewesen war, beschrieb diesen Zustand:

> Das Bild, das sich der Abhängige von sich selbst macht, ist das einer nichtswürdigen Kreatur, die sich in der Gesellschaft kaum noch frei bewegen kann, weil sie ständig auf der Hut sein muß.
>
> (Unter Drogen) läßt er die Welt der symbolischen Interaktion hinter sich – und zwar in einem ganz fundamentalen Sinne. Denn wenn er auch weiterhin als Arzt, als Musiker etc. tätig sein mag, so ist er doch, was sein Selbstwertgefühl anbetrifft, auf dieses Tätigsein nicht mehr angewiesen. [132]

Das Gerüst unseres Behandlungskonzepts bilden Frankls vier *grundlegende Symptome* und die *vier psychologischen Grundfunktionen* von C. G. Jung. Frankl macht jenes »paraklinische« Zustandsbild, das er als »die kollektive Neurose der Gegenwart« bezeichnet, an den folgenden vier Leitsymptomen fest:

(1) Die Haltung des plan- und ziellos In-den-Tag-hinein-Leben des heutigen Menschen.

(2) Eine fatalistische Lebenseinstellung.

(3) Kollektivistisches Denken – der moderne Mensch geht in der Masse unter und verliert dabei die Fähigkeit, freie und verantwortliche Entscheidungen zu treffen.

(4) Fanatismus – rechthaberisches Beharren auf der eigenen Meinung. (Der spanische Philosoph George Santayana sagte einmal: »Fanatisch sein bedeutet, sich doppelt so sehr anzustrengen, wenn man sein Ziel aus den Augen verloren

hat.«) Diese vier Symptome werden jedem, der mit Drogenabhängigen und Alkoholikern zu tun hat, bekannt vorkommen, denn obwohl sie, wie Frankl so treffend sagt, zusammen die »Pathologie unseres Zeitgeistes« ausmachen, so sind sie doch für Suchtkranke in besonderem Maße charakteristisch. Solange der Mensch noch zu einem Gewissenskonflikt fähig ist, solange wird er gegen den Fanatismus, ja sogar gegen die kollektive Neurose als ganze, gefeit sein.

Umgekehrt kann eine kollektive Neurose überwunden werden, wenn es dem Betreffenden wieder möglich wird, die Stimme seines Gewissens zu hören und unter ihr zu leiden: »Alle vier Symptome der kollektiven Neurose lassen sich zurückführen auf Flucht vor der Verantwortung und Scheu vor der Freiheit. Freiheit und Verantwortlichkeit aber machen die Geistigkeit des Menschen aus.« [104]

Nach C. G. Jung verfügt der Mensch über vier psychische Grundfunktionen: Denken, Fühlen, Empfinden und Intuieren. Wenn auch der Ausprägungsgrad dieser vier Funktionen von Individuum zu Individuum sehr unterschiedlich ist, so hängt doch die psychische Gesundheit jedes Menschen davon ab, ob alle vier ausreichend gegeneinander ausbalanciert sind. Die Grundfunktionen stellen jene Werkzeuge dar, mit deren Hilfe das Bewußtsein den Erfahrungsstrom gliedert; sie ermöglichen es dem Menschen, sich in der Welt zu orientieren.

Das Empfinden ist diejenige psychische Funktion, welche einen physischen Reiz der Wahrnehmung vermittelt. Durch Empfindungen erfahren wir, daß etwas existiert; durch Denken erfahren wir, was es ist; das Gefühl sagt uns, ob es angenehm ist oder nicht; und mit Hilfe der Intuition erkennen wir, woher es kommt und wohin es geht. Sind die Gewichte zwischen diesen vier Grundfunktionen zu ungleich verteilt, so ist die Orientierung des Menschen in der Welt gestört. Er gerät dann in eine Situation, in der er von Unsicherheit und von Zweifeln beherrscht wird – in eine Situation, die den idealen Nährboden für Angst und Streß und somit auch für Drogenmißbrauch darstellt.

Menschsein bedeutet für Frankl, sich seiner Verantwortung bewußt sein. Den Sinn des Lebens können wir nicht erfragen, vielmehr müssen wir eine Antwort auf die Sinnfrage finden, indem wir das Leben verantworten. Wenn wir also dem Patienten einen Weg aus der Leere und der Sinnlosigkeit hin zur Sinnorientierung weisen wollen, so müssen wir ihn zur Verantwortlichkeit, zur Entscheidungsfreiheit und zur Geistigkeit erziehen. In diesen drei Faktoren sieht Frankl die wesentlichen Merkmale geistig-seelischer Gesundheit.

Die Kluft zwischen den vier Leitsymptomen eines sinnentleerten Lebens und den drei Kennzeichen geistig-seelischer Gesundheit, diese Kluft, die sich zwischen dem Ausgangspunkt und dem Ziel unserer therapeutischen Bemühungen auftut, kann mit Hilfe der vier Jungschen Grundfunktionen überbrückt werden:

Negativismus Fatalismus Konformismus Fanatismus	⟷	Empfinden Denken Fühlen Intuition	⟷	Erziehung zur Verantwortlichkeit Erziehung zur Entscheidungsfreiheit Erziehung zur Geistigkeit

Glaube und Werte: Ein tragfähiges Wertegerüst kann nur auf der Grundlage eines tiefempfundenen Glaubens errichtet werden – eines Glaubens, der sich nicht in einer rein vom Intellekt getragenen Zustimmung erschöpft. Unter Wert verstehen wir hier einen Glaubenssatz, zu dem sich eine Person nach sorgfältiger Abwägung aller denkbaren Alternativen aus freien Stücken bekennt; einen Glaubenssatz, der für die betreffende Person so hochrangig, so fundamental wichtig ist, daß sie sich in aller Öffentlichkeit zu ihm bekennt; einen Glaubenssatz, nach dem sie ihr Handeln wiederholt ausrichtet, so daß er schließlich Eingang findet in das System ihrer überdauernden Verhaltensmuster.

Nach Frankl kann sich der Sinn des Lebens in der Verwirklichung dreier verschiedener Wertetypen erfüllen. Für alle drei

Gruppen von Werten boten wir daher an unserer Klinik Möglichkeiten der Aneignung:

(1) Schöpferische Werte konnten in der Erfüllung spezifischer Aufgaben verwirklicht werden. Dabei setzten wir – gewissermaßen als Starthilfe – verschiedene Techniken der physischen und emotionalen Re-Edukation wie etwa auch Meditation ein, damit sich die Patienten erst einmal wieder als selbstkontrolliert und -diszipliniert erfahren konnten.

(2) Erfahrungswerte verwirklichten die Patienten, indem sie jene fundamentalen Prinzipien praktisch umsetzten, welche sie sich im Selbststudium oder in Interaktionsgruppen aneignen konnten. Die Themen, die in diesen Gruppen diskutiert wurden, kreisten um praktische Philosophie und Ethik: Die Patienten hatten sich damit auseinanderzusetzen, wie das Richtige, Gute, Wahre, Schöne, Reine und Gerechte in ihre konkrete Lebensgestaltung Eingang finden könnte. Entscheidend dabei war, daß sie in eine Gemeinschaft eingebunden wurden, die ihnen eine Plattform zur Erprobung ihrer neuerworbenen Erfahrungswerte bot.

(3) Werte im Bereich der persönlichen Einstellung bildeten den Hauptgegenstand der Beratungsgespräche. Die Hinwendung zu diesen Werten umfaßte die Bearbeitung von ›Persönlichkeitsstörungen‹ mit spirituellen Mitteln. In den Beratungsgesprächen versuchten wir einen Rahmen zu schaffen, in dem die Patienten wieder Sicherheit, Selbstbewußtsein und Selbstvertrauen gewinnen konnten. Der Patient sollte sich wieder als ein wert-voller Mensch begreifen können, dem in der Patientengemeinschaft wie auch in der Familie und der Gesellschaft eine sinnvolle Rolle zukommt. Diese Sinngewißheit erwächst aus der Gewißheit, auf eine einzigartige, spezifische und individuelle Weise zu lieben und geliebt zu werden. Jene Patienten, denen es gelang, bis zu dieser Sinngewißheit vorzudringen, ermutigten wir dazu, wenigstens eine weitere Person an der Erfahrung der Einmaligkeit und Einzigartigkeit ihrer Existenz teilhaben zu lassen.

Familienleben als Therapie – ein Modell: Das Zusammenleben mit unseren Patienten in der Klinik bedeutete für mich und meinen Mann, daß unser Verhalten als Ehepaar und als Eltern tagtäglich von den Süchtigen scharf und kritisch unter die Lupe genommen wurde. Wir lebten mit ihnen zusammen, arbeiteten miteinander und nahmen unsere Mahlzeiten gemeinsam ein, und es war unser Grundsatz, daß wir mit den Patienten genauso umgingen wie wir auch miteinander umgingen. Wir verlangten nichts von ihnen, was wir nicht auch von uns selbst verlangt hätten. Konnten sich die Patienten mit eigenen Augen davon überzeugen, daß die Art, wie wir als Familie miteinander umgingen, uns und unseren Kindern guttat, so konnten sie getrost annehmen, daß diese Art des Miteinanderumgehens auch ihnen guttun würde. Wir lebten gern in dieser Gemeinschaft und teilten freudig, was wir hatten: unser Familienleben ebenso wie unsere professionelle Erfahrung mit der Suchtproblematik. So zu handeln, bedeutete für uns die Erfüllung des Gebots: »Du sollst deinen Nächsten lieben wie dich selbst.«

Die Grundlage dieser Lebensauffassung bildet das spirituelle Wertegerüst, welches wir uns in fremden Ländern und Kulturen – in Situationen, die uns aufs äußerste herausforderten – erarbeiten konnten.

Der Herausgeber der Zeitschrift *International Journal of the Addictions*, Professor Einstein, schrieb 1984 in einem Leitartikel mit dem Titel »Bewältigungsstrategien und Intervention bei Drogenmißbrauch«:

> Die meisten von uns gelangen nicht über die Bewältigung des eigenen Alltags hinaus. Um aber denen helfen zu können, die das Stigma des Nicht-Angepaßten tragen und ihren Alltag nicht bewältigen, müßten wir uns auf ein gemeinsam zu bestehendes Abenteuer einlassen, das auch für uns ein Risiko birgt, statt sie, wie es gängige Praxis ist, aus einer *therapeutischen Distanz* heraus zu behandeln.[99]

Jenes Konzept einer Klinik, bei dem Ärzte, Schwestern, Berater und Patienten in den Behandlungsprozeß einbezogen sind und ihn konstruktiv mittragen, hat sich in einer kalifornischen Klinik als äußerst erfolgreich erwiesen. Landesweit und bald auch weltweit bekannt wurde diese Klinik, als sich Betty Ford, die Gattin des früheren Präsidenten der USA, dort wegen ihrer Alkohol- und Medikamentenabhängigkeit behandeln ließ. Nach ihrem erfolgreichen Entzug setzte sich Betty Ford für diese Klinik ein und gründete später das nach den gleichen Prinzipien arbeitende *Betty-Ford-Center*, dem bald eine Unzahl berühmter Persönlichkeiten zuströmten. Elizabeth Taylor, Liza Minnelli, Robert Mitchum und Tony Curtis – um nur einige zu nennen – haben dort einen Weg aus ihrer Abhängigkeit gefunden.

Im Betty-Ford-Center liegt der Akzent auf »Aufrichtigkeit, Mut und Liebe«, aber vor allem auf »Demut«, weil, wie Betty Ford sagt, »wir alle zu der Erkenntnis kommen müssen, daß nur eine Macht, die stärker ist als wir, uns auf den Weg zur Heilung führen kann«.

In dieser Klinik gibt es keine Einzelzimmer; jeder, auch der Prominenteste, teilt sein Zimmer mit mindestens einem anderen Menschen. Ausnahmslos von jedem wird erwartet, daß er oder sie sein oder ihr Bett selbst macht, Geschirr spült, den Fußboden wischt und den Müll hinausträgt. »Als erstes mußte ich den Müll hinaustragen und den Innenhof mit einem Schlauch sauberspritzen«, berichtete Elizabeth Taylor. »Auf den Innenhof war ich sehr stolz. Und der Müll – nun ja, das gehört zu den Dingen, die eben getan werden müssen. Sowas tut man, ohne groß darüber nachzudenken; jeder von uns hatte seine Aufgaben zu erledigen.« Die Erledigung dieser ganz banalen aber notwendigen häuslichen Pflichten, die Einstellung des einzelnen zu diesen Pflichten sowie die Art und Weise, wie sie erledigt werden – all dies sind wichtige Aspekte der psycho-spirituellen Therapie, die wesentlich zum Heilungsprozeß beitragen.

Die Angehörigen der Süchtigen werden nicht nur gebeten,

sondern dringend aufgefordert, ins Betty-Ford-Center zu kommen und dort Vorträge und Therapieveranstaltungen zu besuchen, die ihnen ein Verständnis des Suchtproblems vermitteln. Zur Pflichtlektüre der Patienten gehören die Veröffentlichungen der Anonymen Alkoholiker – vor allem jene Schriften, die das spirituelle Element betonen.

In der Klinik werden die Süchtigen mit sich selbst und ihren Handlungen konfrontiert; sie müssen ihr Tun und Lassen einer nüchternen Betrachtung unterziehen, doch werden sie auf diesem Weg von liebevollen und einfühlsamen Beratern begleitet. Es ist dort nichts Ungewöhnliches, daß berühmte Persönlichkeiten des öffentlichen Lebens, die jahrelang nicht geweint haben, in unkontrolliertes Weinen ausbrechen, wenn ihre tatsächlichen Motive freigelegt werden. Das ist zugegebenermaßen schmerzlich, doch ist es ein Prozeß, der eine Neuorientierung einleitet, ein Prozeß, der zu einer Neufestlegung der Prioritäten und der handlungsleitenden Werte führt und oft sogar eine tiefgreifende Umkehr bewirkt.

Mit den Worten Elizabeth Taylors: »Draußen erzählt dir jeder, daß er dich liebt. Aber in der Klinik müssen sie die Dinge beim Namen nennen, dort müssen sie aussprechen, wo du ihnen weh getan hast, wodurch du sie wütend gemacht oder gedemütigt hast.«

Ausblick

Indem wir das Therapiemodell, nach dem auch unsere eigene Klinik konzipiert war, beschreiben, machen wir gleichzeitig deutlich, daß sich die Haltung der Öffentlichkeit, der Entscheidungsträger und der professionellen Helfer grundlegend wandeln muß, wenn wir das Übel an der Wurzel packen wollen. Was not tut, ist ein ganzheitlicher Ansatz, der Körper, Leib und Seele umfaßt; eine Neugestaltung des persönlichen und sozialen Beziehungsnetzes; eine praktikable Integration der medizinisch-naturwissenschaftlichen und der psycho-spirituellen Ansätze, um sowohl der Detoxifikation als auch der Rehabilitation der Süchtigen gewachsen zu sein.

Darüber hinaus müssen wir uns vergegenwärtigen, wie verzweigt das politisch-wirtschaftliche Bedingungsgefüge ist, in dem das Suchtproblem steht.

Zu jedem Zeitpunkt der Behandlung muß es das erklärte Ziel des Arztes sein, das Potential seines Patienten anzusprechen und zur Entfaltung zu bringen.

Goethe sagte: »Wenn wir die Menschen nur nehmen, wie sie sind, so machen wir sie schlechter; wenn wir sie hingegen nehmen als was sie sein sollten, so bringen wir sie dahin, wohin sie zu bringen sind.« Frankl war es, der sagte: »Einen Menschen in seiner Einmaligkeit erfahren bedeutet, ihn zu lieben.« Und Dostojewski faßte beides zusammen in dem Satz: »Einen Menschen lieben heißt, ihn so zu sehen, wie Gott ihn gewollt hat.«

Anhang I

Glossar*

Acetylcholin: *Neurotransmitter*, der wesentlich an der Erregung der Muskeln beteiligt ist, aber auch im autonomen und im Zentralnervensystem vorkommt.

Adrenalin: *Neurotransmitter* aus der Gruppe der *Catecholamine*, der bei emotionaler Belastung aus dem Nebennierenmark vermehrt ausgeschüttet wird – mithin also auch als Hormon fungiert – und eine schnelle allgemeine Aktivierung (›Notfallreaktion‹) bewirkt.

Adrenocorticotropes Hormon (ACTH): Wird in der Hypophyse gebildet und steuert die Bildung und Sekretion von *Cortisol* in der Nebennierenrinde. In Streßsituationen kommt es zu einer Steigerung der ACTH- und damit auch der Cortisol-Ausschüttung, wodurch der Organismus auf eine Notfallreaktion vorbereitet wird.

Alpha-Rhythmus: *EEG*-Muster, bei dem regelmäßige Wellen von 8-13 Hz vorherrschen; charakteristisch für entspannten Wachzustand.

Benzodiazepine: Eine Gruppe von etwa zehn chemisch verwandten Tranquilizern. Bei den meisten Vertretern dieser Gruppe – z.B. bei Diazepam (*Valium*), Lorazepam (*Tavor*) und Dikaliumclorazepat (*Tranxilium*) – steht die angstlösende Wirkung im Vordergrund. Nitrazepam (*Mogadan*, *Dormo-Puren*) und Flunitrazepam (*Rohypnol*) wirken stärker sedierend und werden daher bei Schlafstörungen verabreicht. 1977 wurden benzodiazepin-spezifische Bindungsstellen im Gehirn nachgewiesen, die mit den *Rezeptoren* für *GABA* einen Komplex bilden. Benzodiazepine verbessern die GABA-erge Hemmung und wirken dadurch dämpfend auf kritische Neurone in vielen Hirnarealen. Die Gefahr physischer und psy-

*Kursiv gesetzte Begriffe werden im Glossar erklärt.

chischer Abhängigkeit besteht selbst bei niedriger Dosierung.

Biofeedback: Eine therapeutische Technik, bei der der Patient lernt, normalerweise unwillkürlich ablaufende, autonome Reaktionen wie Schweißdrüsenaktivität oder Blutdruck bewußt zu kontrollieren. Um seine Selbstbeobachtung zu fördern und ihm ein gezieltes Lernen zu ermöglichen, werden dem Patienten Veränderungen jener Körperprozesse, die er unter Kontrolle bringen möchte, über Meßgeräte zurückgemeldet.

Catecholamine: Zusammenfassende Bezeichnung für die Nebennierenmarkshormone *Adrenalin*, *Noradrenalin* und *Dopamin*, die im vegetativen und Zentralnervensystem als *Neurotransmitter* wirken. Sie vermitteln Energiebereitstellungsprozesse und verschiedene komplexe psychophysische Funktionen wie Aufmerksamkeit, Gedächtnis, Schlaf und Nahrungsaufnahme.

Cold Turkey: Szeneausdruck für das Abstinenzsyndrom, das sich im Rauschgiftentzug ohne medikamentöse Unterstützung – auch ›kalter Entzug‹ genannt – gewöhnlich herausbildet und für das u.a. die an einen ›Cold Turkey‹ gemahnende Gänsehaut der Süchtigen charakteristisch ist.

Cortisol und Corticosteron: In der Nebennierenrinde produzierte Hormone, die wichtige Körperprozesse steuern.

Cerebrospinale Flüssigkeit (Liquor): Eine klare Flüssigkeit, die Gehirn und Rückenmark allseitig umgibt. Liquorproben können mit Hilfe einer Lumbalpunktion entnommen und z.B. auf ihren Gehalt an *Endorphinen* untersucht werden.

DDU (drug dependence unit): Ambulante Drogenzentren, die 1968 in ganz Großbritannien eingerichtet wurden. Heroinsüchtige konnten dort nach einer ärztlichen Voruntersuchung Heroin bzw. Methadon legal und kostenlos erhalten. Jeder in einer DDU behandelte Süchtige wurde bei der zentralen Drogenabteilung des Innenministeriums registriert. Psychotherapeutische Hilfsangebote sowie soziale und berufliche Rehabilitationsmaßnahmen ergänzten die medizinische Behandlung. Das Ziel war dabei im Idealfall die völlige Abstinenz, zumindest jedoch die Reduktion auf eine möglichst geringe Erhaltungsdosis. Die heutige Praxis britischer Drogenzentren ist durch größere Zurückhaltung bei der Vergabe von Ersatzdrogen geprägt. Um das für Substitutionsprogramme typische Feilschen um Dosierungshöhen zu vermeiden, wird Methadon auf der Grundlage eines Behandlungsvertrages verschrieben, in dem die Dosis und der Zeitraum, innerhalb dessen Abstinenz erreicht werden muß, festgelegt sind.

Delirium tremens: Akutes Entzugsdelir, das vor allem bei Alkohol und Barbituratsüchtigen auftritt. Es ist durch grobschlägigen Tremor, hohes Fieber, Puls- und Blutdrucksteigerung, Verwirrtheit, Desorientiertheit und alptraumartige Halluzinationen gekennzeichnet. Seinen Höhepunkt erreicht es drei bis vier Tage nach dem Entzug der Droge.

Diathermie: Wärmedurchdringung von Körperabschnitten durch hochfrequente, ungedämpfte Wechselströme.

Dopamin: Zu den *Catecholaminen* zählende Vorstufe von *Noradrenalin* und *Adrenalin.* Hohe dopaminerge Aktivität weisen Hirnareale auf, die an der Regulation der Motorik und des Schlaf-/Wachrhythmus beteiligt sind.

EEG (Elektoencephalogramm): Methode zur Registrierung der spontanen elektrischen Aktivität des Gehirns durch Ableitung von der Schädeldecke mit Hilfe von Elektroden, Verstärkern und Aufzeichnungsgeräten.

Endorphine: Sammelbezeichnung für alle opiatartig wirkenden Substanzen, die als körpereigene *Liganden* (›endogene Morphine‹) der Opioid-*Rezeptoren* identifiziert werden konnten. Hierzu zählen Dynorphin, alpha-, beta-, gamma-Endorphin sowie Met- und Leu-Enkephalin. Endorphine wurden nicht nur im Gehirn, in der Hypophyse und verschiedenen peripheren Organen, sondern auch im Blut, im Urin und in der Muttermilch nachgewiesen; sie haben teils Hormon-, teils *Neurotransmitter*funktion. Die Enkephaline sind von kurzer Wirkungsdauer und finden sich vor allem in kurzkettigen Zwischenneuronen. Beta-Endorphin ist in der Hypophyse hoch konzentriert, von wo es bei Streß zusammen mit *ACTH* in die Blutbahn ausgeschüttet wird. Verschiedene Endorphine finden sich in neuronalen Strukturen, denen eine Schlüsselfunktion bei der Schmerzverarbeitung zugesprochen wird.

Freebasing: Aus Kokain wird durch Zugabe chemischer Katalysatoren die Grundsubstanz (die freie Base) freigesetzt, die geraucht oder injiziert werden kann und sehr viel schneller und stärker wirkt als das geschnupfte Kokainsalz.

GABA (Gamma-Aminobuttersäure): *Neurotransmitter*, der mit der Regulation des Eßverhaltens und mit der Entstehung von Angstzuständen in Verbindung gebracht wird. Die schmerzhemmende Wirkung der Elektrostimulation ist möglicherweise GABAerg vermittelt.

Gate-Theorie der Schmerzverarbeitung: s. Anhang II, Anmerkung 2.

Heroin (Diacetylmorphin): *Opioid*, das mittels eines einfachen chemischen Verfahrens aus Morphium, dem Hauptalkaloid des Opiums, gewonnen wird. Es bewirkt eine erheblich stärkere Euphorie als Morphium und führt innerhalb kürzester Zeit zu körperlicher und psychischer Abhängigkeit.

Kreuztoleranz: *Toleranz*, die ursprünglich durch pharmakologische Gewöhnung an eine bestimmte Droge entstanden ist, sich dann aber auch auf eine andere Substanz mit ähnlichen Eigenschaften erstreckt.

Ligand: Ein Molekül, das sich mit spezifischen *Rezeptoren* verbindet, zu denen es gleichsam wie ein Schlüssel zum Schloß paßt.

Mandrax: Starkes Schlafmittel, dessen hohes Suchtpotential auf die Kombination von Methaqualon (ein Hypnotikum) mit Diphenhydramin (ein Antihistaminikum) zurückgeführt wird. Vor einigen Jahren in der BRD vom Markt genommen.

Methadon: Synthetisches *Opioid*, das in der BRD unter der Bezeichnung L-Polamidon im Handel ist. Bezüglich Morphium und *Heroin* besteht *Kreuztoleranz*. Methadon unterdrückt das Abstinenzsyndrom nach Heroinentzug, ohne jedoch wie Heroin ein ausgeprägtes Hochgefühl zu erzeugen. In

Methadon-Erhaltungsprogrammen wird die Dosierung von Methadon so eingestellt, daß der Suchtkranke im Grenzbereich zwischen Rausch und Abstinenz pharmakologisch stabilisiert wird. Methadon weist zahlreiche Nebenwirkungen auf: u. a. Sedierung, Wahrnehmungs-, Schlaf- und Menstruationsstörungen.

Methadon-Erhaltungsprogramme: Bereits in den sechziger Jahren wurden in den USA und in Großbritannien großangelegte Drogensubstitutionsprogramme durchgeführt mit dem Ziel, Heroinsüchtige durch legale Bereitstellung einer Ersatzdroge von dem Zwang zur Beschaffungskriminalität zu befreien, aus dem Drogenmilieu herauszulösen und sozial zu reintegrieren. Diese Programme sind in der Regel dreiphasig konzipiert. Zunächst wird der Abhängige so auf Methadon eingestellt, daß die durch den Heroinentzug verursachten Symptome aufgefangen werden. Daran schließt sich die Erhaltungsphase an, während der kontrolliert Methadon ausgegeben wird. Als das eigentliche therapeutische Problem erwies sich bei allen Methadonprogrammen die letzte Phase des ›Ausschleichens‹ bis zur vollständigen Abstinenz. Vieles deutet darauf hin, daß Methadonentzug den Betroffenen letztlich schwerer fällt als Heroinentzug.

Naloxon: Spezifischer Opioidantagonist; da Naloxon nicht nur die Wirkung der exogenen *Opioide* aufhebt, sondern auch die der *Endorphine*, kann es zum Nachweis endorphinerger Aktivität verwendet werden.

Neurohormone: Neuroaktive Peptide, die als Bindeglieder zwischen Nerven- und Hormonsystem fungieren. Sie wirken sowohl als Hormone, indem sie ihren Wirkort über die Blutbahn erreichen, als auch als *Neurotransmitter*, insofern sie aus Nervenzellen freigesetzt werden.

Neuromodulatoren: Neuroaktive Peptide, die der Veränderung der neuronalen Signale dienen; vermutlich wirken die *Endorphine* überwiegend neuromodulatorisch.

Neurotransmitter: Körpereigene Überträgerstoffe, die der Fortleitung des Signals von einer Nervenzelle zur anderen dienen. Über vierzig verschiedene Neurotransmitter konnten bisher identifiziert werden.

Noradrenalin: *Neurotransmitter* aus der Gruppe der *Catecholamine.*

Hohe noradrenerge Aktivität findet sich in Hirnstrukturen, die möglicherweise als neuronales ›Belohnungssystem‹ fungieren.

Opioide: Hierzu zählen Opium und seine Derivate Morphium, Heroin und Codein – also die Opiate im engeren Sinne – sowie synthetische Narkotika wie etwa *Methadon.*

Radioimmunoassay: Eine Technik zur Messung winziger Substanzmengen, bei der radioaktiv markierte Reaktionspartner der betreffenden Substanz verwendet werden.

REM-Schlaf: Schlafphase, die durch schnelle Augenbewegungen und Träume gekennzeichnet ist. Wesentlicher Bestandteil eines normalen *Schlafmusters.*

Retikulärformation: Weitverzweigtes Netzwerk von Kernen und Faserzügen im Hirnstamm, das den Organismus schlagartig in einen hellwachen Zustand versetzen kann und dadurch die Grundlage für Aufmerksamkeit und Wahrnehmung schafft.

Rezeptor: Spezielle Bindungsstelle an der Zelloberfläche, mit der ›passende‹ körpereigene oder exogene Substanzen (Liganden) interagieren.

Schlafmuster: Relativ konstante Abfolge von Schlafstadien, die sich aus der Analyse des Schlaf-*EEGs* gesunder Probanden ergibt.

Serotonin: *Neurotransmitter,* der mit der Regulation des Schlaf-/Wachrhythmus, mit dem Schmerzgeschehen, mit Stimmungsaufhellung, Aggressivität und Nahrungsaufnahme in Zusammenhang gebracht wird.

Synapse: Schaltstelle zwischen benachbarten Nervenzellen; das elektrische Signal einer Nervenzelle bewirkt die Freisetzung eines *Neurotransmitters* aus ihrer Membran, der mit der Membran des Nachbarneurons interagiert, wodurch dieses ebenfalls elektrisch stimuliert wird.

Tavor (Lorazepam): Tranquilizer aus der Gruppe der *Benzodiazepine.*
Toleranz: Pharmakologische Gewöhnung; durch kontinuierliche Zufuhr von Fremdsubstanzen gewinnt der Organismus allmählich die Fähigkeit, an sich giftige oder gar tödlich wirkende Substanzmengen zu verarbeiten. Um eine gleichbleibende Drogenwirkung zu gewährleisten, muß daher die Dosis immer weiter gesteigert werden. Physiologische Grundlage des Toleranzerwerbs ist zum einen eine verminderte Empfindlichkeit der *Rezeptoren* an den Wirkorten und zum anderen die Beschleunigung des Fremdstoffabbaus im Organismus.

Anhang II

Anmerkungen

1 Diese und ähnliche Befunde legen nach R. Melzack die Annahme nahe, daß das Gehirn nicht bloß passiver Empfänger von Schmerzreizen ist, sondern vielmehr über absteigende Nervenbahnen aktiv in das Schmerzgeschehen eingreift. Eine hemmende Wirkung auf die Weiterleitung von Schmerzreizen schreibt Melzack u. a. der zentralen Haubenbahn zu:

> Dieser hemmende Einfluß könnte dazu beitragen, eine erst kürzlich gemachte, aufregende Entdeckung zu deuten. Reynolds (1969, 1970) gelang es, durch elektrische Stimulation im Gebiet der zentralen Haubenbahn und des periaquäduktalen Graus die Schmerzempfindlichkeit von Ratten derart herabzusetzen, daß diese gegenüber Stichen, Verbrennungen, ja sogar schweren Bauchoperationen gleichgültig blieben ... Jüngst beobachteten D. J. Mayer et al. (1971) das gleiche Phänomen und fanden darüber hinaus Hinweise auf eine somato-topische Organisation des schmerzverarbeitenden Systems; so führt die Reizung spezifischer Neuronengruppen nur in festumrissenen Körperregionen, z. B. in der unteren Körperhälfte oder in einem bestimmten Körperquadranten, zur Aufhebung der Schmerzempfindlichkeit. Weiterhin berichten die Autoren, daß die Stimulation dieser Gebiete (der oben genannten hemmenden Schmerzzentren, d. Übers.) von den Versuchstieren offensichtlich als angenehm empfunden wurde, denn sie waren mit Eifer dabei, die Reizung mit Hilfe eines Hebeldrucks selbst auszulösen. Diese Beobachtungen ... sind von großer theoretischer Bedeutung, da sie auf die Existenz eines Systems hinweisen,

das einen tonischen und weitverzweigten Einfluß auf die Impulsübertragung durch das somatosensorische Projektionssystem ausübt.[210]

2 Im Zentrum dieser 1965 vorgestellten Schmerztheorie steht die Annahme, daß der Schmerz, so wie wir ihn wahrnehmen und mithin auch affektiv wie kognitiv bewerten, nicht einfach nur ein Abbild des schmerzauslösenden Eingangsreizes, sondern vielmehr das Produkt eines komplexen neuronalen Verarbeitungsprozesses ist, bei dem sich von der Körperperipherie aufsteigende und vom Gehirn absteigende Impulse vielfältig überlagern. Als wichtigste Schaltstelle des schmerzverarbeitenden Systems postulieren Melzack und Wall ein im Rückenmark gelegenes ›Tor‹, das die aufsteigenden Schmerzreize passieren müssen, um eine Schmerzwahrnehmung auszulösen. Ob nun dieses Tor geschlossen bleibt oder geöffnet wird, hängt von dem relativen Gleichgewicht zwischen aufsteigenden Entladungsmustern und absteigenden Impulsen ab. Für letztere ist nach der Gate-Theorie ein ›zentraler Kontrollauslöser‹ verantwortlich, über den psychische Faktoren wie Aufmerksamkeit, Erwartung und Angst die Steuerungseigenschaften des spinalen Schmerztores beeinflussen.

3 Elmer Green, dem Direktor des Projekts ›Selbstkontrolle autonomer Funktionen‹ an der *Menninger Foundation* in Kansas, USA, gelang 1970 ein aufsehenerregendes Experiment: Er leitete bei einem indischen Swami über Elektroden am rechten Ohr und an der linken Hand ein EKG ab, während dieser sein Herz willkürlich zum Stillstand brachte. Green nahm zunächst an, diese phänomenale Selbstkontrolleistung beruhe auf einem neurologischen Schock, den sich der Swami gewissermaßen selbst verabreicht. Der ›Schock‹, von dem dieser Swami sprach, war jedoch in Wahrheit psychologischer Natur.

Unmittelbar bevor der selbstinduzierte Schock eintrat, stieg die Herzfrequenz des Swami, die vor dem Experiment gleichmäßig 70 Pulsschläge pro Minute betrug, abrupt von einem Pulsschlag zum andern auf 300 Schläge pro Minute an. Dieser Zustand hielt etwa 17 Sekunden lang an.

Dieses Experiment war ein schlagender Beweis für eine revolutionäre medizinische Theorie, die schon im Laufe der sechziger Jahre immer mehr Anhänger gefunden hatte – für die Theorie nämlich, daß viele Körperfunktionen, die nach herkömmlichem Verständnis als unbeeinflußbar und reflexhaft gelten, willentlich kontrolliert werden können.

In tierexperimentellen Studien konnte schon vor 1970 gezeigt werden, daß es Ratten unter bestimmten Bedingungen möglich ist, ihre Herzfrequenz unter Kontrolle zu bringen. Die Laboruntersuchung des Swami markiert jedoch den Durchbruch zur Anwendung auch beim Menschen; in einer Reihe von Experimenten wurden in der Folgezeit Versuchspersonen darin geschult, diese Technik z. B. zur Linderung von unerwünschten Muskelspannungen einzusetzen. Der Frage, welche Rolle motorische Mediatoren beim Erlernen autonomer Reaktionen spielen, spürte man in Untersuchungen an Ratten nach, deren Körpermuskulatur durch Curare vollkommen gelähmt war. Auf der Grundlage dieser Studien wurde jenes therapeutische Verfahren entwickelt, das wir heute als ›Biofeedback‹ kennen.

Ohne Rückmeldung kann Lernen nicht stattfinden. Um sprechen zu lernen, muß man hören können. Ein Kind mit eingeschränkter Hörfähigkeit wird sich mit dem Spracherwerb schwertun; doch sobald es mit einem Hörgerät ausgestattet ist, kann es genauso wie ein nichtbehindertes Kind sprechen lernen.

So steht und fällt die Biofeedback-Technik mit dem Einsatz geeigneter Rückmeldegeräte. Als Biofeedback-Geräte kommen alle Vorrichtungen in Frage, die Biosignale erfassen und an den ›Sender‹ derart zurückmelden, daß diesem ein in seinem Körperinneren ablaufender Prozeß über die Hauptsinnesorgane (Auge und Ohr) zugänglich gemacht wird. Ein Stethoskop etwa kann als ein solches Rückmeldegerät

rät dienen: Während sich der Patient damit selbst abhört, bekommt er ein Gefühl dafür, unter welchen Bedingungen sein Herz schneller bzw. langsamer schlägt. Ausgehend von diesen Selbstbeobachtungen kann er dann lernen, die Schlagfrequenz seines Herzens zu steuern.

Die Geschichte des Biofeedback als einer medizinischen Innovation reicht bis ins Jahr 1958 zurück. Im gleichen Jahr begann R. O. Becker mit seiner Forschungsarbeit zur Elektrostimulation und Regeneration von Knochengewebe, und fast zur gleichen Zeit experimentierten chinesische Ärzte eifrig mit einem impulsgebenden Stimulator zur Elektroakupunktur-Anästhesie bei chirurgischen Eingriffen.

Einen wichtigen Beitrag zur Entwicklung des Biofeedback leistete der japanische Psychologe Joseph Kamiya, der – ebenfalls im Jahre 1958 – damit begann, den Bedingungen, unter denen bestimmte EEG-Muster entstehen, auf den Grund zu gehen. Dabei stellte sich Kamiya Fragen wie: Was wird im EEG sichtbar? Was macht das Gehirn während der Ableitung? Was geht in den Patienten vor und wie berichten sie darüber? Er ließ seine Versuchspersonen, die an ein EEG-Gerät angeschlossen in einem abgedunkelten Raum saßen, raten, in welchem Zustand sie sich gerade befanden. Die Alternative lautete: entspannter Alpha-Zustand ja oder nein. Nach drei Stunden ›Alpha-Training‹ lag die Trefferquote vieler Probanden bei 75 Prozent. Doch allen Versuchspersonen fiel es schwer, den Alpha-Zustand zu beschreiben. »Das Unaussprechliche, Erhabene, das den meditativen Zustand kennzeichnet und in mystischen Schriften oft hervorgehoben wird, klingt auch in den Aussagen vieler Probanden an«, berichtete Kamiya, »z. B.: ›Ich kann diesen Zustand nicht in Worte fassen ... das ist so ein gewisses Gefühl ...‹, ›Alles ist friedlich ...‹, ›Ich fühle mich wie unter Drogen ...‹, ›Es ist, als ob ich vom Stuhl abheben würde ...‹.« Aus der bahnbrechenden Neuerung, die das Biofeedback zweifellos darstellt, wurde eine Modewelle und leider auch ein Spielzeug in der Hand schrulliger Biofeedback-Apostel; einer wachsenden Kultgemeinde galt Biofeedback bald als ein neues Wundermittel für alles und jedes. In einigen klinischen Anwendungsbereichen hat es sich jedoch mittlerweile bewährt. Von anerkanntem Nutzen ist das Biofeedback beispielsweise, wenn es darum geht, Muskelspannungen – etwa die Kopfschmerz erzeugenden Spannungen des Stirnmuskels – abzubauen. Mit Hilfe eines Rückmeldegeräts, das auf Muskelaktivität mit einem Ton oder einem Lichtsignal reagiert, kann man lernen, einen Muskel vollkommen zu entspannen; ja es ist auf diese Weise sogar möglich, sich auf ein einzelnes Motoneuron zu konzentrieren und dieses zum ›Feuern‹ zu bringen. Entsprechend abgewandelt wird diese Technik erfolgreich bei Sprachstörungen, die mit einer Leseschwäche verbunden sind, bei nervösen Gesichtszuckungen und in der Rehabilitation von Schlaganfall-Patienten eingesetzt.

Viele Veröffentlichungen beschäftigen sich mit den Einsatzmöglichkeiten sogenannter ›Alpha-Entspannunsgeräte‹, die die hirnelektrische Aktivität erfassen und dem Benutzer ein Signal geben, sobald sich der mit Entspannung und innerer Ruhe verbundene Alpha-Rhythmus einstellt. Die Frequenz hirnelektrischer Wellen stellt ein grobes Maß für geistige Aktivität dar; bei angespannter Aufmerksamkeit ist sie am höchsten, im Tiefschlaf am niedrigsten.

Allgemein gilt, daß Stimulanzien wie Koffein, Nikotin und Amphetamin die jeweils vorherrschenden Hirnwellen beschleunigen, während Alkohol, Morphium, Cannabis sowie eine Verminderung des Blutzuckers eher dämpfend wirken.

Auf einen kurzen Nenner gebracht, handelt es sich beim Biofeedback um eine Technik zur Steigerung der Selbstwahrnehmungs- und Selbstkontrollfähigkeit bezüglich autonomer Körperprozesse. Oder anders gesagt: Es stellt eine technische Vorrichtung dar, die dem Subjekt von außen kommende, objektive Informationen darüber liefert, was in seinem Inneren abläuft. Von einem seiner Pioniere, dem Mathematiker Norbert Wiener, wurde Biofeedback als »... eine Methode (definiert), ein System dadurch unter Kontrolle zu bringen, daß man ihm das Ergebnis seines jeweils letzten Durchlaufs fortwährend wieder einspeist«.

Mit Hilfe dieser Selbstkontrolltechnik kann man sich u. a. auch darin üben, in solche Bewußtseinslagen einzutreten, die sonst nur Mystikern, Drogenkonsumenten und Teilnehmern religiöser Initiationsriten vorbehalten sind. Als wirksam erwies sich Biofeedback jedoch auch unter Bedingungen, die alles andere als ekstatisch genannt werden können: in Schmerzkliniken im Rahmen der Migränetherapie. Durch ›Hand- oder Finger-Erwärmungsübungen‹ können viele Migräne-Patienten Kontrolle über ihre Kopfschmerzen gewinnen. Die Hauttemperatur der Hände oder der Finger willkürlich zu erhöhen, ist in der Tat überhaupt nicht schwierig, wenn man sich nur intensiv vorstellt, daß sie wärmer werden. Mit dieser simplen Technik werden Soldaten vertraut gemacht, die in kalten Klimazonen stationiert sind. Um zu erklären, wieso Erwärmungsübungen den Migräne-Kopfschmerz lindern oder beseitigen können, muß man sich vor Augen halten, daß die Ursache der Migräne eine Weitstellung extra- und intrakranieller Gefäße ist, die als Folge übermäßiger vegetativer Nervenaktivität auftritt. Da eine Erhöhung der Handtemperatur nur über Entspannung erzielt werden kann, geht mit ihr stets auch eine Reduktion der Sympathikus-Aktivität einher.

Angesichts dieser therapeutischen Erfolgsbilanz verweisen die Gegner des Biofeedback auf den Placeboeffekt und greifen damit auf einen Einwand zurück, mit dem das medizinische Establishment schon seit eh und je versucht, der Auseinandersetzung mit innovativen Verfahren auszuweichen.

4 1946 begann Grey Walter mit Untersuchungen, in denen er der Frage nachging, welche Veränderungen im EEG sichtbar werden, wenn der Versuchsperson bestimmte Reize vorgegeben werden. So fand er etwa, daß eine Serie von Lichtblitzen, die in kurzen, gleichbleibenden Intervallen aufleuchten, ein charakteristisches hirnelektrisches Wellenmuster erzeugt.

Auf bestimmte Reizfrequenzen reagierten die Versuchspersonen äußerst heftig; einige wurden dabei von Krämpfen erfaßt, die einem epileptischen Anfall glichen.

Walter beobachtete Ähnlichkeiten zwischen natürlichen, endogenen epileptischen Krampfanfällen und solchen, die durch Elektroschocktherapie ausgelöst werden. Daraufhin wandte er sich der Untersuchung von Personen zu, die als Epileptiker diagnostiziert worden waren, und fand, daß deren EEG in der Zeit zwischen den Anfällen äußerst charakteristische Wellenformen aufweist. Um die Frequenz der Lichtblitze und die hirnelektrische Rhythmik zu synchronisieren, entwickelte Walter ein automatisches Rückmeldesystem in Form eines Triggerkreises. Die Hirnwellen selbst fungieren dabei als Auslöser (›Trigger‹) für die Lichtreize, die in einer beliebig wählbaren zeitlichen Relation zur rhythmischen Komponente der – durch den Reiz hervorgerufenen oder spontanen – Hirnaktivität dargeboten werden können. Es stellte sich heraus, daß die Wirkung des Flackerlichts bei diesem Verfahren noch erheblich durchschlagender war als bei einer durch den Versuchsleiter festgelegten Stimulusfrequenz: Die EEG-Ableitungen von mehr als fünfzig Prozent der Versuchspersonen (junge, gesunde Erwachsene) zeigten während der ersten Darbietung der hirnelektrisch getriggerten Lichtblitzserie vorübergehende anfallsartige Entladungen im Gehirn an, wie sie für Epileptiker typisch sind. Walters Kommentar zu diesem Befund: »Es war, als ob auf dem Hintergrund all der Triller und Arpeggios, die die normale Hirnaktivität bestimmen, regelmäßig bestimmte Durakkorde angeschlagen würden.« Walter berichtet weiter, angesichts der harmonisch gruppierten Hirnwellen habe sich ihm der Gedanke geradezu aufgedrängt, daß es, um die hirnelektrischen Rhythmen in einer gewaltigen Explosion synchron zu bündeln, nur eines externen Koordinators bedürfe, eines Dirigenten, der die vereinzelt erklingenden Akkorde zu einem einzigen großen Paukenschlag zusammenführt. Ein Flackerlicht im Bereich des Alpha-Rhythmus – 8 bis 13 Lichtblitze pro Sekunde – nimmt bei Epileptikern offenbar genau diese Funktion ein, da es bei ihnen jederzeit einen Krampfanfall auslösen kann. Diese Technik entwickelte sich zu einem wertvollen klinischen Instrument im Rahmen der Epilepsie-Diagnose.

Es war der deutsche Psychiater Hans Berger, der im Jahre 1924 erstmals spontane elektrische Spannungsschwankungen von der Hirnrinde seines Sohnes ableitete und damit das menschliche EEG entdeckte. Er war zunächst von der Vermutung ausgegangen, das Gehirn produziere nur eine einzige Wellenform; doch bald erkannte er, daß das EEG, je nachdem wo er die Elektroden auf der Schädeldecke plazierte, deutlich unterscheidbare Muster anzeigte – ein Befund, der auf die Existenz verschiedener Wellenformen hinwies.

Ausgehend von diesen Untersuchungen unterteilte Berger die rhythmische Aktivität des Gehirns in vier Arten von Spannungsschwankungen, die er Alpha-, Beta-, Delta- und Theta-Wellen nannte. Die extrem langsamen Delta-Wellen (0-3,5 Hz) werden vor allem im Tiefschlaf beobachtet. Im dösigen Wachzustand, im Schlaf, aber auch in tiefen Entspannungszuständen wie Meditation zeigen sich langsame, meist hohe Wellen von 4-7 Hz, die Theta-Wellen. Im entspannten Wachzustand herrscht bei geschlossenen Augen der Alpha-Rhythmus (8-13 Hz) vor; beim Öffnen der Augen, bei Reizdarbietung oder bei geistiger Tätigkeit verschwinden die Alpha-Wellen (Alpha-Blockade) und werden von den hochfrequenten Beta-Wellen (14-30 Hz) abgelöst.

Kleine Kinder neigen dazu, auf Frustrationen mit aggressiven Handlungen zu reagieren, die oftmals von Theta-Rhythmen begleitet sind. Auch im hirnelektrischen Wellenmuster von Erwachsenen, die zu unkontrollierten Ausbrüchen von Gewalttätigkeit neigten, konnte ein dominanter Theta-Rhythmus nachgewiesen werden.

5 Diese Beobachtungen führten zu einer weiteren Hypothese: daß das Kleinhirn die Funktion eines Modulators habe, der vom Organismus nach Bedarf ›angeschaltet‹ wird. Von dieser Modellvorstellung ausgehend nahm Cooper an, daß eine fortwährende Stimulation des Kleinhirns schließlich Veränderungen im Chemismus gewisser Neurotransmitter-Systeme bewirkt. Sollte dies zutreffen, so könnte die therapeutische Wirksamkeit der kontinuierlichen Kleinhirn-Stimulation möglicherweise darauf beruhen, daß dabei eine durch chemische Systeme vermittelte Rekonditionierung oder Normalisierung ›entgleister‹ Hirnfunktionen stattfindet.

6 Ein anderer aus dem Kreis meiner Kollegen am *Tung Wah Hospital*, Dr. K. Chau, führte zwischen Dezember 1972 und März 1973 eine Untersuchung durch mit dem Ziel, die gleiche Stimulationstechnik im Rahmen der Behandlung des Status asthmaticus zu erproben. Dabei kam er zu dem Ergebnis, daß dieses Verfahren der konventionellen Asthma-Therapie überlegen ist.

Allen Patienten, die während des Untersuchungszeitraums in der Ambulanz des *Tung Wah Hospital* wegen Bronchialasthma in Behandlung waren – insgesamt dreißig –, bot Chau Akupunktur und Elektrostimulationstherapie an. Unter dieser Patientengruppe befanden sich sechs besonders schwere Fälle, die durchweg eine lange Krankengeschichte aufwiesen: wiederkehrende schwere Asthmaanfälle, wiederholte Krankenhauseinweisungen in den vergangenen zwölf Monaten wegen Asthma sowie verschiedene Symptome, die sie beim Arbeiten und Schlafen behinderten. Bei allen sechs Patienten verschlimmerten sich die Anfälle in der kalten Jahreszeit; in vier Fällen hatte sich bereits ein Emphysem gebildet. Drei dieser Patienten wurden bei Untersuchungsbeginn bereits seit mehr als drei Jahren von der Ambulanz betreut und hatten während etwa der Hälfte ihrer Klinikaufenthalte kurzzeitig Corticosteroide erhalten, da sie auf andere Behandlungsformen kaum ansprachen. Die anderen drei Patienten waren in anderen Kliniken behandelt worden, bevor sie mit schweren Asthmaanfällen als Notfälle ins Tung Wah eingeliefert wurden. Einer davon litt vor seiner Einlieferung zwei Monate lang unter ›Dauerasthma‹. Über die Ergebnisse der Stimulationstherapie berichtete Chau im *Asian Journal of Medicine*:

> Sämtliche Patienten reagierten auf die Akupunktur- und Elektrostimulationstherapie bei leichten bis mittelschweren Asthmaanfällen mit einer objektivierbaren merklichen Besserung der Symptome; als gleichfalls signifikant gebessert erwiesen sich im Anschluß an die Behandlung außerdem die Werte des Expirationsvolumens, der Vitalkapazität und des maximalen expiratorischen Flusses ... Die Ergebnisse dieser Studie lassen den Schluß zu, daß Akupunktur- und Elektrostimulationstechniken im Rahmen der Behandlung des schweren Bronchialasthmas wie auch des Status asthmaticus bei den untersuchten Patienten der konventionellen Therapie überlegen sind – überlegen in Bezug auf therapeutische Wirksamkeit, Wirkungsdauer, Minimalisierung der Nebenerscheinungen und Therapieresistenz.[338]

7 Da verschiedene Untersuchungen darauf hinwiesen, daß die Monoamine im Gehirn eine besonders wichtige Rolle bei der Schmerzausschaltung spielen, verabreichten die chinesischen Forscher ihren Versuchstieren das Pflanzengift Reserpin, das die Speicherung von Monoaminen unterbindet, um so die analgetische Wirkung von Morphium zu blockieren. Überraschenderweise kam es unter Reserpin zu einer Steigerung der Akupunkturwirkung. Nachdem dann die Monoamine Dopamin und 5-Hydroxytryptophan dem Gehirn wieder zugeführt worden waren, fiel der schmerzausschaltende Effekt der Akupunktur auf das Ausgangsniveau zurück und Morphium konnte seine Wirkung erneut entfalten.

Auf ähnliche Weise untersuchte die Forschergruppe, welche Rolle dem Neurotransmitter Acetylcholin im Rahmen der Akupunktur-Analgesie zukommt. Mit dieser Substanz steht und fällt offenbar die schmerzausschaltende Wirkung der

Akupunktur: Die Blockade der cholinergen Erregungsübertragung mittels Atropin führte zu einer starken Abschwächung der Akupunkturwirkung.

Dagegen scheint die Wirkung des Morphiums von der des Acetylcholins abgekoppelt zu sein, denn sein analgetischer Effekt wurde durch eine intraventrikuläre Atropin-Injektion nicht geschmälert.

8 Ein amerikanischer Wissenschaftler, G. Dauth, ging in Stimulationsexperimenten an Katzen, deren Kleinhirn mit Hilfe implantierter Elektroden gereizt wurde, der Frage nach, wie sich die Wirkung der Stimulation in Abhängigkeit von der Reizfrequenz, der Impulsdauer sowie der Dauer des Durchlaufs verändert. Für jeden dieser Parameter fand Dauth einen optimalen Wert, wobei eine zu kurze Durchlaufdauer durch eine verlängerte Impulsdauer ausgeglichen werden konnte. Dauth vermutet, daß mit Hilfe eines fortschreitend stärker werdenden Reizstromes nach und nach immer ausgedehntere Populationen von Nervenzellen ›angesprochen‹ werden können; doch warnt er zugleich vor den Gefahren einer übermäßigen Stromapplikation.[70] Die beiden Forscher R. R. Myers und R. G. Bickford lösten bei Katzen – durch Chloralose bzw. durch Schalleinwirkung – schwere Muskelkrämpfe (Myoklonus) aus. Eine Kleinhirn-Stimulation mit einer Frequenz zwischen 100 und 200 Hz unterdrückte den Myoklonus vollkommen, während sich eine Stimulation mit niedrigen Frequenzen bis zu 10 Hz als unwirksam erwies.[69]

9 Zunächst plazierte Cooper die Elektroden stets auf dem Kleinhirnvorderlappen, da sich die meisten experimentellen Studien mit diesem Gebiet beschäftigten, das eine hemmende Funktion im Rahmen der motorischen Steuerung ausübt. Bei bestimmten Patienten, etwa bei Spastikern, brachte er jedoch die Elektroden am hinteren Teil des Kleinhirns an, der enge Verbindungen zum motorischen Cortex besitzt. Später implantierte Cooper allen neuen Patienten Elektroden auf beide

Abschnitte der Kleinhirnrinde, wodurch er die Stimulationseffekte besser kontrollieren konnte. Die bipolare Reizung erfolgte simultan über vier oder mehr Elektroden. Der Reizstrom wurde so eingeleitet, daß das Kleinhirn zwar kontinuierlich, doch abwechselnd an zwei verschiedenen Stellen stimuliert wurde. Alle Anlagen waren mit einem automatischen Zeitgeber ausgerüstet. Cooper stimulierte mit Rechteckimpulsen von einer Millisekunde Dauer, mit Frequenzen zwischen 7 und 200 Hz und mit Spannungen zwischen 0,5 und 14 Volt. Verallgemeinernd läßt sich sagen, daß Epileptiker mit 10 Hertz und 10 Volt, Spastiker dagegen mit 200 Hertz und 10 Volt stimuliert wurden.

10 In einem dieser Selbstreizungsexperimente injizierte man sechs Ratten in die Hirnventrikel 6-Hydroxydopamin, eine Substanz, die die Biosynthese der Catecholamine unterdrückt und zur selektiven Zerstörung der catecholaminergen Neurone führt. Daraufhin drückten die Versuchstiere den Hebel, mit dem sie sich selbst im medialen Vorderhirnbündel einen elektrischen ›Schock‹ verabreichen konnten, nur noch etwa halb so oft. Nach einer zweiten Injektion hörten fünf der sechs Ratten mit der Selbstreizung ganz auf.

Eine weitere Studie dieser Art weist darauf hin, daß Noradrenalin jener Überträgerstoff aus der Gruppe der Catecholamine ist, der im zerebralen Belohnungssystem der Ratte erregend wirkt.

11 Im Rahmen eines persönlichen Gedankenaustauschs über meine Forschungsarbeit teilte mir R. O. Becker folgendes mit:

> Ich lege eine Kopie des in Frankreich vorgestellten Arbeitspapiers bei sowie einen Vorabdruck, der die uns vorliegenden Daten zur Akupunktur enthält. Beide Schriften sind nicht auf dem neuesten Stand, und wir sind im Augenblick tatkräftig dabei, in dieser Richtung

weiterzuforschen. Unsere zusätzlichen Daten, die in den beiden Manuskripten keine Berücksichtigung finden, haben unsere ursprüngliche Auffassung erhärtet; und ich glaube nun eindeutig sagen zu können, daß sich für annähernd 50 Prozent der Akupunkturpunkte elektrische Korrelate aufzeigen lassen. Daraus haben wir den Schluß gezogen, daß die Akupunktur eine reale physiologische Grundlage hat.

Unser Modell, das wir auf dem Symposium in Frankreich in groben Zügen erläuterten, beruht auf der Annahme, daß lebende Organismen zusätzlich zum Nervensystem über ein – bisher noch nie beschriebenes – Datenübermittlungssystem verfügen. Wir glauben, daß dieses System von primitiver Natur ist und mit analogen Gleichstromsignalen arbeitet; seine Funktion besteht darin, Verletzungen wahrzunehmen sowie Heilungsprozesse auszulösen und zu steuern. Wir vermuten, daß dieses System in den perineuralen Zellen lokalisiert ist – in der Körperperipherie also in den Schwann-Zellen und im Bereich des Zentralnervensystems in den Gliazellen. Zumindest für die Neuroglia liegen Beweise vor, daß diese Zellen in der Lage sind, das operationale Ausgangsniveau der Nervenzellen zu kontrollieren.

So gesehen hat das System eine gewisse Ähnlichkeit mit einem hybriden Computer; das heißt, es besteht aus einem analogen Basis-System und einem digitalen Hochgeschwindigkeits-System, das ersteres überlagert. Der Reiz, auf den dieses System anspricht, ist eine Verletzung. Daher nehmen wir an, daß dieses elementare System zumindest teilweise für die Weiterleitung der primären Schmerzempfindung zuständig ist. Unsere Daten weisen darauf hin, daß dieses System seiner Natur nach elektronisch ist und Botschaften in Form extrem kleiner Ströme übermittelt; in diesem Szenario könnte das Einführen von Nadeln sehr wohl drastische

Erschütterungen hervorrufen. Theoretisch ließe sich dieser Effekt natürlich durch eine direkte Einleitung des Stromes optimalisieren.

12 Selbst mit Hilfe von Mikroinjektionen lokaler Betäubungsmittel kann in diesen durch Elektrolyse beschädigten Gebieten die Schmerzschwelle nicht mehr angehoben werden; die Versuchstiere reagierten nun im Gegenteil nur noch empfindlicher auf Schmerzreize.[147,265] Weitere Untersuchungen ergaben, daß die schmerzausschaltende Wirkung der Elektrostimulation nach deren Beendigung bei Tieren noch zwischen einigen Minuten und mehreren Stunden anhält, je nachdem wie lange und wie intensiv gereizt wurde; [266] beim Menschen kann die Analgesie die Stimulation bis zu 24 Stunden überdauern. [2] Vieles deutet darauf hin, daß die Stimulationsanalgesie wie auch die Akupunktur durch monoaminerge Transmission moduliert wird: Serotonin und Dopamin erleichtern die Schmerzausschaltung, während Noradrenalin ihr entgegenwirkt.[10,206] Wichtig ist in diesem Zusammenhang auch der Befund, daß die Konzentration von Opioidrezeptoren gerade in solchen Gebieten des Hirnstamms besonders hoch ist, mit deren Reizung ein starker analgetischer Effekt erzielt werden kann.[178]

13 So zeigte sich in einer Schmerzstudie, daß die Stimulation der intralaminaren Kerne schmerzausschaltend und entspannend wirkt, doch nur, solange bei niedriger Frequenz und niederiger Amplitude gereizt wurde. Eine Erhöhung der Frequenz oder der Amplitude rief sofort angespannte Aufmerksamkeit, Angst und das Bedürfnis zu fliehen hervor – Emotionen, die die analgetische Wirkung vollkommen überdeckten.[266] In einer weiteren Untersuchung, die gleichfalls auf die entscheidende Rolle der Frequenz hinweist, wurden Katzen darin geschult, zwischen zwei verschiedenen Wiederholungsraten zu unterscheiden, mit denen Lichtblitze oder Töne dargeboten wurden.

Danach implantierte man diesen Tieren Elektroden im Bereich der Retikulärformation und reizte mit Impulsfrequenzen, die den gelernten Wiederholungsraten entsprachen. Auf diese Weise erreichten die Diskriminationsleistungen aller Versuchstiere schnell ein beachtliches Niveau. Was sie gelernt hatten, war offenbar in Form eines einzigartigen Entladungsmusters gespeichert worden. [156,257]

Anhang III

Entzugssymptome

Wird eine psychoaktive Droge, nachdem sie über einen gewissen Zeitraum hinweg – manchmal genügt schon eine Woche – täglich eingenommen wurde, absetzt oder entzogen, so treten akute Entzugserscheinungen auf, die zusammengefaßt als Abstinenzsyndrom bezeichnet werden.[167,185]

Abgesehen vom Opioidentzug kann das Abstinenzsyndrom so schwach ausgeprägt sein, daß es vom Arzt nicht bemerkt wird und für die Betreffenden keine ernstzunehmende Beeinträchtigung ihres Wohlbefindens darstellt. Die Diagnose wird zusätzlich noch dadurch erschwert, daß der Schweregrad des Abstinenzsyndroms bei Patienten, die die gleiche Droge in gleicher Dosierung eingenommen haben, beträchtlichen interindividuellen Schwankungen unterliegt. So leiden beispielsweise manche Patienten, die versuchen, von *Valium* loszukommen, unter Entzugserscheinungen, die quälender sind als der schlimmste Opioidentzug. In solchen Fällen kann das chronische Entzugssyndrom genausolang dauern wie beim Methadonentzug, d. h. anderthalb Jahre oder länger.[258]

Im folgenden gebe ich einen Überblick über die wichtigen Gruppen abhängigkeitserzeugender Drogen und skizziere die für diese Gruppen jeweils charakteristische Entzugssymptomatik, wie sie in der Fachliteratur beschrieben wird.

Opioide: Hierzu zählen neben Heroin und Codein auch starke Schmerzmittel (Narkoanalgetika) wie Morphin, Dextropropoxyphen (*Develin*), Dextromoramid (*Jetrium*), Pentazocin (*Fortral*), Pethidin (*Dolantin*) und Methadon (*L-Polamidon*).

Abstinenzsyndrom: starkes Verlangen nach der entzogenen Droge, Angstzustände, Ruhelosigkeit, Benommenheit (›Yen Sleep‹), Gähnen, Nasereiben, zwanghaftes Überkreuzen und

Entkreuzen der Beine, ›laufende‹ Nase, Tränenfluß, Schwitzen, Glieder- und Muskelschmerzen, Muskelzuckungen, heiße oder kalte Wallungen, Appetitlosigkeit, Gänsehaut, erweiterte Pupillen, Übelkeit, Erbrechen, Zittern, Magenkrämpfe, fiebriges Gesicht, Durchfall, Schlaflosigkeit, Gewichtsverlust; Atemfrequenz, Blutdruck, Körpertemperatur, Blutzukker und Grundumsatz sind erhöht.[174]

Kennzeichnend für das chronische Entzugssyndrom ist hingegen ein geringer Abfall des Blutdrucks, der Pulsfrequenz und der Körpertemperatur; die Patienten kapseln sich ab, sie sind kraftlos und niedergeschlagen, alles ist ihnen gleichgültig. Diese Symptome halten mindestens sechs Monate lang an.[201] Nach dem Entzug von Methadon kann das chronische Entzugssyndrom sogar bis zu eineinhalb Jahren andauern.[80]

Alkohol: Abstinenzsyndrom: grobschlägiger Tremor, Muskelzuckungen, Hyperreflexie, Erhöhung des Blutzuckers und der Herzrate, Hyperventilation, Appetitlosigkeit, Übelkeit und Erbrechen, Durchfall, Schwitzen, Fieber, Krampfanfälle; Schlafstörungen (Schwierigkeiten einzuschlafen und durchzuschlafen), Alpträume; Schmerzen, Hautjucken, Sehstörungen, abnorme Körperempfindungen wie Hautkribbeln; Erregtheit, Desorientiertheit, Angstzustände, Halluzinationen, Wahnideen, Depressionen.

12 bis 24 Stunden nach Beendigung der Alkoholzufuhr ist mit Krampfanfällen zu rechnen, von denen durchschnittlich jeder dritte in ein vollausgeprägtes Entzugsdelir (Delirium tremens) einmündet.[290]

Schlafmittel: Suchtgefahr besteht vor allem bei barbiturathaltigen Schlafmitteln, aber auch bei verschiedenen anderen Hypnotika wie z.B. Methaqualon und Gluthetimid.

Die Entzugssymptome setzen 12 bis 16 Stunden nach der letzten Einnahme mit ängstlicher Unruhe und einem Gefühl allgemeiner körperlicher Schwäche ein. Nach 24 Stunden kommt es zu einem Blutdruckabfall, der beim stehenden Patienten eine Ohnmacht auslösen kann. Weitere Symptome sind: Zittrigkeit, Erregtheit, faszikuläre Muskelzuckungen, klonischer Lidkrampf[35], Appetitlosigkeit, Erbrechen, Bauchweh, Pupillenerweiterung, gesteigerte Reflexe, Schlaflosigkeit, Gewichtsverlust und eine verstärkte Alarmreaktion auf auditorische und visuelle Stimuli. Ab der sechzehnten Stunde nach der letzten Einnahme muß bei etwa 75 Prozent aller Schlafmittelsüchtigen, die mindestens einen Monat lang täglich über 900 mg eines Barbiturats eingenommen haben, mit generalisierten Krampfanfällen (Anfallsserien) gerechnet werden; nach schwerem Mißbrauch von Barbituraten mit langer Wirkungsdauer wurden derartige Krampfanfälle sogar noch am zehnten Entzugstag beobachtet.[305] Gelegentlich ergibt sich während des Schlafmittelentzugs das Bild einer reversiblen exogenen Psychose, die durch exzessive Betriebsamkeit, Schlaflosigkeit, Desorientiertheit bezüglich Raum und Zeit, Wahnvorstellungen sowie auditorische und visuelle Halluzinationen gekennzeichnet ist und mit erhöhter Temperatur, beschleunigtem Puls und allgemeiner körperlicher Erschöpfung einhergeht. Auch Todesfälle nach Schlafmittelentzug sind aus der Literatur bekannt.[101] Schlafstörungen können bis zu vier Monaten andauern.[166]

Tranquilizer und Anxiolytika: Hierzu zählen vor allem die Benzodiazepine (z.B. *Valium*, *Librium*, *Tavor*), aber auch Einzelstoffe wie das Clomethiazol (*Distraneurin*), das während des stationären Alkoholentzugs vielfach routinemäßig verabreicht wird.

Abstinenzsyndrom: schwere Schlafstörungen, seelische Anspannuung, Ruhelosigkeit, extreme Niedergeschlagenheit, Panikanfälle, Konzentrationsschwierigkeiten; Händezittern, übermäßiges Schwitzen, Herzklopfen, Ohnmachtsneigung; Übelkeit, Würgereiz, Erbrechen, Bauchweh, Durchfall, Gewichtsverlust; Schmerzen und Schwellungen im Brustbereich, gesteigertes Durstgefühl, krankhafte Vermehrung der Harnmenge; verschwommene Sicht (›Schleier vor den Augen‹), optische Akkomodationsschwierigkeiten; hartnäckiges Kopfweh, das oftmals in Form pulsierender, hämmernder Schmerzen auftritt; Muskelschmerzen, Steifheit, Muskelzuckungen und -krämpfe; Überempfindlichkeit gegenüber Geräuschen und Lichtreizen; Täuschungen des Geruchs-, Gesichts- und Tastsinnes sowie des Gehörs; abnorme Sinnesempfindungen (Parästhesien), metallischer Geschmack im Mund; Störungen der Bewegungskoordination, ›wackelige Beine‹ und das Gefühl, getrieben zu sein; Platzangst, Wahnvorstellungen, Halluzinationen, Entfremdungserlebnisse, Depersonalisation, beginnender Verfolgungswahn. Auch mit epileptischen Anfällen muß während des Tranquilizerentzugs gerechnet werden. Bei vierzig Patienten, die mindestens vier Monate lang täglich 10 mg Diazepam oder 4 mg Lorazepam eingenommen hatten, betrug die Auftretenshäufigkeit epileptischer Anfälle 2,5 Prozent, obwohl die Drogen ausschleichend entzogen wurden. Grippeähnliche Symptome lassen sich einige Tage lang, manchmal bis zu vier Wochen beobachten. Die vollständige Genesung kann ein Jahr oder länger dauern.[21,74,246,324]

»Nicht selten leiden die Patienten nach dem Entzug von *Distraneurin* bis zu drei Monaten unter Schlafstörungen und einer Überempfindlichkeit allen Reizen gegenüber.«[258] Nach dem Entzug von Benzodiazepinen können die Abstinenzsymptome innerhalb von etwa fünf Wochen abklingen, um danach jedoch nur um so ausgeprägter wiederaufzutreten und erst nach über zwei Jahren vollständig zu verschwinden.[179] In einigen Fällen machen sich die Entzugssymptome überhaupt erst einige Wochen nach der letzten Einnahme bemerkbar; auch Krampfanfälle können noch Wochen nach Abschluß des körperlichen Entzugs erstmalig auftreten.[258]

Antidepressiva: Abhängigkeitserzeugende Effekte werden trizyklischen Antidepressiva wie Imipramin (*Tofranil*) sowie dem antriebssteigernden MAO-Hemmstoff Tranylcypromin (*Parnate*) zugeschrieben.[124,148,180]

Abstinenzsyndrom: Schwächegefühl, Übelkeit, Erbrechen, Durchfall, Schwindel, Kopfschmerzen; akute Angstzustände, Desorientiertheit, Verwirrtheit, Halluzinationen bis hin zu psychotischen Zustandsbildern. Diese Entzugssymptome können mehrere Monate lang andauern.

Bei Neugeborenen, deren Mütter Clomipramin (*Anafranil*) eingenommen hatten, wurden wiederkehrende Krampfanfälle beobachtet.[73]

Halluzinogene: Hierzu zählen Cannabis (als Haschisch oder Marihuana), LSD, PCP (Phencyclidin) und eine Reihe weiterer Substanzen, die Sinnestäuschungen hervorrufen.

PCP-Entzug: extremer Drogenhunger, Antriebslosigkeit, kurz- oder langanhaltende Depression, Angstzustände, allgemeines körperliches Unbehagen, Zittern, Schlaflosigkeit.[231,310]

Cannabis-Entzug: Schlafstörungen, erhöhte Erregbarkeit, Ruhelosigkeit, verminderter Appetit, übermäßiges Schwitzen, plötzlicher Gewichtsverlust.[317]

Stimulanzien: Prototypisch für diese Suchtmittelgruppe ist das Amphetamin. Amphetamin-ähnliche Substanzen wie Methylphenidat (*Ritalin*) oder bestimmte Appetitzügler sind als legale Drogen im Handel. Wegen ihrer antriebssteigernden Wirkung fällt aber auch eine illegale klassische Rauschdroge – das Kokain – unter die Stimulanzien.

Abstinenzsyndrom: abruptes Nachlassen der Drogenwirkung (›Crash‹), schwerer Erschöpfungszustand, Kollapsneigung, langanhaltendes Schlafbedürfnis, Appetitsteigerung, heftige Bauchmuskelkrämpfe, verändertes Wellenmuster im EEG, Kollapsneigung, akute Depression; Symptome, die einem Asthmaanfall ähneln.[35,231]

Erschöpfung, Niedergeschlagenheit und Apathie lassen im Laufe einiger Monate allmählich nach.[100] »Eine Behandlung mit Antidepressiva sollte besser vermieden werden.«[24] Nach über zehnjährigem Amphetaminmißbrauch kann es im Entzug zu einer tiefen, schwer behandelbaren Depression kommen.[24]

Bei Rhesusaffen, denen wiederholt hohe Dosen Methamphetamin intravenös verabreicht wurde, blieb die Konzentration von Noradrenalin und Dopamin im Gehirn noch bis zu sechs Monate nach dem Absetzen des Methamphetamins erheblich reduziert.[170]

Schnüffelstoffe: Berauschende Inhalanzien sind in Lösungsmitteln und Klebstoffen enthalten. Hier steht weniger die körperliche als die psychische Abhängigkeit im Vordergrund. Trotzdem werden Entzugserscheinungen beobachtet: feinschlägiger Tremor, Reizbarkeit, Angstzustände, Schlafstörungen, Kribbeln und Krämpfe in Händen und Füßen, Aggressivität, Schwindelgefühl, Übelkeit, Appetitlosigkeit, Delirium tremens.[61]

Nikotin: Nikotin ist der suchterzeugende Bestandteil der gängigen Tabakwaren; es ist aber auch in Kaugummis enthalten, die als Entwöhnungsmittel eingesetzt werden.

Abstinenzsyndrom: erhöhte Erregbarkeit, Unruhe, Kopfschmerzen, Zittern, Krämpfe, Erschöpfungszustände;[35] Schläfrigkeit, Hungergefühle, seelische Anspannung, Unwohlsein, Drang zu erneuter Drogeneinnahme, Steigerung des Blutdrucks und der Pulsfrequenz;[118] Beeinträchtigung des Gedächtnisses und der Konzentrationsfähigkeit.[276]

Zwei Entzugssymptome treten während der Entwöhnung von *jeder* psychoaktiven Droge auf: Drogenhunger und Angst. Daher war für uns die Wirkung der NET auf diese Symptome von besonderem Interesse. Die Ergebnisse unserer Untersuchungen zu diesen Leitsymptomen werden auf Seite 237-239 ausführlich dargestellt.

Anhang IV

Literaturangaben

1 Acupuncture Anaesthesia. Peking (Foreign Languages Press), 1973.

2 Adam, K., Adamson, L., Brezinova, V., Hunter, W. M.: Nitrazepam (1976): Lastingly effective but trouble on withdrawal. Br. Med J. 1, S. 1558-60.

3 Adams, J. E. (1976): Naloxone reversal of analgesia produced by brain stimulation in the human. Pain 2, S. 161-6.

4 Akil, H., Liebeskind, J. C. (1975): Monoaminergic mechanisms of stimulation-produced analgesia. Brain Res. 94, S. 279-96.

5 Akil, H., Mayer, D. J. (1972): Antagonism of stimulation-produced analgesia by p-CPA, a serotonin synthesis inhibitor. Brain Res. 44, S. 692-70.

6 Akil, H., Mayer, D. J. Liebeskind, J. C. (1976): Antagonism of stimulation-produced analgesia by naloxone, a narcotic antagonist. Science 191, S. 961-2.

7 Akil, H., Richardson, D. E., Hughes, J., Barchas, J. D. (1978): Enkephalin-like material elevated in ventricular cerebrospinal fluid of pain patients after analgetic focal stimulation. Science 201, S. 463-5.

8 Alcohol problem of women and young people. National Council of Women 1976.

9 Alexander, P., Hamilton, Fairley G., Smithers, D. W. (1974): Repeated acupuncture and serum hepatitis. Br. Med J. 2, S. 466.

10 Altura, B. T., Altura, B. M. (1981): Phencyclidine, lysergic acid diethylamide and mescaline: cerebral artery spasms and hallucinogenic activity. Science 212, S. 1051-2.

11 Andersen, K.: Crashing on cocaine. Time, 11. April, 1983, S. 22 bis 31.

12 Anokhina, I. P., Brusov, O. S., Nechaev, N. V., Balashov, A. M., Beliaev, N. A., Panchenko, L. F. (1983): Effect of acute and chronic ethanol exposure on the rat brain opiate receptor function. Alcohol and Alcoholism 18, S. 21-6.

13 Anonymous. (1982): An absence of alcohol policy (Editorial). Br. Med J. 285, S. 1680-1.
14 Anonymous. (1984): Clonidine and methyldopa – any role for hypertension now? Drug and Therapeutics Bulletin 22, S. 42.
15 Anonymous. (1980): Clonidine for opiate withdrawal (Editorial comment). Lancet ii, S. 649.
16 Anonymous. (1974): Electrical stimulation of the brain (Editorial). Lancet ii, S. 562-4.
17 Anonymous. (1981): How does acupuncture work? (Editorial). Lancet ii, S. 746-8.
18 Anonymous. (1985): New moves on smoking. Br. Med J. 290, S. 865.
19 Anonymous. (1984): Opiatcs, opioid pcptidcs, and immunity (Editorial). Lancet i, S. 774-5.
20 Asberg, M., Traskman, L., Thoren, P. (1976): 5-HIAA in the cerebrospinal fluid. Arch Gen Psychiatry 33, S. 1193.
21 Ashton, H. (1984): Benzodiazepine withdrawal: an unfinished story. Br. Med J. 288, S. 1135-40.
22 Ausubel, D. P. (1983): Methadone maintenance treatment: the other side of the coin. International J Addictions 18, S. 851-62.
23 Badawy, A. A., Evans, M. (1983): Opposite effects of chronic administration and subsequent withdrawal of drugs of dependence on the metabolism and disposition of endogenous and exogenous tryptophan in the rat. Alcohol and Alcoholism 18, S. 369-82.
24 Banks, A., Waller, T. A. N. (1983): Drug Addiction and Polydrug Abuse: The role of the General Practitioner. London (Library and Information Service for the Study of Drug Depence).
25 Banshchikov, V. M., Sudakov, H. V., Kulikova, Y. I., Arsentyev, D. A.: Behavioural and electroencephalographic responses in a state of electrically induced sleep. In: Wageneder, F. M., Germann, R. H. (Hrsg., 1974): Electrotherapeutic Sleep and Electroanaesthesia. Bd. III. Third International Symposium in Varna. Graz (RM Verlag).
26 Barclay, W. (1976): New Testament Words. Philadelphia (The Westminster Press).
27 Becker, R. O. (1972): Electromagnetic forces and life processes. Technology Rev 75, S. 2-8.
28 Becker, R. O. (1974): The basic biological data transmission and

control system influenced by electrical forces. Ann NY Acad Sci 238, S. 236-41.
29 Becker, R. O., Marino, A. A. (1982): Electromagnetism and Life. Albany (State University of New York Press), S. 14-7.
30 Ben-Streti, M. M., Gonzalez, J. P., Sewell, R. D. E. (1983): The influence of selective dopaminergic and cholinergic agonists and antagonists on precipitated opiate abstinence. Alcohol and Alcoholism 18, S. 353-9.
31 Berdyaev, Nicolas (1935): Freedom and The Spirit. New York (Irvington) 1982.
32 Beswick, F. B., Conroy, R. T. W. L. (1965): Optimal tetanic conditioning of heteronymous monosynaptic reflexis. J Physiol 180, S. 134-46.
33 Bloom, F., Bayon, A., Battenberg, E. (u.a.): Endorphins: developmental, cellular and behavioral aspects. In: Costa, E., Trabucchi, M. (Hrsg., 1980): Neural Peptides and Neuronal Communication. New York (Raven Press), S. 619-32.
34 Bloom, F., Segal, D., Ling, N., Guillemin, R. (1976): Endorphins: profound behavioral effects in rats suggest new etiological factors in mental illness. Science 194, S. 630-2.
35 Blum, K. (1984): Handbook of Abusable Drugs. New York and London (Gardner Press Inc), S. 47, 696, 701.
36 Borg, S., Kvande, H., Mossberg, D., Sedvall, G. (1983): Central nervous noradrenaline metabolism in alcoholics during long-term abstinence. Alcohol and Alcoholism 18, S. 321-3.
37 Borgens, R. B., Roederer, E., Cohen, M. J. (1981): Enhanced spinal cord regeneration in lamprey by applied electrical fields. Science 213, S. 611-7.
38 Braestrup, C., Nielsen, M., Olsen, C. E. (1980): Urinary and brain ß-carboline-3-carboxylates as potent inhibitors of brain benzodiazepine receptors. Proc Natl Acad Sci 77, S. 2288-92.
39 Brecher, E. M. (1972): Licit and Illicit Drugs. Boston (Little, Brown and Company), S. 64.
40 Brewer, Colin: World Medicine, 18. Mai 1977.
41 Brook, M. G. (1984): Psychosis after cannabis abuse. Br. Med J. 288, S. 1381.
42 Brown, L. B., Goodwin, F. K., Ballenger, J. C., Goyer, P. F., Major, L. F. (1979): Aggression in humans correlates with cerebrospinal fluid amine metabolites. Psychiatry Research 1, S. 131-9.

43 Brown, N. M., Strachen, J. W. (1984): Analgesia in acute pancreatitis. Br. Med J. 288, S. 1917.
44 Burroughs, W. (1969): Junkie. London (New Engl. Library), S. 11.
45 Capel, I. D., Goode, I. G., Patterson, M. A. (1982): Tryptophan, serotonin and hydroxyindole acetic acid levels in rat brain following slow or fast frequency electrostimulation. IRCS Med Sci 10, S. 427-8.
46 Capel, I. D., Pinnock, M. H., Patterson, M. A. (1982): The influence of electrostimulation on hexobarbital induced loss of righting reflex in rats. Acupuncture and Electro-Therapeutics Res, Int J 7, S. 17-26.
47 Capel, I. D., Pinnock, M. H., Withey, N. J., Williams, D. C., Patterson, M. A. (1982): The effect of electrostimulation on barbiturate-induced sleeping times in rats. Drug Dev Res 2, S. 73-9.
48 Capel, I. D., Williams, D. C., Patterson, M. A. (1979): The amelioration of restraint stress by electrostimulation. IRCS Med Sci 7, S. 634.
49 Cara, M., Debras, C., Dufour, B., Limoge, A. (1974): Long-term electro-medical anaesthesia in forty cases of major urological surgery. In: Wageneder, F. M., Germann, R. H. (Hrsg.): Electrotherapeutic Sleep and Electroanaesthesia. Bd. III. Third International Symposium in Varna. Graz (RM Verlag).
50 Carney, M. W. P., Bacelle, L., Robinson, B. (1984): Psychosis after cannabis abuse. Br. Med J. 288, S. 1047.
51 Catalan, J., Gath, D. H., (1985): Benzodiazepines in general practice: time for a decision. Br. Med J. 290, S. 1374-6.
52 Catlin, D. H., Hui, K. K., Loh, H. H., Li, C. H. (1977): Pharmacologic activity of ß-endorphin in man. Communications in Psychopharmacology 1, S. 493-500.
53 Charney, D. S., Sternberg, D. E., Kleber, H. D., Heninger, G. R., Redmond, D. E. (1981): The clinical use of clonidine in abrupt withdrawal from methadone. Arch Gen Psychiatry 38, S. 1273-7.
54 Cheng, R. S. S., Pomeranz, B., Yu, G. (1980): Electroacupuncture treatment of morphine-dependent mice reduces signs of withdrawal without showing cross-tolerance. Eur J Pharmacol 68, S. 477.
55 Ch'ien, J. (1981): Conversation with James Ch'ien. Br J. Addiction 76, S. 3-8.

56 Chudecki, P.: Teenagers face new smoking crackdown. The Times, 23. Juli 1984, S. 1, Sp. 7-8.
57 Clement-Jones, V., McLoughlin, L., Lowry, P. J., Besser, G. M., Rees, L. H., Wen, H. L. (1979): Acupuncture in heroin addicts: Changes in met-enkephalin and beta-endorphin in blood and cerebrospinal fluid. Lancet ii, S. 380-2.
58 Clement-Jones, V., Tomlin, S., Rees, L. H., McLoughlin, L., Besser, G. M., Wen, H. L. (1980): Increased ß-endorphin but not met-enkephalin levels in human cerebrospinal fluid after acupuncture for recurrent pain. Lancet ii, S. 946-9.
59 Clow, A., Glover, V., Armando, I., Sandler, M. (1983): New endogenous benzodiazepine receptor ligand in human urine: identity with endogenous monoamine oxidase inhibitor? Life Sciences 33, S. 735-41.
60 Cocteau, Jean: Opium. Journal d'une désintoxication. Paris (Stock) 1983.
61 Cohen, S. (1977): Abuse of inhalants. In: Pradhan, S. N., Dutta, S. N.(Hrsg.): Drug abuse. Clinical and basic aspects. Saint Louis (The CV Mosby Company), S. 290-302.
62 Cohen, S. (1981): The Substance Abuse Problems. New York (The Haworth Press), S. 80.
63 Coleman, Vernon (1977): The Medicine Men: Drug makers, Doctors and Patients. New York (Transatlantic Arts Inc.).
64 Collier, H. O. J. (1977): The experimental analysis of drug dependence. ICI (Imperial Chemical Industries).
65 Committee on the Review of Medicines (1980): On benzodiazepines. Drug and Therapeutics Bulletin 18, S. 97.
66 Cook, A. W., Weinstein, S. P.: Chronic dorsal column stimulation in M. S. NY State J Med, 15. Dez. 1973, S. 2868-72.
67 Cooper, I. S., Riklan, M., Snider, R. S. (Hrsg., 1974): The Cerebellum, Epilepsy and Behavior. New York (Plenum Press).
68 Ibid, S. 119-71.
69 Ibid, S. 217-27.
70 Ibid, S. 229-44.
71 Cottrell, D., Childs-Clarke, A., Ghodse, A. H. (1985): British opiate addicts; an 11-year follow-up. Br J Psychiatry 146, S. 448-50.
72 Cousins, Norman (1979): Anatomy of an Illness. New York (WW Norton and Company). Dtsch.: Der Arzt in uns selbst. Die Geschichte einer erstaunlichen Heilung. Reinbek (Rowohlt) 1984.

73 Cowe, L., Lloyd, D. J., Dawling, S. (1982): Neonatal convulsions caused by withdrawal from maternal clomipramine. Br. Med J. 284, S. 1837-8.

74 Cowen, P. J., Nutt, D. J. (1982): Abstinence symptoms after withdrawal of tranquillising drugs: is there a common neurochemical mechanism. Lancet ii, S. 360-2.

75 Crime Incorporated Programme. Independent Television Channel 3, 5. Sept. 1984.

76 Cronk, S. L., Barkley, D. E. H., Farrell, M. F. (1985): Respiratory arrest after solvent abuse. Br. Med J. 290, S. 897-8.

77 Cubeddu, L. X., Hoffmann, I. S. (1983): Frequency-dependent release of acetylcholine and dopamine from rabbit striatum: its modulation by dopamine receptors. J Neurochemistry 41, S. 94-101.

78 Curtis, D. R., Eccles, J. C. (1960): Synaptic action during and after repetitive stimulation. J Physiol 150, S. 374-98.

79 Curzon, G., Fernando, J. C. R., Marsden, C. A. (1978): 5-hydroxytryptamine: the effects of impaired synthesis on its metabolism and release in rat. Br J Pharmacol 63, S. 627-34.

80 Cushman, P. (1978): Detoxification of methadone maintained patients. In: Schecter, A., Alksne, H., Kaufman, E. (Hrsg.): Drug abuse: modern trends, issues and perspectives. New York (Marcel Decker, Inc.), S. 337-45.

81 Cushman, P. (1982): Narcotic antagonists in the treatment of opiate dependency. Advances in Alcohol and Substance Abuse, S. 87-99.

82 Dackis, C. A., Gurpegui, M., Pottash, A. L. C., Gold, M. S. (1982): Methadone induced hypoadrenalism. Lancet ii, S. 1167.

83 Davies, W., Gonzales, J. P., Sewell, R. De., Spencer, P. S. J. (1983): The effects of some antidepressants on the induction of morphine dependence and the morphine withdrawal syndrome. Alcohol and Alcoholism 18, S. 343-51.

84 Deitch, R. (1984): Commentary from Westminster. Drug addiction. Lancet i, S. 1029-30.

85 De Leon, G.: The role of rehabilitation. In: Nahas, G. G., Frick, H. C. (Hrsg., 1981): Drug abuse in the modern world. A perspective for the eighties. New York (Pergamon Press), S. 298-307.

86 De Leon, G., Wexler, H. K., Jainchill, N. (1982): The therapeutic community: success and improvement rates 5 years after treatment. The Internat J Addictions 17(4), S. 703-47.

87 Demarest, M.: Cocaine: middle class high. Time, 6. Juli 1981, S. 56-63.
88 Dixey, R., Rein, G. (1982): H-noradrenaline release potentiated in a clonal nerve cell line by low-intensity pulsed magnetic fields. Nature 296, S. 253-6.
89 Dole, V. P., Nyswander, M. E. (1976): Methadone maintenance treatment: A ten-year perspective. JAMA 235, S. 2117-9.
90 Drink and drugs: double standards. The Economist, 4. Dez. 1982, S. 34.
91 Drinking up time (Editorial). Observer, 7. Okt. 1984, S. 8, Sp. 1 bis 2.
92 Drug abuse. Shooting up. Economist, 18. Aug. 1984, S. 25.
93 Drugs in Pakistan. In a fix. Economist, 16. Juni 1984, S. 41.
94 Dymond, A. M., Coger R. W., Serafetinides, E. A. (1975): Intracerebral current levels in man during electro-sleep therapy. Biolog Psychiatry 10, S. 101-4.
95 Eady, B.: Kids, drugs and alcohol. USA Today, 25. April 1983, S. 1 A, Sp. 6-7.
96 Eames, L.: The saving of Bernard. Sunday Times, 19. Feb. 1984, S. 46, Sp. 1-5.
97 Edwards, G., Busch, C.: The partnership between research and policy. In: Edwards, G., Busch, C. (Hrsg., 1981): Drug problems in Britain. London (Academic Press), S. 314-5.
98 Edwards, J. Guy (1978): Antidepressants – yes or no? Br. Med J. 1, S. 110.
99 Einstein, S. (1984): Coping and drug misuse intervention (Editorial). International J Addictions 19, S. iii-vii.
100 Ellinwood, E. H., Petrie, W. M.: Dependence on amphetamine, cocaine and other stimulants. In: Pradhan, S. N., Dutta, S. N. (Hrsg., 1977): Drug abuse. Clinical and basic aspects. Saint Louis (The CV Mosby Company), S. 248-62.
101 Essig, C.: Barbiturate dependence. In: Harris, R. T., McIsaac, W. M., Schuster, C. R. (Hrsg., 1970): Advances in mental science II. Austin and London (University of Texas Press), S. 129-40.
102 Fang, H. S. Y.: Must drug abuse be endemic in a modern society? - Problems and areas of cooperation in the Pan Pacific region. In: Stumpf, K. L., Chien, J. M. N., MacQuarrie, L., Oram, W., Lam, I., Lam, E. (Hrsg., 1985): Towards a coordinated approach: current issues & future directions. Hong Kong (Organi-

zing Committee for the 2nd Pan Pacific Conference on Drugs & Alcohol), S. 3-6.
103 Fox, E. J., Melzack, R. (1976): Transcutanous electrical stimulation and acupuncture: comparison of treatment for low-back pain. Pain 2, S. 141-8.
104 Frankl, Victor: The Doctor and the Soul: from Psychotherapy to Logotherapy. New York (Vintage Books) 1977. Dtsch.: ... trotzdem Ja zum Leben sagen. München (Kösel) 1977.
105 Frankl, Victor: Man's Search for Meaning: an introduction to logotherapy. New York (Pocket Books) 1963. Dtsch.: Der Mensch vor der Frage nach dem Sinn. München (Piper) [2]1986.
106 Frederickson, R. C. A. (1975): Morphine withdrawal response and central cholinergic activity. Nature 257, S. 131-2.
107 Freemantle, Brian (1985): The Fix. London (Michael Joseph Ltd.).
108 Friedenberg, Z. B., Brighton, C. T. (1974): Electrical fracture healing. Ann NY Acad Sci 238, S. 564-74.
109 Galanter, M., Diamond, L. C. (1981): Relief of psychiatric symptoms in evangelical religious sects. Br J Hosp Med, Nov., S. 495-8.
110 Gallacher, S. (1981): George Patterson on drug addiction and rehabilitation. Radix 13, S. 3-8.
111 Giesler, G. J., Liebeskind, J. C. (1976): Inhibition of visceral pain by electrical stimulation of the periaqueductal grey matter. Pain 2, S. 43-8.
112 Gintzler, A. R., Jaffe, B. M., Baron, S. A.: Direct quantitation of the release of substance P from the myenteric plexus. In: Skrabanek, P., Powell, D. (Hrsg., 1983): Proceedings of the International Symposium on Substance P. Dublin (Boole Press), S. 245-6.
113 Glover, V., Clow, A., Elsworth, J., Sandler, M. (1984): Tribulin in anxiety and panic. Clin Neuropharmacology 7, S. 178-9.
114 Godec, C., Cass, A. S., Ayala, G. F. (1976): Electrical stimulation for incontinence. Technique, selection and results. Urology 7, S. 388-97.
115 Gold, M. S., Pottash, A. C. (1981): Endorphins, locus coeruleus, clonidine and lofexidine; a mechanism for opiate withdrawal and new nonopiate treatments. Advances in Alcohol and Substance Abuse 1, S. 33-52.

147 Huprich, S. T. (1975): Doctoral Dissertation, University of California at Los Angeles. Zitiert nach Liebeskind, J. C. u. a., 1976.

148 Huw, J., Morgan, C. (1981): Addiction to tranylcypromine. Br. Med J. 283, S. 618.

149 Hynes, M. D., Lockner, M. A., Bemis, K. G., Hymson, D. L. (1983): Chronic ethanol alters the receptor binding characteristics of the delta opioid receptor ligand, D-Ala^2-D-Leu^5 enkephalin in mouse-brain. Life Sciences 33, S. 2331-7.

150 Illis, L. S. (1973): Experimental model of regeneration in the central nervous system. Brain 96, S. 47-60.

151 Illis, L. S., Sedgwick, E. M., Oygar, A. E., Sabbahi, Awadalla M. A. (1976): Dorsal-column stimulation in the rehabilitation of patients with multiple sclerosis. Lancet i, S. 1383-6.

152 Inaba, D.: Needle therapy. The New York Times, 14. März 1982, S. 49, Sp. 2-4.

153 Iversen, L. L. (1982): Neurotransmitters and CNS disease. Lancet ii, S. 914-18.

154 Jamrozik, K., Fowler, G., Vessey, M., Wald, N. (1984): Placebo controlled trial of nicotine chewing gum in general practice. Br. Med J. 289, S. 794-7.

155 Janal, M. N., Colt, E. W. D., Clark, W. C., Glusman, M. (1984): Pain sensitivity, mood, and plasma endocrine levels in man following long-distance running; effects of naloxone. Pain 19, S. 13 bis 25.

156 John, E. R., Kleinmann, D. (1975): ›Stimulus generalization‹ between differentiated visual, auditory and central stimuli. J Neurophysiol 38, S. 1015-34.

157 Jones, C. J., Wilson, S. M. (1985): The effect of autonomic agonists and nerve stimulation on protein secretion from the rat submandibular gland. J Physiol 358, S. 65-73.

158 Jones, I., Simpson, D., Brown, A. C., Bainton, D., McDonald, H. (1984): Prescribing psychotropic drugs in general practice: three year study. Br. Med J. 289, S. 1045-8.

159 Jung, C. G.: Der Mensch und seine Symbole. Olten (Walter) ^{8}1979.

160 Jung, C. G. (1962): Erinnerungen, Träume, Gedanken. Olten (Walter) ^{11}1981.

161 Jung, C. G. (1971): Psychotherapie und Seelsorge, in Ges. Werke, Bd. 11,7, S. 357f., S. 358ff. Olten (Walter) ^{4}1983.

162 Kaada, B. (1982): Neurophysiological mechanisms of pain suppression and cutaneous vasodilation induced by transcutaneous nerve stimulation (TNS) and acupuncture – a review. Legevitenskap og livsvisdom. Festschrift to Tollak B Sirnes on his 60th anniversary, S. 64-94.

163 Kaada, B. (1983): Promoted healing of chronic ulceration by transcutaneous nerve stimulation (TNS). VASA 12, S. 262-9.

164 Kaada, B. (1982): Vasodilation induced by transcutaneous nerve stimulation in peripheral ischaemia (Raynaud's phenomenon and diabetic polyneuropathy). Europ Heart J 3, S. 303-14.

165 Kaada, B., Eielsen, O. (1983): In search of mediators of skin vasodilation induced by transcutaneous nerve stimulation: II Serotonin implicated. Gen Pharmacol 14, S. 635-41.

166 Kales, A., Malmstrom, E. J., Rickles, W. H. u. a. (1968): Sleep patterns of a pentobarbital addict: before and after withdrawal. Psychophysiology 5, S. 208.

167 Kales, A., Scharf, M. B., Kales, J. D. (1978): Rebound insomnia: a new clinical syndrome. Science 201, S. 1039-41.

168 Kawakita, K., Funakoshi, M. (1982): Suppression of the jaw-opening reflex by conditioning A-delta fiber stimulation and electroacupuncture in the rat. Experimental Neurology 78, S. 461-5.

169 Keerdoja, A., Aubenow, G. C., Abramson, P., McColl, C.: How to win a losing battle. Newsweek, 13. Dez. 1982, S. 18-22.

170 Kelleher, R. T.: Psychomotor stimulants. In: Pradhan, S. N., Dutta, S. N. (Hrsg., 1977): Drug abuse. Clinical and basic aspects. Saint Louis (The CV Mosby Company), S. 116-47.

171 Kelsey, Morton (1972): Encounter with God. Minneapolis (Bethany Fellowship Inc.).

172 Key, D. C. (1975): Human sleep during chronic morphine detoxification. Psychopharmacologia 44, S. 117-24.

173 Koestler, A., Smythies, J. R. (1968): Beyond Reductionism: Alpbach Symposium. New York (Macmillan) 1970. Dtsch.: Das neue Menschenbild. Ein internationales Symposium. Wien – Zürich – München (Molden) 1970.

174 Kolb, L., Himmelsbach, C. K. (1938): A critical review of the withdrawal treatments with method of evaluating abstinence syndromes. Am J Psychiatry 94, S. 759-99.

175 Kort, J., Ito, H., Bassett, C. A. L. (1980): Effects of pulsing electromagnetic fields (PEMF's) on peripheral nerve regeneration. 26th Annual Orthopaedic Research Symposium, Atlanta, Georgia. Zitiert nach: Binder, A., Parr, G., Hazleman, B., Fitton-Jackson, S. (1984): Pulsed electromagnetic field therapy of persistent rotator cuff tendinitis. A double-blind controlled assessment. Lancet i, S. 695 bis 8.

176 Kosterlitz, H. W., Hughes, J. (1975): Some thoughts on the significance of enkephalin, the endogenous ligand. Life Sci 17, S. 91-6.

177 Kosterlitz, H. W., Paterson, S. J. (1980): Characterization of opioid receptors in nervous tissue. Proc Roy Soc B 210, S. 113-22.

178 Kuhar, M. J., Pert, C. B., Snyder, S. H. (1973): Regional distribution of opiate receptor binding in monkey and human brain. Nature 245, S. 447-50.

179 Lader, M.: Address to the Centennial Symposium of the Society for the Study of Addiction at the Royal Society. 25./26. Okt. 1984.

180 Law, W., Petti, T. A., Kazdin, A. E. (1981): Withdrawal symptoms after graduated cessation of imipramine in children. Am J Psychiatry 138, S. 647-50.

181 Lawrie, P. (1974): Drugs: Medical, Psychological and Social Facts. London (Penguin).

182 Let them smoke pot. Economist, 28. Jan. 1984, S. 51.

183 Levine, J. D., Gordon, N. C., Fields, H. L. (1978): The mechanism of placebo analgesia. Lancet ii, S. 654-7.

184 Lewis, R. V., Stern, A. S., Kimura, S., u. a.: Opioid peptides and precursors in the adrenal medulla. In: Costa, E., Trabucchi, M. (Hrsg., 1980): Neural Peptides and Neuronal Communication. New York (Raven Press), S. 167-79.

185 Lewis, S. A., Oswald, I., Evans, J. I., Akindale, M. O., Tompsett, S. L. (1970): Heroin and human sleep. Electroenceph Clin Neurophysiolog 28, S. 374-81.

186 Liberation Daily News, 22. Jan. 1972.

187 Liebeskind, J. C., Giesler, G. J., Urca, G.: Evidence pertaining to an endogenous mechanism of pain inhibition in the central nervous system. In: Zotterman, Y. (Hrsg., 1976): Sensory functions of the skin in primates, with special reference to man. Oxford (Pergamon Press).

188 Liebeskind, J. C., Guilbaud, G., Besson, J. M., Oliveras, J. L. (1973): Analgesia from electrical stimulation of the periaqueductal grey matter in the cat: behavioral observations and inhibitory effects on spinal cord interneurons. Brain Res. 50, S. 441-6.
189 Liebman, J. M., Mayer, D. J., Liebeskind, J. C. (1970): Mesencephalic central grey lesions and fear-motivated behavior in rats. Brain Research 23, S. 353-70.
190 Limoge, A., Debras, C., Coeytaux, R., Cara, M.: Electrical technique for electropharmaceutical anaesthesia concerning 300 operations. In: Wageneder, F. M., Germann, R. H. (Hrsg., 1975): Electrotherapeutic Sleep and Electroanaesthesia. Graz (RM Verlag).
191 Lipton, D. S., Maranda, M. J. (1982): Detoxification from heroin dependency: an overview of method and effectiveness. Advances in Alcohol and Substance Abuse 2, S. 31-55.
192 Lister, R. G., File, S. E. (1984): The nature of lorazepam-induced amnesia. Psychopharmacology 83, S. 183-7.
193 Lloyd, G. (1982): I am an alcoholic. Br. Med J. 285, S. 785-6.
194 Long, D. M., Hagfors, N. (1975): Electrical stimulation in the nervous system: the current status of electrical stimulation of the nervous system for relief of pain. Brain 1, S. 109-23.
195 Lovick, T. A., Wolstencroft, J. H. (1983): Actions of GABA, glycine, methionine-enkephalin and ß-endorphin compared with electrical stimulation of nucleus raphe magnus on responses evoked by tooth pulp stimulation in the medial reticular formation in the cat. Pain 15, S. 131-44.
196 Lucchi, L., Rius, R. A., Uzumaki, H., Govoni, S., Trabucchi, M. (1984): Chronic ethanol changes opiate receptor function in rat striatum. Brain Research 293, S. 368-71.
197 Madden, J. S. (1983): Alcohol and drug dependence: areas of change or uncertainty. Alcohol and Alcoholism 18, S. 305-12.
198 Mann, F. (1972): Acupuncture: Cure of Many Diseases. London (William Heinemann Medical Books). Dtsch.: Akupunktur – ein Weg der Heilung für viele Krankheiten. Heidelberg (Hang) 1976.
199 Mao, W., Ghia, J. N., Scott, D. S., Duncan, G. H., Gregg, J. M. (1980): High versus low intensity acupuncture analgesia for treatment of chronic pain: effects on platelet serotonin. Pain 8, S. 331-42.

200 Marlatt, G. A., Rohsenow, D. J. (1981): The think-drink effect. Psychology Today, Dez., S. 60-9.
201 Martin, W. R.: Dependence on narcotic analgesics. In: Pradhan, S. N., Dutta, S. N. (Hrsg., 1977): Drug abuse. Clinical and basic aspects. Saint Louis (The CV Mosby Company), S. 201-10.
202 Masi, D.: Drugs cost industry $25 billion each year. USA Today, 10. März 1983, S. 11 A, Sp. 1-7.
203 Matatu, G.: ›Mandrax trail‹ drug smugglers foiled by gold. Observer, 14. Okt. 1984, S. 13, Sp. 1-2.
204 May, R. (1969): Love and Will. New York (WW Norton and Company Inc.).
205 Mayer, D. J. (1975): Pain inhibition by electrical brain stimulation: comparison to morphine. Neurosci Res Prog Bull 13, S. 94-100.
206 Mayer, D. J., Liebeskind, J. C. (1974): Pain reduction by focal electric stimulation of the brain – an anatomical and behavioral analysis. Brain Research 68, S. 73-93.
207 Mayer, D. J., Wolffe, T. L., Akil, H., Carder, B., Liebeskind, J. C. (1971): Analgesia from electrical stimulation in the brainstem of the rat. Science 174, S. 1351-4.
208 McGeer, P. L., Eccles, Sir John C., McGeer, E. G. (1978): Molecular Neurobiology of the Mammalian Brain. New York and London (Plenum Press), S. 199-231.
209 McIlvanney, H.: Greaves gets by on his own spirit. Observer, 7. Okt. 1984, S. 38, Sp. 1-8.
210 Melzack, R. (1973): The Puzzle of Pain. New York (Basic Books Inc.). Dtsch.: Das Rätsel des Schmerzes. Stuttgart (Hippokrates) 1978.
211 Melzack, R., Stillwell, D. M., Fox, E. J. (1977): Trigger points and acupuncture points for pain: correlations and implications. Pain 3, S. 3-23.
212 Meyer, F.: Evidence before hearing of California State Senate Health Committee. The Journal (The Addiction Research Foundation of Ontario), 1. März 1977, S. 5, 6 (3)
213 Minegishi, A., Fukumori, R., Satch, T., Kitagawa, H., Yanaura, S. (1981): Interaction of lithium and disulfiram in hexobarbital hypnosis: possible role of the 5-HT system. J Pharmacol Experimental Therapeutics 218, S. 481-7.

214 Mitcheson, M., Hartnoll, R.: Conflicts in deciding treatment within drug dependency clinics. In: West, D. J. (Hrsg., 1978): Problems of drug abuse in Britain. Cambridge (Institute of Criminology), S. 74-8.
215 Moore, R. A.: Dependence on alcohol. In: Pradhan, S. N., Dutta, S. N. (Hrsg., 1977): Drug abuse. Clinical and basic aspects. Saint Louis (The CV Mosby Company), S. 211-29.
216 Murray, R. M. (1975): Alcoholism and employment. J of Alcoholism 10, S. 23-6.
217 Nathan, P. W., Wall, P. D. (1974): Treatment of post-herpetic neuralgia by prolonged electric stimulation. Br. Med J. 3, S. 645-7.
218 National Strategy for Prevention of Drug Abuse and Drug Trafficking. Drug Abuse Policy Office (The White House) 1984, S. 26.
219 Ng, L. K. Y., Douthitt, T. O., Thoa, N. B., Albert, C. A. (1975): Modification of morphine-withdrawal syndrome in rats following transauricular electrostimulation: an experimental paradigm for auricular electroacupuncture. Biolog Psychiatry 10, S. 575-80.
220 Ng, L. K. Y., Szara, S., Bunney, W. E. (1975): On understanding and treating narcotic dependence: a neuropsychopharmacological perspective. Br J Addiction 70, S. 311-24.
221 Nias, D. K. B. (1976): Therapeutic effects of low-level direct electrical currents. Psychol Bull 83, S. 766-73.
222 Nicholi, A. M. (1983): The nontherapeutic use of psychoactive drugs. A modern epidemic. N Engl J Med 308, S. 925-33.
223 NIDA, Research Monograph Series 25 (1979): Behavioral Analysis and Treatment of Substance Abuse. Washington DC (Government Printing Office). Zitiert nach Peele, S. (1981): How Much Is Too Much, S. 86.
224 Nordenström, B. E. W. (1983): Biologically Closed Electric Circuits. Stockholm (Nordic Medical Publications), S. 281-316.
225 Oliveras, J. L., Redjemi, F., Guilbaud, G., Besson, J. M. (1975): Analgesia induced by electrical stimulation of the inferior centralis nucleus of the raphe in the cat. Pain 1, S. 139-45.
226 1983, Jan by Omni Publications International Ltd., mit freundlicher Genehmigung hier abgedruckt.
227 One million pounds extra for drug abuse is ›derisory‹. The Guardian, 14. Juli 1984, S. 3, Sp. 1-2.

228 O'Reilly: New insights into alcoholism. Time, 25. April 1983, S. 88-9.
229 Orwell, G. (1945): Notes on Nationalism.
230 Oswald, I., Evans, J. I., Lewis, S. A.: Addictive drugs cause suppression of paradoxial sleep with withdrawal rebound. In: Steinberg, H. (Hrsg., 1969): Scientific Basis of Drug Dependence. London (Churchill).
231 Parish, P. (1979): Medicines. A guide for everybody. New York (Penguin Books), S. 44-5.
232 Ibid, S. 47-50.
233 Pasternak, G. W., Goodman, R., Snyder, S. H. (1975): An endogenous morphine-like factor in mammalian brain. Life Sci 16, S. 1765-9.
234 Paton, A. (1985): The politics of alcohol. Br. Med J. 290, S. 1-2.
235 Patterson, George, N. (1982): Christianity and Marxism. Exeter (Paternoster Press).
236 Patterson, M. A. (1975): Acupuncture and neuroelectric therapy in the treatment of drug and alcohol addictions. Aust J Alc Drug Dependence 2, S. 90-5.
237 Patterson, M. A. (1975): Addictions Can Be Cured. Berkhamsted (Lion Publishing), S. 92.
238 Patterson, M. A. (1976): Effects of NeuroElectric Therapy (NET) in drug addiction: an interim report. UN Bull Narc 28, S. 55-62.
239 Patterson, M. A. (1974): Electro-acupuncture in alcohol and drug addictions. Clin Med 81, S. 9-13.
240 Patterson, M. A.: NeuroElectric Therapy: are endorphins involved? Mim's Magazine, 22. Sept. 1981, S. 22-5.
241 Patterson, M. A.: The significance of current frequency in NeuroElectric Therapy (NET) for drug and alcohol addictions. In: Wageneder, F. M., Germann, R. H. (Hrsg., 1978): Electrotherapeutic Sleep and Electroanaesthesia. Graz (RM Verlag), S. 285-96.
242 Patterson, M. A., Firth, J., Gardiner, R. (1984): Treatment of drug, alcohol and nicotine addiction by NeuroElectric Therapy: analysis of results over 7 years. J Bioelectricity 3, S. 193-221.
243 Peele, S. (1981): How Much Is Too Much. Healthy habits or destructive addictions. Englewood Cliffs NJ (Prentice-Hall Inc.).

244 Peele, S. (1975): Love and Addiction. New York (Taplinger Publishing Company Inc.).
245 Pert, C. B., Snyder, S. H. (1973): Opiate receptor: demonstration in nervous tissue. Science 179, S. 1011-4.
246 Peturrson, H., Lader, M. H. (1981): Withdrawal reaction from clobazepam. Br. Med J. 282, S. 1931-2.
247 Peturrson, H., Bhattacharya, S. K., Glover, V., Sandler, M., Lader, M. H. (1982): Urinary monoamine oxidase inhibitor and benzodiazepine withdrawal. Br J Psychiatry 140, S. 7-10.
248 Picardie, J., Rosselli, M.: ›The thin blue line has snapped‹. Sunday Times, 3. Juni 1984, S. 9, Sp. 4-6.
249 Pisani, V. D.: Clinical implications of neuropsychological impairment in alcoholics. In: Stumpf, K. L., Chien, J. M. N., MacQuarrie, L., Oram, W., Lam, I., Lam, E. (Hrsg., 1985): Towards a coordinated approach: current issues & future directions. Hong Kong (Organizing Committee for the 2nd Pan Pacific Conference on Drugs & Alcohol), S. 225-31.
250 Pomeranz, B., Mullen, M., Markus, H. (1984): Effect of applied electrical fields on sprouting of intact saphenous nerve in adult rat. Brain Research 303, S. 331-6.
251 Pounds 3.7 million granted for drug services (1984): ISDD Druglink 19 (Frühjahr), S. 30.
252 Power, K. G., Jerrom, D. W. A., Simpson, R. J., Mitchell, M. (1985): Controlled study of withdrawal symptoms and rebound anxiety after six week course of diazepam for generalised anxiety. Br. Med J. 290, S. 1246-8.
253 Prevention. Report of the Advisory Council on the Misuse of Drugs (1984): H M Stationery Office, S. 85.
254 Pullan, P. T., Watson, F. E., Seow, S. S. W., Rappeport, W. (1983): Methadone-induced hypoadrenalism. Lancet i, S. 714.
255 Quirion, R., DiMaggio, D. A., French, E. D., u. a. (1984): Evidence for an endogenous peptide ligand for the phencyclidine receptor. Peptides 5, S. 967-73.
256 Raji, A. R. M., Bowen, R. E. M. (1982): Effects of high peak pulsed electromagnetic field on degeneration and regeneration of the common peroneal nerve in rats. Lancet ii, S. 444-5.
257 Ramos, A., Schwartz, E. L., Roy, J. E. (1976): Stable and plastic unit discharge patterns during behavioral generalization. Science 192, S. 393-6.

258 Report of the Medical Working Group on Drug Dependence (1984): Guidelines of good clinical practice in the treatment of drug misuse. London (DHSS), S. 19-21.
259 Ibid, S. 10.
260 Research Committee of the British Thoracic Society (1983): Comparison of four methods of smoking withdrawal in patients with smoking related diseases. Br. Med J. 286, S. 595-7.
261 Research Group of Acupuncture Anaesthesia, Peking Medical College (1974): The role of some neurotransmitters of brain in finger-acupuncture analgesia. Scientia Sinica 17, S. 112-30.
262 Response to the treatment and rehabilitation report (1984): ISSD Druglink 19 (Frühjahr), S. 16-7.
263 Ibid, S. 18.
264 Ibid, S. 20.
265 Rhodes, D. L. (1975): Doctoral Dissertation, University of California at Los Angeles. Zitiert nach Liebeskind u. a., 1976.
266 Richardson, D. E., Akil, H.: Paper given at 7th Annual Meeting of the Neuroelectric Society, 1974. Zitiert nach Liebeskind u. a., 1976.
267 Roberts, J. L.: Campus binge. Wall Street Journal, 8. Febr. 1983, S. 1., Sp. 1, S. 21, Sp. 1-3.
268 Rogers, H. J., Specter, R. G., Trounce, J. R. (1981): A Textbook of Clinical Pharmacology. London (Hodder and Stoughton), S. 193-279.
269 Rosenthal, S. H. (1972): Electrosleep: a double-blind study. Biolog Psychiatry 4, S. 179-85.
270 Rosenthal, S. H., Calvert, L. F.: Electrosleep (1972): personal subjective experiences. Biolog Psychiatry 4, S. 187-90.
271 Rosenthal, S. H., Wulfsohn, N. L. (1970): Electrosleep – a clinical trial. Am J Psychiatry 127, S. 175-6.
272 Rosenthal, S. H., Wulfsohn, N. L. (1970): Electrosleep – a preliminary communication. J Nerv Ment Dis 151, S. 146-51.
273 Rossier, J., French, E., Guillemin, R., Bloom, F. E.: On the mechanisms of the simultaneous release of immunoreactive ß-endorphin, ACTH, and prolactin by stress. In: Costa, E., Trabucchi, M. (Hrsg., 1980): Neural Peptides and Neuronal Communication. New York (Raven Press), S. 363-75.
274 Roubicek, J., Zaks, A., Freedman, A. M. (1969): EEG changes produced by heroin and methadone. Electroencephalogr Clin Neurophysiol 27, S. 667-8.

275 Rowley, B. A., McKenna, J. M., Chase, G. R., Wolcott, L. E. (1974): The influence of electrical current on an infecting microorganism in wounds. Ann NY Acad Sci 238, S. 543-51.
276 Russell, M.: Address to the Centennial Symposium of the Society for the Study of Addiction at The Royal Society. 25./26. Okt. 1984.
277 Ryan, J. J. (1976): Effects of transcerebral electrotherapy (electrosleep) on state anxiety according to suggestibility levels. Biolog Psychiatry 11, S. 233-8.
278 Salar, G., Job, I., Mingrino, S., Bosio, A., Trabucchi, M. (1981): Effects of transcutaneous electrotherapy on CSF ß-endorphin content in patients without pain problems. Pain 10, S. 169-72.
279 Salmons, S., Streter, F. A. (1976): Significance of impulse activity in the transformation of skeletal muscle type. Nature 263, S. 30-4.
280 Sarai, K., Kayano, M. (1968): The level and diurnal rhythm of serum serotonin in manic-depressive patients. Folia Psychiatry Neurol Japan 22, S. 271-8.
281 Science Report. The Times, 28. März 1974.
282 Sclare, A. B. (1979): Alcoholism in doctors. Br J on Alcohol and Alcoholism 14, S. 181- 96.
283 Selye, Hans (1974): Stress Without Distress. Philadelphia, PA (J. B. Lippincott and Company). Dtsch.: Stress. Bewältigung und Lebensgewinn. München (Piper) 1974.
284 Shapiro, J. (1984): Nicotine chewing gum in general practice. Br. Med J. 289, S. 1308.
285 Simpson, D. D. (1981): Treatment for drug abuse. Follow-up outcomes and length of time spent. Arch Gen Psychiatry 38, S. 875-80.
286 Simpson, D. D., Savage, L. J. (1980): Drug abuse treatment readmissions and outcomes. Three-year follow-up of DARP patients. Arch Gen Psychiatry 37, S. 896-901.
287 Sjölund, B. H., Eriksson, M. B. E. (1979): The influence of naloxone on analgesia produced by peripheral conditioning stimulation. Brain Res 173, S. 295-301.
288 Sjölund, B., Terenius, L., Eriksson, M. (1977): Increased cerebrospinal fluid levels of endorphins after electro-acupuncture. Acta Physiol Scand 100, S. 382-4.

289 Smith, A. (1975): Powers of Mind. New York (Random House Inc.).
290 Smith, C. M. (1981): Pathophysiology of the alcohol withdrawal syndrome. Medical Hypotheses 7, S. 231-49.
291 Smyth, D. K. (1976): Morphine-like peptides in the brain. Sandoz Foundation Lecture (Institute of Neurology), London.
292 Solschenizyn, A. (1981): From Under the Rubble. South Bend IA: Regnery (Gateway Inc.).
293 Spotts, J. V., Shontz, F. C. (1984): Drug-induced ego states. I. Cocaine: phenomenology and implications. International J Addictions 19, S. 119-151.
294 Stadelmayr-Maiyores, H. G.: Technique of electrosleep therapy I. In: Wageneder, F. M., Germann, R. H. (Hrsg., 1974): Electrotherapeutic Sleep and Electroanaesthesia. Bd. III. Third International Symposium in Varna. Graz (RM Verlag).
295 Sternbach, R. A., Janewsky, D. S., Huey, L. Y., Segal, D. S.: Effects of altering brain serotonin in activity on human chronic pain. In: Bonica, J. J., Albe-Fessard, D. (Hrsg., 1976): Advances in Pain Research and Therapy. Bd. I. New York (Raven Press), S. 601-6.
296 Stimmel, B. (1982): Treatment for substance abuse: myths versus realities (Editorial). Advances in Alcohol and Substance Abuse 2, S. 1-6.
297 Stimson, G. V., Oppenheimer, E. (1982): Heroin Addiction: Treatment and Control in Britain. London, New York (Tavistock Publications).
298 Ibid, S. 216.
299 Ibid, S. 231.
300 Ibid, S. 236.
301 Stubbs, D. F. (1976): Frequency and the brain. Life Sci 18, S. 1 bis 14.
302 Su, C. Y., Lin, C. S., Peng, C. u. a.: Suppression of morphine abstinence in heroin addicts by ß-endorphin. In: Costa, E., Trabucchi, M. (Hrsg., 1980): Neural Peptides and Neuronal Communication. New York (Raven Press), S. 503-9.
303 Supathan, H. R.: Treatment of drug addicts by the traditional Malay medicine. In: Stumpf K. L., Chien, J. M. N., MacQuarrie, L., Oram, W., Lam, I., Lam, E. (Hrsg., 1985): Towards a coordinated approach: current issues & future directions. Hong Kong

(Organizing Committee for the 2nd Pan Pacific Conference on Drugs & Alcohol), S. 273-6.

304 Surveys and Satistics on Drugtaking in Britain. ISDD Library and Information Service, März 1983, S. 6-7.

305 Sutherland, E. W.: Dependence on barbiturates and other CNS depressants. In: Pradhan, S. N., Dutta, S. N. (Hrsg, 1977): Drug abuse. Clinical and basic aspects. Saint Louis (The CV Mosby Company), S. 235-47.

306 Sweet, W. H., Wespic, J. G. (1968): Treatment of chronic pain by stimulation of fibres of primary afferent neurons. TransAmerica Neural Association 93, S. 103-7.

307 Szymanski, H. V. (1981): Prolonged depersonalisation after marijuana use. Am J Psychiatry 138, S. 231-3.

308 Temple, Archbishop William (1961): Readings from St. John's Gospel. London (Macmillan Publishers Ltd.).

309 Tendler, S.: US drugs chief warns Britain of cocaine risk. The Times, 8. Dez. 1984, S. 3, Sp. 1-2.

310 Tennant, F. S., Rawson, R. A., McCann, M. (1981): Withdrawal from chronic Phencyclidine (PCP) dependence with desipramine. Am J Psychiatry 138, S. 845-7.

311 Terenius, L., Wahlström, A. (1975): Search for an endogenous ligand for the opiate receptor. Acta Physiol Scand 94, S. 74-81.

312 Tillich, Paul (1952): The Courage To Be. New Haven, Connecticut (Yale University Press). Dtsch.: Der Mut zum Sein. Hamburg (Furche) 1965.

313 Tillich, Paul (1981): The Meaning of Health. Richmond, California (North Atlantic Books), S. 17-8, 60.

314 The Times Diary. Rubbing shoulders. The Times, 5. Sep. 1984, S. 12, Sp. 1.

315 Timmins, N.: Heroin threatens fabric of society. The Times, 6. Juli 1984, S. 3, Sp. 7-8.

316 Tims, F. M. (1982): Evaluation of drug abuse treatment effectiveness: summary of the DARP followup research. Treatment Research Report for NIDA; DHSS publication no. (ADM), S. 82-1194.

317 Tinklenberg, J. R.: Abuse of marijuana. In: Pradhan, S. N., Dutta, S. N. (Hrsg., 1977): Drug abuse. Cinical and basic aspects. Saint Louis (The CV Mosby Company), S. 268-73.

318 Tribulin - a natural panic molecule? New Scientist, 24. Juni 1982, S. 845.
319 Trickett, S. A. (1985): Coming Off Tranquillizers. Newcastle upon Tyne (SAT Publishing).
320 Trocchi, A. (1960): Cain's Book. New York (Grove Press).
321 Troiani, J.: Report in The Journal 1981, 10(11), S. 4, Sp. 1-3.
322 Tyrer, P. J. (1984): Benzodiazepines on trial. Br. Med J. 288, S. 1101-2.
323 Tyrer, P., Owen, R., Dawling, S. (1983): Gradual withdrawal of diazepam after long-term therapy. Lancet i, S. 1402-6.
324 Tyrer, P., Rutherford, D., Huggett, T. (1981): Benzodiazepine withdrawal symptoms and propanolol. Lancet i, S. 520-2.
325 US Government pamphlet. Why people smoke cigarettes. Los Angeles times, 7. März 1983; Teil I, S. 5, Sp. 5-6.
326 Vacca, L. L., Arakawa, K., Naftchi, N. E., Guan, X-M., Ai, M.: Immunocytochemical changes in peptides substance P and enkephalin in rat spinal cord after electroacupuncture. In: Skrabanek, P., Powell, D. (Hrsg., 1983): Proceedings of the International Symposium on Substance P. Dublin (Boole Press), S. 208-9.
327 Vaillant, G. E. (1973): A 20-year follow-up of New York narcotic addicts. Arch Gen Psychiatry 29, S. 237-41.
328 Vaillant, G. E. (1983): The Natural History of Alcoholism. Cambridge, Mass., und London (Harvard University Press), S. 287, 300, 314.
329 van Praag, H. M. (1982): Depression. Lancet ii, S. 1259-64.
330 van Ree, J. M. (1983): Neuropeptides and addictive behaviour. Alcohol and Alcoholism 18, S. 325-30.
331 Wagner, M. S. (1982): Getting the health out of people's daily lives. Lancet ii, S. 1207-8.
332 Walker, J. B. (1983): Electrical stimulation enhanced recovery of function: how are peptides involved? Lancet ii, S. 912.
333 Wall, P. D., Sweet, W. H. (1967): Temporary abolition of pain in man. Science 1967, 155, S. 108-9.
334 Walter, W. Grey (1946): The Living Brain. London (Duckworth and Company). Dtsch.: Das lebende Gehirn. Köln (Kiepenheuer und Witsch), 1961.
335 Washton, A. M., Gold, M. S., Pottash, A. C. (1983): Intranasal cocaine addiction. Lancet ii, S. 1374.
336 Washton, A. M., Gold, M. S., Pottash, A. C., Semlitz, L. (1984): Adolescent cocaine abusers. Lancet ii, S. 746.

337 Washton, A. M., Resnick, R. B. (1981): Clonidine in opiate withdrawal: review and appraisal of clinical findings. Pharmacotherapy 1, S. 140-6.
338 Wen, H. L., Chau, K. (1973): Status asthmaticus treated by acupuncture and electrostimulation. Asian J Med 9, S. 191-2.
339 Wen, H. L., Cheung, S. Y. (1973): Treatment of drug addiction by acupuncture and electrical stimulation. Asian J Med 9, S. 138-41.
340 Wen, H. L., Ho, W. K. K., Ling, N., Ma, L., Choa, G. H. (1979): The influence of electroacupuncture on naloxone-induced morphine withdrawal. II. Elevation of immunoassayable beta-endorphin activity in the brain but not in the blood. Am J Chinese Med 7, S. 237-40.
341 Wen, H. L., Ng, Y. H., Ho, W. K. K., Fung, K. P., Wong, H. K., Wong, H. C. (1978): Acupuncture in narcotic withdrawal: a preliminary report on biochemical changes in the blood and urine of heroin addicts. Bull Narc 30, S. 31-9.
342 Wesson, J. (1984): What do we do about Donny? Third Way 7, S. 20-2.
343 Wetli, C. V., Wright, R. F. (1979): Death caused by recreational cocaine use. JAMA 241, S. 2519-22.
344 Wille, R. (1981): Ten-year follow-up of a representative sample of London heroin addicts: clinic attendance, abstinence and mortality. Br J Addiction 76, S. 259-66.
345 Wilson, D. H., Jagadeesh, P. (1976): Experimental regeneration in peripheral nerves and the spinal cord in laboratory animals exposed to a pulsed electromagnetic field. Paraplegia 14, S. 12-20.
346 Wilson, J. Q.: The fix. The New Republic, 25. Okt. 1982, S. 24 bis 29.
347 Wint, Guy (Hrsg., 1965): Asia Handbook. London (Blond and Briggs). London (Penguin Books) 1969.
348 Wint, Guy (1965): The Third Killer. London (Chatto and Windus).
349 Yang, M. M. P., Kwok, J. S. L.: Evaluation on the treatment of morphine addiction by acupuncture, Chinese herbs and opioid peptides. Amer J of Chinese Medicine (im Druck).
350 Young, J., Lerner, M. A., Dallas, R., Widmann, L., Stanger, T.: The white plague's toll. Newsweek, 13. Aug. 1984, S. 12-3.

Weitere Veröffentlichungen von Meg Patterson:

(1983): Getting Off The Hook. Addictions Can Be Cured by NET (NeuroElectric Therapy). Wheaton, Ill. (Harold Shaw Publishers).

(1981): NeuroElectric Therapy, enkephalin and drug addiction. Jn: International Review of Opium Studies. Philadelphia (Institute for Study of Human Issues) (im Druck).

Register